地下复杂构造智能建模

AI-Assisted Modeling Techniques for
Complex Subsurface Structure

李亚林　展祥琳　鲁　才◎等著

石油工业出版社

内容提要

本书阐述了作者团队近年来在地质构造的语义表征和构造模型知识图谱构建方面的研究成果，并以知识图谱为核心技术手段，将其应用于构造建模，实现知识图谱引导下的复杂构造智能建模。

本书旨在让读者快速了解地质构造知识图谱的构建方法及其在构造建模如何应用，适用于计算机、人工智能、信息与通信工程、地球科学、地球物探等相关领域的从业人员及高等院校相关专业师生。

图书在版编目（CIP）数据

地下复杂构造智能建模 / 李亚林等著 . -- 北京：石油工业出版社, 2024.11. -- ISBN 978-7-5183-7056-6

Ⅰ.P542.5

中国国家版本馆 CIP 数据核字第 2024ME4576 号

出版发行：石油工业出版社
（北京市朝阳区安华里 2 区 1 号楼　100011）
网　　址：www.petropub.com
编辑部：（010）64523693
图书营销中心：（010）64523633
经　　销：全国新华书店
印　　刷：北京九州迅驰传媒文化有限公司

2024 年 11 月第 1 版　2024 年 11 月第 1 次印刷
787×1092 毫米　开本：1/16　印张：13.5
字数：328 千字

定价：120.00 元
（如发现印装质量问题，我社图书营销中心负责调换）
版权所有，翻印必究

序 FOREWORD

  油气资源是保障国家安全的重要战略资源。随着我国油气对外依存度逐年快速升高，亟需加强地震勘探相关技术的研究，以提高我国油气储量及产量。

  地下地质构造的三维模型能以可视化的方式展示地层、断层等地下地质界面和地质体的几何形态和空间关系，建立模型的过程就称为构造建模。构造建模虽然不是油气勘探的最终目的，但它为复杂现象（如地震传播、流体运移）的数值与物理模拟、深度域地震成像、地震岩性解释、油藏建模等提供支持，在此基础上可以开展层序建模、属性建模、断层建模等工作，直接影响储量计算、井位部署等油气开发方案制定，是油气勘探开发最重要的基础工作之一。

  然而，目前以地震资料为核心的勘探研究仍以剖面、平面研究为主，对构造、储层缺乏三维空间认识，所以得到的构造解释通常是不可靠的。构造建模的核心目的就是在研究地下地质构造的时候，根据建模的目的抓住地质构造中影响结果的主要方面，以不可靠的构造解释为主要基础数据，概括出一个能反映该区域主要构造分布和形态且合理的三维模型。为了达到"从不可靠的数据中得到可靠的结果"这一目的，在传统构造建模方法的基础上引入人工智能手段几乎就成为唯一的解决途径。

  知识图谱技术及应用在人工智能领域一直在被广泛关注，作为第一代人工智能（知识驱动的人工智能）的核心，以及近年来从第二代人工智能（数据驱动的人工智能）跨越到第三代人工智能（知识驱动与数据驱动结合的人工智能）的桥梁，知识图谱以图网络的形式在人类与计算机之间进行知识的传递，并尝试解决理解和推理的问题。如何将知识图谱的理论化为应用，是一线从业人员最为关心的问题。虽然知识图谱相关的课程、教材已经大量面市，但在理论之外，从业人员更需要一本能够结合工业实践将知识图谱落地的指南。

  本书正是这样一本面向油气资源勘探的知识图谱指南，不仅有基础的构造建模和知识图谱技术介绍，还用大量的篇幅阐述如何构建适用于地质构造的知识图谱和地质构造知识图谱在构造建模的应用。本书作者都是长期深耕于信息技术和地球物探跨学科领域的一线研究人员和工程师，他们站在科研与实践结合的角度，通过细致的推理、丰富的实验，对知识的表示与获取、知识在构造建模中发挥作用的机制、知识引导下的构造建模等各项技术进行了详细的阐述。信息技术领域的从业人员可以从本书中了解创新的知识图谱构建技术和应用思路，地球科学领域的从业人员可以从本书中了解创新的智能构造建模方法，以上两类读者都可以通过本书扩展知识图谱与工业场景的结合方法。

PREFACE 前言

地下地质构造三维模型的构建（简称为构造建模）是油气资源勘探开发最重要的基础工作之一，可以为深度域地震成像、岩性解释、油藏建模等提供支持，直接影响储量计算、井位部署及油气开发方案的制定。近年来，构造建模作为复杂构造油气藏勘探的支撑技术，已经成为地球信息科学和地球物探领域共同关注的研究热点之一。

传统构造建模方法以地震解释得到的地质曲面（层位面和断层面）几何形态信息为主要基础数据，通过纯数据驱动的方式建立模型。但在油气藏勘探难度逐年提升的背景下，构造解释的获取成本与不确定性也随之增加，纯数据驱动的传统建模方式已经难以满足应用需求。

近年来，知识图谱成为人工智能最火热的研究方向之一，被认为是实现认知智能的核心基础技术。知识图谱以图的形式表达客观世界中的实体、概念及其复杂关系，致力于在大数据时代红利逐渐消失的当下，解决推理、人机知识交互、理解等认知智能中的复杂问题。

如何充分有效地利用油气资源勘探开发从业人员的海量知识，实现构造建模一定程度的"智能化"，以达到构造建模在效率、稳健性、合理性、准确性上的提升和操作难度、工作量上的降低，就是本书的出发点。

而达成以上目的借助的核心技术手段就是知识图谱。构建知识图谱并将其利用到构造建模中是一个系统工程，涉及知识的表示与获取、知识在建模中发挥作用的机制、知识引导下的建模等各项技术。如何全面掌握构造建模中知识图谱的构建和应用，成为很多从业者及高校相关专业师生关注的问题。纵观目前市场上的知识图谱书籍，大多数以介绍知识图谱理论为主，缺乏具体某个垂直领域的应用性梳理和阐述；而市场上的油气资源勘探开发书籍，大多数虽然概念、技术等介绍内容详实，但较少涉及人工智能与油气资源勘探的结合，具体到介绍知识图谱技术的书籍更是寥寥无几。

撰写本书的初衷，就是希望能够尽笔者所能填补这片"构造建模＋知识图谱"的空白，同时，将笔者研究小组近年来的研究成果和相关学术界的研究进展分享给计算机、人工智能、信息与通信工程、地球科学、地球物探等相关领域的同仁和从业人员。希望本书能够为读者解决具体问题提供些许帮助。

本书共分6章。第1章概述了构造建模的发展概况、特点和"智能化"的技术路线；第2章给出了构造地质知识的计算机表征方法，介绍了构造模型知识图谱的模式层构建方法；第3章介绍了构造模型知识图谱的数据层构建方法，即如何将知识图谱的模式层进行实例化；第4章介绍了构造建模的前提——智能构造解释的相关方法，构造解释的质量直接决定了最终构造模型的质量；第5章介绍了知识图谱引导下的地质曲面重构方法，地质曲面重构完成则构造模型的框架构建完成；第6章介绍了智能构造建模系统工程中涉及的多项关键技术。

在内容安排上，本书在第1章对地下复杂构造建模要解决的基本问题和面临的难点进行了陈述，介绍了构造建模研究现状，并引出了地下复杂构造建模智能化方法的核心思想——在构造建模中引入构造认知，和地下复杂构造智能建模的技术路线。第2章将厘清地下复杂构造建模中需要引入的构造认知的具体内容，并建立构造认知的形式化表征基础，即构造模型知识图谱模式层中的本体体系，为构造认知的抽取，即知识图谱的数据层构建提供基础。第3章具体介绍了针对不同类型知识的构造认知自动抽取方法，实现依据构造解释的知识图谱数据层自动构建。第4章介绍了适应地下复杂构造的智能构造解释的具体方法，包括分别基于U-Net、迁移学习和特征金字塔的三种断层识别方法；断层识别完成后，进行基于计算拓扑和属性异质图的全局视角的复杂断层面建模；全层位追踪方法。第5章介绍不确定条件下的复杂地质曲面重构方法，重构的层面和断层面不但满足构造认知中确定的形态和边界约束，还能通过基于扰动的曲面不确定性表征实现重构曲面的质量评价，得到最佳重构曲面。第6章介绍地下复杂构造智能建模中其他步骤的关键技术，包括底层的建模数据管理、实际应用中的地下复杂构造智能建模流程，并与商业软件中的建模流程进行了对比；此外还介绍了构造模型的质控、地质块体的自动生成过程等。

本书由李亚林、展祥琳和鲁才组织编写，周若水、周成、余世成、何鑫等参与了重要章节的编写。感谢电子科技大学资源与环境学院胡光岷教授在本书编写过程中给出的建设性意见；感谢中国石油塔里木油田公司给予的支持和帮助；感谢多年来对笔者给予大力支持和帮助的各位师长、同事、同行和朋友们。由于油气资源勘探开发智能化能够直接支撑国家能源安全，而且可以带来可观的经济效益，造福人民，是本次人工智能浪潮中发展最快的垂直领域之一，因此新技术、新研究必将层出不穷。本书如有疏漏甚至错误之处，恳请各位读者批评指正。

目录

1 地下复杂构造智能建模概述 ··········· 1
1.1 构造建模概述 ··········· 1
1.2 传统构造建模发展现状 ··········· 5
1.3 地下复杂构造建模的特点 ··········· 10
1.4 地下复杂构造智能建模技术路线 ··········· 15
参考文献 ··········· 19

2 地质构造知识的计算机表征 ··········· 23
2.1 知识图谱基本概念 ··········· 23
2.2 地质构造认知的内容 ··········· 30
2.3 地质构造知识建模 ··········· 35
2.4 构造模型本体构建 ··········· 46
参考文献 ··········· 54

3 构造模型知识图谱的构建与分析 ··········· 56
3.1 构造模型的语义描述 ··········· 56
3.2 构造模型几何语义实体和关系抽取 ··········· 61
3.3 构造模型地质语义实体和关系抽取 ··········· 70
3.4 地质事件抽取 ··········· 79
3.5 知识图谱的计算机表征 ··········· 86
参考文献 ··········· 94

4 层位和断层的智能识别 ··········· 95
4.1 基于U-Net网络的断层识别 ··········· 95
4.2 基于迁移学习的断层识别 ··········· 100
4.3 基于特征金字塔网络的频率自适应断层识别 ··········· 106
4.4 先验知识驱动的断层增强识别 ··········· 111
4.5 基于计算拓扑的断层面抽取 ··········· 120
4.6 全局视野下的断层面抽取 ··········· 127

  4.7 层位追踪 ·· 134
 参考文献 ··· 146
5 复杂地质曲面重构 ·· 148
  5.1 复杂地质曲面重构问题概述 ··· 148
  5.2 地质曲面的空间位置不确定性表征方法 ·································· 151
  5.3 交切关系约束的地质曲面重建方法 ·· 158
  5.4 形态特征约束的地质曲面重建方法 ·· 163
  5.5 基于扰动的最优地质曲面确定方法 ·· 170
 参考文献 ··· 178
6 地下复杂构造智能建模关键技术 ··· 179
  6.1 三维地质数据及数据管理 ··· 179
  6.2 实际应用中构造建模流程 ··· 183
  6.3 地质曲面接触位置估计 ·· 191
  6.4 地质曲面编辑 ·· 199
  6.5 块体模型构建 ·· 203
 参考文献 ··· 207

1 地下复杂构造智能建模概述

1.1 构造建模概述

地下构造模型是指地下地质界面和地质体(如地层、断层)几何形态和空间关系的三维数字化呈现。建立地下构造模型的过程称为地下构造建模。地下构造建模通常不是最终目的,而是为复杂现象(例如地震波传播、流体运移)的数值与物理模拟、地震深度域成像、岩性解释、油藏建模等提供支持。在地下复杂构造建模的基础上,可以开展地下地层层序建模、属性建模等工作,直接支撑储量计算、井位部署、油气开发方案的制定,是地下资源勘探开发最重要的基础工作之一。一般而言,当研究客观存在的复杂事物时,最可靠的办法是直接对实物进行试验和观测。然而在地下资源勘察的相关研究和工程应用中直接的试验和观测会遇到诸多困难,包括直接对实物进行观测成本太高(如油气勘探中的地下钻井)、条件太极端(如高温、高压的地壳深部情况)等。在这些情况下,大多数对地质构造的认知必须间接来自对人工地震资料的构造解释,或者由露头地质剖面和试验室模拟得到的模式认知。这种间接的观测和实验得到的信息通常具有显著的不确定性(模糊性、稀疏性、不稳定性、不准确性等)。地下构造建模的基本思想就是在研究地下构造的时候,根据建模的目的,抓住地下构造中影响结果的主要方面,根据不确定的信息概括出一个能反映研究区地下构造的主要形态、相对合理的地质模型。

传统地下构造建模方法主要是根据地面地震剖面、钻井信息、地表出露地层等资料,以区域构造认识和理论为指导建立地下构造模型。过去,在中浅层和非山地复杂构造区的资源勘探中,传统地下构造建模技术依靠数据驱动的地质统计学插值或拟合算法尚能应付数据不确定性带来的建模困难。但在复杂构造区的资源勘探中,由于强烈构造运动(例如挤压推覆)引起的地下地层强烈变形、多期构造运动引起的变形叠加和改造,造成山地复杂构造区大面积老地层出露到地表、地层深埋地下、地下构造形态极其复杂化,加之高速老地层造成地震波能量难以下传、地震波场复杂、地下地震资料信噪比低,在地震剖面上关键地层反射和地层接触关系不清楚。这种情况下的地下构造建模信息不确定性必然更加显著,传统方法所奉行的无监督数据拟合已经不能适应山地复杂构造区和地下/超地下资源勘探的需求,建立的模型必然存在很大误差。所以必须发展适应山地复杂构造区和地下/超地下资源勘探实际情况的地下复杂构造建模技术。要在信息不确定性的情况下建立合理的模型,就必须减少数据不确定性的影响,一种可行的方式是通过整合多源的解释性数据或地质概念模型在建模过程中增加专家知识,发展智能的地下复杂构造建模方法。

构造建模在不同应用环境中的输入数据、技术细节都有差异。本书重点关注油气地震中的地下复杂构造智能建模方法。建模的主要基础数据为地震剖面的构造解释结果。笔者力图在国际上先进的构造建模方法基础上，建立专家知识和地震数据双驱动的地下复杂构造建模方法体系，强调地质知识（专家知识）的计算机表征及其在建模过程中的作用，加强对地质模型构建中不确定因素的分析处理能力，为地下复杂构造建模探索新的途径，满足复杂构造区和油气资源勘探的需求。

1.1.1 构造建模研究背景

构造地质模型是认识地下地层结构并开展地下资源（油气、矿产、地热、水资源等）勘察和地质调查的重要依据[1]。无论是解决油气、矿床问题，还是解决水文地质、工程地质问题，进行地球物理勘探都需要建立构造地质模型[2-7]。在油气领域，构造地质模型还是制定和优化勘探开发方案的最重要依据[8-11]。自加拿大地质学家 S. W. Houlding 在1994年提出三维地质建模的概念以来，在油气地球物理勘探领域，构造模型已经被广泛地应用于解决地震资料偏移成像、矿藏和油藏定量化数值模拟、油气藏储层建模、断层封堵分析等地球物理勘探领域的实际问题[12]。近年来，为进一步适应地下复杂构造（山地、地下或超地下）背景下的资源勘探要求，地下复杂构造建模作为支撑技术已经成为地球物探界共同关注的研究热点之一[13-15]。

在几乎所有的地球科学研究中，构造建模的技术发展和应用都得到了高度重视。在地质调查方面，建立国家范围的三维地质模型已成为我国地质科技发展的趋势。美国国家合作地质填图计划（2018—2027年）将建立一个国家尺度的一体化三维地质框架模型并存储于国家地质空间数据库中，此外基于该模型在2030年完成一个无缝的全国范围的三维地质图。英国地质调查局已经建立了全国地质框架模型，并提供了多种可视化方式和相应的地学产品与商业模型。而中国地质调查局已于2014年完成了《三维地质模型数据交换格式（Geo3DML）》[2]，规定了三维地质模型数据交换的组织层次结构与地质模型的空间几何数据、属性描述数据、三维可视化数据的交换格式[3-4]。为对来自不同建模软件的区域地质、矿产地质、水文地质和工程地质等领域的实际三维地质模型的整合奠定了基础。下一步，中国城市地质调查总体方案（2017—2025年）也提出要于2025年完成全国地级以上城市1：5万基础性综合地质填图。特别是随着智慧城市[5-6]和新型城镇化建设[7]提上日程，很多城市需要在当前建设的基础上进行新一轮的城市地质调查，开展"地下空间、资源、环境、灾害"等多要素的地质综合调查，需要综合评价城市地壳的稳定性，建立城市三维地质基础模型，构建全市域、重点区、示范区、精品区等四个尺度的三维地质模型，实现城市地下空间透明化，有效支撑地下空间资源协同开发利用，实现精准支撑城市地下空间资源科学、综合开发利用的目标。

在油气勘探过程中，构造建模的目标是建立一个非常详细的地下构造地质模型，这不完全是一个独立的步骤，而是与地震反演、正演模拟、岩石物理等密切相关的工作。上述工作既可以为构造建模提供信息，而构造建模也是上述工作的基础（图1-1-1）。例如，为了避免弹性参数的AVO反演问题中地质不确定性带来的勘探风险，需要充分利用地质、钻井和测井等各方面的资料作为约束条件，并结合先验知识才有可能使反演问题的解变为适定的，而众多的约束条件又集中反应在构造地质模型当中。同时，构造建模也需要不断利用新的信息，通过可视化和人机交互等技术不断地完善。但需要说明的是，地球物理勘探中，构造模型的成功建立通常不是最终的目的，而是通过数据可视化及创建模型的过程来改进数据解释方法，以及为复杂地质现象（例如地震波传播与成像）的数值模拟提供支持。

总的来说，构造建模技术在整个地质领域都具有广阔的应用，包括区域地质调查、矿产和油气资源勘探、钻井设计、生产管理等众多在国民经济中起支撑作用的行业[23]。凡是与地下探测、地下工程、地下空间管理有关的行业与领域都可以使用构造建模工具并从中获益。这里总结了构造建模在油气勘探中的6个作用：

（1）提供真三维的立体地质场景。三维立体场景能更清楚地展现地质要素之间的三维空间关系（相离、相邻、组成、包含、被包含等）。在传统的二维环境中（地质剖面、地质图等），三维地质要素间稍微复杂一点的空间关系就难以区分与表达（例如地层被断层切割且断层相交）；而在三

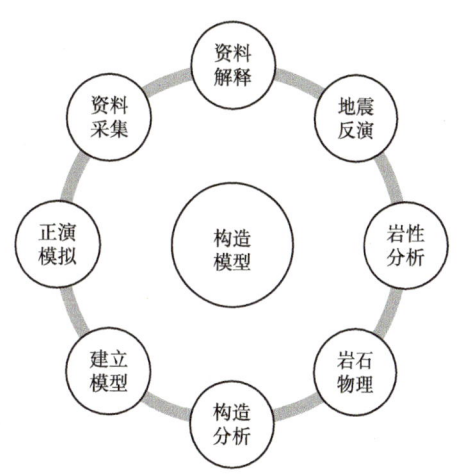

图1-1-1 地球物理勘探围绕构造地质模型的循环

维环境中可以对画面进行旋转、交互，并借助对不同要素设置不同的颜色、纹理、透明度等方法，直观、清晰、立体地表达地质要素的三维空间。模型的三维可视化是所有地质建模软件的基本功能。

（2）更精准的储量计算。传统的储量计算方法是分块段，然后用各个块段采样点的厚度取平均值乘以块段面积，得到块段的体积，再乘以块段内采样点的平均值，这样处理工序繁杂，效率低下，由于油气藏还需要考虑运移因素，计算的储量常常会有至少20%~30%的误差。而在三维模型中，可以根据采样点对储层进行广义三棱柱剖分或四面体剖分后再统计，其自动化程度高、速度快、精度高。若再配合高精度三维地震、测井等物探数据进行修正，便可以更精细地表达储层的构造形态与分布。

（3）实现平、剖面构造形态相容并联动修改。一个合理的三维构造模型可以保证任何位置的平面图与剖面图所表达的构造形态相容，并且可以平、剖面三维联动修改对模型进行编辑（具体方法和效果在第6章详细阐述）。现行手工构造解释和模型编辑手段（手动调整控制点或修改原始数据），往往需要耗费工程师大量的精力和时间使平面图和剖面图所表达的构造形态的协调一致。三维构造模型可以方便工程师在真三维环境下进行观察，使工程师借助三维空间想象力很方便地获得勘探中获得的钻孔、地震剖面资料与三维几何造型数学法则的精准支撑。

（4）多源异构数据的集成与同化。对不同来源（不同勘探单位、不同时期的数据）、不同维度（二维的点、线、面，三维的点、线、面、体）、不同类型（如地面遥感数据、野外观测数据、钻探数据、测井数据、人工地震数据剖面数据、重磁勘探数据）、不同精度的数据进行无缝整合与同化，是地质勘探信息处理的必然趋势。地质空间数据是典型的半结构化数据，而地质勘探数据中也存在大量的非结构化数据。因此，地质大数据并不宜采用常规的大数据分析工具进行处理与分析，经典的大数据分析工具与解决方案对于地质大数据都显得无能为力。可以预见，能对地质大数据进行分析处理的工具一定是在三维地质建模软件平台上开发的，因为形态上的三维性、属性上的多维性是地质大数

据区别于普通大数据的显著特点。而构造建模的输入数据是各类解释数据，所以建模结果就是对所有可用的数据和资料的综合认知结果。一个合格的构造模型就是以上多源异构数据的同一表达。

（5）提供三维空间数值模拟与分析的基础。地质领域信息科学经典的三维空间分析包括三维缓冲区分析、三维连通性分析、三维叠加分析、三维布尔操作（交、并、差、切割、开挖）。这些基本的三维空间分级方法再辅以神经元网络算法、蚁群算法、遗传算法、模拟退火算法等人工智能算法，以及实时监测、远程通信、物联网等新型信息技术，再与地质勘探、油气藏开发设计与生产管理、安全监控等业务流程相结合，就可以派生出钻孔间层位自动对比、断层匹配方案优选、构造演化模拟、沉积环境分析、成藏过程模拟、开采方案对比、井下实时安全监控等更复杂、更高级别的应用。三维构造建模也只有与实际的油气应用场景相结合，有侧重点地进行建模，才能真正体现出其使用价值。

（6）便于开展各类构造分析。三维的构造模型便于以形象、直观的方式展示地质构造和油气藏的空间形态与开采技术条件。三维构造模型大大提高了油气勘探中不同环节的构造分析能力。这样不需要所有油气勘探从业者都能够解释基础的地震资料，评价不同解释方案的优劣，只要能够理解和使用已经建立的构造模型，就可以进行复杂的构造分析。

1.1.2 传统构造建模的研究内容

不论是传统建模还是地下复杂构造智能建模，都是运用计算机图形图像处理技术，将复杂的地下三维地质构造的时空展布特征及地质体内部属性参数变化以直观的图形图像方式展现出来并进行相关分析，从而便于人类理解地下地质现象、发现地质特征的变化规律。所以所有构造建模方法都需要在三维环境下将空间信息管理、地质解译、空间分析和实体内容分析、统计、预测，以及图形可视化等工具结合起来，涉及地质勘探、数学地质、地球物理、图形图像和科学计算可视化等众多学科。

以下介绍传统构造建模的主要研究内容，因为其基本概括了各类不同应用中构造建模都要面临的基本问题，本书所研究的地下复杂构造智能建模内容也与其有相似之处。由于油气地球物探以地震勘探为主要手段，传统的构造建模方法以地震解释得到的地质曲面（层位面和断层面）几何形态信息为主要基础数据，采用一定的地质曲面重建算法和可视化技术，在三维空间中形成以断面和层面为内边界的三维块状格架模型。研究内容主要包括以下4个方面：

（1）地震资料的构造解释。利用地震波的反射时间、反射界面同相轴、波速等运动学和动力学信息，研究地层界面的分布范围和起伏形态、断层发育情况，并用地震剖面（时间或深度）解释绘制地下构造图，形成构造解释资料。

（2）地质曲面重构技术。地质曲面重构技术可分为地质曲面重构技术的计算方法、断层面重构及层位面重构3部分。计算方法即地质曲面的插值或拟合方法，用于根据已知数据估计数据缺失部分的曲面信息，生成完整的地质曲面。地质曲面的已知数据往往具有稀疏和分布不均匀的特点，计算方法需要能够适应这些问题，最典型的有离散光滑插值、克里金插值法（Kriging）[16]、Marching Cubes算法[17]、非均匀有理样条插值等。断层面重构即根据断层的产状数据（倾角、倾向、走向等），以及地质解释得到的断层迹线和剖面线，使用之前提到的计算方法生成三维断层面，并处理断层之间的相交和剪裁，形成断层网[18]。在断层面重构完成后，再将其作为模型的内边界，同样根据层位面的产状和剖面线重构三维层位面，并根据断层面的位置对层面进行切割，生成断距。

（3）地质曲面拓扑关系分析。构造建模技术中的地质曲面拓扑关系分析主要是指在断层面与层位面重构后厘清曲面间的约束关系，从而对曲面进行剪裁。约束关系确定了曲面的剪裁关系：约束曲面切割被约束的曲面。在实际构造建模过程中，地质曲面拓扑关系主要包括断面层与断面层关系、层位面与层位面关系及断面层与层位面的相互切割关系[19-20]。在进行地质曲面重构时，首先要能够及时求出地质曲面几何相交的交线数据；另一方面还会出现地质曲面基础数据本身不相交，但是在进行地质曲面拓扑关系的分析时应该相交的情况，这时要根据地质约束情况，将某一曲面延长，计算出交线数据。

（4）地质块体模型构建。经过地质曲面重构和拓扑关系分析后，只是得到构造模型中地质曲面的几何描述和空间相关关系，而三维闭合地质块体才是数值模拟、属性建模等后续应用的输入，所以接下来还需要生成地质块体模型以满足后续应用和实际工程的需求。块体模型构建就是根据曲面重构及剪裁的结果，确定模型中存在哪些封闭的地质块体、这些块体都是由哪些曲面或面片构成的，最后生成逻辑的封闭地质体。最终得到的构造模型也就是由这些块体组成的。地质块体模型构建作为经典三维构造建模技术的最后一个步骤，需要良好的地质曲面重建算法及地质曲面拓扑关系分析作依托，获得有效的地质曲面几何描述个和空间关系，才能确定地质块体实体模型的结构[21-22]。

1.2 传统构造建模发展现状

地质构造建模是油气藏地学建模的基础。随着计算机技术，特别是三维可视化技术的发展，在过去30年中，已经开发了一系列针对油气藏勘探的复杂三维地质建模技术。自1986年以来，地球科学信息系统被广泛应用于地质构造建模，以满足对地下构造精确定义的需求[24]。随着地质勘探工作的深入，对复杂地质构造建模和构造建模准确性的需求日益凸显，地质建模也急需将传统的GIS方法扩展到三维空间[25]。本节将从较为成熟的经典三维构造建模方法、比较新颖的增加约束的构造建模方法和建模软件发展现状三个方面总结构造建模技术的发展过程。

1.2.1 经典三维构造建模方法

与工程地质勘探、城市地质勘探、矿山地质勘探等领域相比，油气勘探中的三维地质构造建模面临的一个特殊问题是缺乏足够的观测数据，这也是造成地下构造建模困境的主要原因。通过现场观测（如钻井）或地震资料解释得到的数据通常稀疏和模糊，必须在这些具有不确定性的数据点间进行插值以得到模型，寻求一类符合地球科学特殊需要的数值模拟方法。针对这一问题，J. L. Mallet 于 1989 年提出了"离散光滑插值（Discrete Smooth Interpolation）"技术，这一技术成为了计算机辅助地质建模的核心技术，标志着数字化地质建模成为实用[26-27]。1994 年，S. W. Houlding 介绍了一种使用计算机进行地质特征描述的综合三维方法，包括信息管理、地质解释和建模、地质统计分析和预测、空间分析、风险评估和可视化，正式提出了三维地学建模（3D Geoscience Modeling）的概念[12]。经典的三维地质构造建模大致分为三个步骤：地质曲面重构、地质曲面拓扑关系分析和三维实体建模[28]，不同建模方法的区别主要体现在曲面和块体生成的方式不同。

地质曲面重构本质是一个点云空间曲面重构问题——根据构造解释的层面和断层数据，采用一定的地质曲面重构算法，生成三维空间曲面。1951年，南非金矿工程师D. G. Krige开创性地提出了用回归方法对空间场进行预测[16]，而后法国统计学家G. Matheron于1963年对其进行了理论化，并将其命名为Kriging法[29]，M. L. Stein 1999年系统介绍了将Krigin法用于空间数据插值的相关理论和方法[30]。2003年，Q. Wu等根据断层面的基本性质，利用多个组合的简单几何平面来模拟断层面，以此估计断层面上的未知点，并对断层的几何形状进行数学描述[31]。2005年，邵才瑞等对三角剖分、距离反比和克里金等几种常用地质曲面重构方法进行了数值实验比较，实验结果显示，在不太追求精度时可选用普通距离反比或三角剖分方法，而克里金和径向基函数插值方法适用于精度要求较高的场合[32]。2007年，T. Frank等提出了一种基于隐式函数拟合从散乱点云数据重构三维复杂几何形状的方法[33]。2010年，H. Hnaidi等提出了将构造解释数据作为扩散源，利用热传导原理进行曲面的扩展和延伸的曲面重构思想，并用扩散方程生成了基于特征的复杂地质曲面[34]。2015年，杨洋等提出一种基于地质体轮廓线的曲面重构方法，通过生成过渡剖面轮廓线，克服传统方法生成曲面过于粗糙的缺点，以提高建模质量[35]。2018年，魏竹斌等提出了一种针对煤层底板等高线数据的逆断层叠覆区全自动三角剖分方法，以解决含不完全切断的逆断层叠覆区地层界面三角剖分问题[36]。

地质曲面重构实现了断面和层面模型的构建，接下来就要通过曲面的组合和剪裁建立断层网模型、地层模型及地质体模型。1998年，N. Euler对空间曲面拓扑关系的确定提出了完整的技术思路和实现途径，即首先重建所有地质曲面，然后在约束条件下通过相互切割找到它们之间的交点[28]。2004年，G. Caumon等则进一步以空间拓扑的方式更清楚地描述了曲面延伸、组合和剪裁操作涉及的空间几何运算[22]。2006年，侯卫生等为准确表达复杂地质体各要素的空间几何形态及其相互之间的关联关系，设计了线框单元体模型，解决了地层交错情况下断层面和层位面相交形成的断块的建模问题[37]。在此之后，徐能雄等2011年也提出了一种称为封闭地质建模（Sealed Geological Modeling）的技术，该技术同样首先重构地质曲面，然后通过计算曲面交线构造模型的整体线框，再利用块跟踪技术建立由封闭地质体组成的地质模型[39]。2012年，杨洋提出了对三维场景中各类地物开展基于任意平面、折面的一体化切割操作的算法[39]。这一方法同样适用于地质曲面的剪裁，可以较为方便地计算交线并保持相交曲面的一致性。另外也有一些使用深度学习的地质曲面生成方法，2015年，C. Panagiotakis等就提出了一个能够自动增强和识别断层面的神经网络，这一方法根据断层的形状和拓扑先验构建加权图表示可能的断层点以及它们之间的连接，最终构成完整的断层面[40]。

通过地质曲面重构以及地址曲面和地质体的空间拓扑分析，就得到了地质曲面的几何描述和空间相关关系，从而形成了地层框架模型。由于地层框架模型无法描述地质体内部的沉积特点，因此需要进行实体建模[41]。对于每个地质单元，简单来说由上下前后左右的界面组成，上下界面分别是相邻的地层层面，前后左右面则由断层或通过缝合相邻的层面构成[42]。熊祖强2007年实现了工程地质三维建模及可视化的完整流程，并在三维数据结构、曲面重构、曲面求交和剪裁、自动建模等具体问题上提出了改进方法[43]。J. Li等

2011年提出了一种高效的基于空间拓扑构建封闭地质体的算法[44]。该算法通过遍历指示空间拓扑关系的地层二叉树来找到地质体的组成面,既满足交互式模型编辑的苛刻要求,也可用于数值模拟。毛凤军等2018年在尼日尔Termit盆地实现了盆地级三维构造建模,该模型可提取全盆地任意方向、任意层位的构造剖面以及任意连井剖面,同时可以任意提取每个区带及局部构造的三维立体模型以进行精细构造分析[45]。该建模技术为区域级和盆地级的精细构造研究提供了新的技术手段。

另外,M. Jessell等2014年对地质构造建模的发展进行了展望,明确了构造建模下一步发展的方向[13]。研究提到现有的三维地质建模系统很好地适应了高数据密度环境,但所有三维模型都不受约束,并且仅生成单一模型的做法忽略了模型构建过程背后的巨大不确定性,难以向用户提供有关应用模型解决地质问题所涉及的固有风险的有意义信息。未来的研究需要认识到这一点,并着重于模型不确定性、空间特征和地质特征的表征,并产生合理的多个模型,而不是有效性未知的单一模型。

1.2.2 增加约束的构造建模方法

在构造建模的主要基础数据普遍具有较高不确定性(前面提到的稀疏性、模糊性、分布不均匀等问题)的情况下,仅仅使用这类数据可能难以获得令人满意的建模结果,因为这些数据中包含的信息量不足以准确描述构造,若不增加其他信息从理论上也是不可能得到一个准确的模型的。所以有一些构造建模方法,除了在生成地质曲面和块体的算法上进行改进以外,还尝试了增加其他输入信息或改进建模的工作流程。

G. Caumon等2009年提出了基于三角网格曲面的构造模型的一般建模程序[19]。他们强调,合理的构造模型不仅应该吻合地质观测数据,还必须保证地质曲面之间拓扑关系正确,这也是构造建模必须面对的难点问题。2013年,M. Perrin和F. Rainaud也表达了类似的观点,他们建议应该将所有可用信息纳入模型中[46]。这里的可用信息不仅包含了各种数据,还包含了地球科学家通过解释这些数据而产生的知识。因此,有很多研究已经在这方面进行了尝试,即在建模过程中引入单一数据源以外的其他信息。较为常见的手段是整合多源的地球物理和地质数据作为建模的输入,例如将钻井数据作为层位重构的起点保证层位与钻井数据的吻合[47-51],此外还包括引入地质要素(曲面、地质体或其他构成模型的单元)的拓扑信息作为约束[52-54],在建模过程中结合地质图件和地质数据[38],引入研究区域的地质背景知识[56],或者更为详细的构造特征信息例如断层方向和统计的尺度—位移关系[57]作为约束。

近年来还有另一大类构造建模方法则尝试不使用解释数据,而通过直接使用观测数据来减少数据中的主观不确定性对模型的影响,也尽量避免同一套输入数据的多解性。一般这类方法被称为"隐式建模",意为用隐势场中的等值面来表示地质曲面(与之相对的显式建模中地质曲面上的每个点的坐标都可由显式函数来表示)。隐式建模的输入数据主要是地质曲面在某些位置的倾角和走向数据,曲面可以由协同克里金法(CoKriging)重构得到[52-59]。隐式建模方法也衍生出一些开源的建模软件和建模工具包,例如至今已经迭代到2.1版本的GemPy工具包[54,63]和Loop平台[64-66]。但由于隐式建模方法的输入数据获取局限性较大,难以得到深地的曲面信息,所以这类方法在勘探地质中应用较少,主流的依然是以经典构造建模流程为代表的显式方法。

1.2.3 建模软件发展现状

早在20世纪70年代，一些发达国家就开始了三维地质建模软件的研发工作。随着计算机技术特别是计算机图形技术的快速发展，从20世纪90年代开始，相继研发出了一批适合于地质、矿山、油气、工程地质等领域的三维建模软件。在油气地球物理勘探领域，国外较有代表性的具有三维构造建模功能的地质建模软件如表1-2-1所示。其中Petrel、EarthVision、GOCAD、Geomodeller、EVS、GSI3D建立的构造模型效果示例如图1-2-1所示。

表 1-2-1 国外主流地质建模软件

软件名称	开发者
Geomodeller	法国地质矿产调查局（BRGM）
Multilayer-GDM	法国地质矿产调查局（BRGM）
RMS（Reservoir Modeling System）/STORM（Stochastic Reservoir Modeling）	挪威 Roxar 公司
GOCAD（Geological Object Computer Aided Design）	法国 Nancy 大学
Petrel	美国 Schlumberger 公司
ArcGIS	美国环境系统研究所（ESRI）
GSI3D（Geological Surveying and Investigation in 3 Dimensions）	德国 INSIGHT GmbH
EarthVision	美国 Dynamic Graphic 公司（DGI）
Geo Visionary	英国地质调查局（BGS）
ISATIS	法国 Geovariances 公司
RockWorks	美国 RockWare 公司
SKUA Geologic modeling system	以色列 Paradigm 公司
Surpac	加拿大 Gemcom 公司
Micromine	澳大利亚 Micromine 公司
Datamine Studio	英国 Datamine 公司
Vulcan	澳大利亚 Maptek 公司
Move3D	英国 Midland Valley 公司
FastTracker	荷兰 Fugro 集团
EVS（Earth Volumetric Studio）	美国 CTech 公司

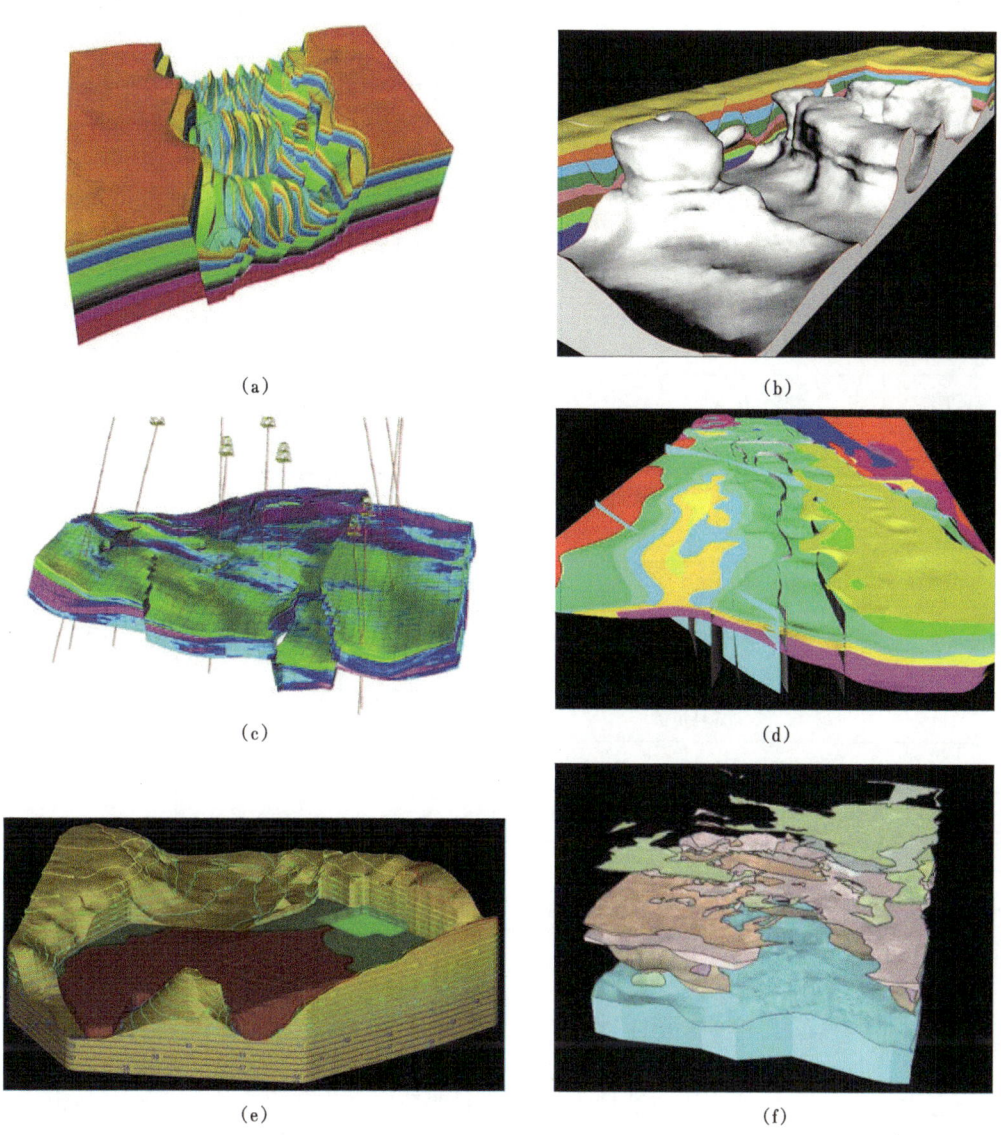

图 1-2-1 一些国外商业软件所建模型示例
(a) Petrel; (b) Earth Vision; (c) GOCAD; (d) Geomodeller; (e) EVS; (f) GSI3D

在中国，油气勘探行业是三维地质建模技术应用面最广、应用程度最深的行业。中国石油、中国石化、中国海油所属的油气勘探企业都在大量使用国外的建模软件进行油藏描述和建模。现阶段国内油气勘探开发企业中使用较多的建模软件为 Petrel、RMS、FastTrack 和 GOCAD，其特点对比如表 1-2-2 所示。

国内从 20 世纪 90 年代开始就不断地有人研究三维地质建模软件的核心理论与技术。但国内油藏地质建模软件起步较晚，目前在业内有一定知名度的建模软件如表 1-2-3 所示。这些国产三维地质建模软件，虽然与国际先进产品相比仍然存在差距，但近年来发展迅速，大多已具备地下三维地质建模功能，能够满足大多数油气勘探的三维地质建模的应用需求。

表 1-2-2　地质建模软件特点对比表[67]

软件	Petrel	RMS/STORM	FastTracker	GOCAD
功能	构造建模、油藏建模、地震解释	构造建模、油藏建模、数值模拟	油藏建模	地震解释与反演、速度建模、构造建模、油藏建模、数值模拟
可视化能力	三维+二维	RMS：三维 STORM：二维	三维	三维+二维
复杂构造处理能力	一般，断层编辑较为复杂、耗时	逆断层及地质异常体处理能力差	一般，模型分辨率不高	强，能处理逆断层、相交断层、盐丘等构造
平台	Windows	Soparis, SGI, Hp-unix	Windows	Windows, Soparis, SGI, Hp-unix
可扩展性	任意扩展	无	无	任意扩展
开源性	无	无	无	用户可根据需求自行开发插件

表 1-2-3　国内自主研发地质建模软件

软件名称	开发者
复杂地质体深度成像软件（Complex Geologic Object Depth Imaging Software，CGOD）	中科院地质与地球物理研究所、胜利油田、同济大学
GeoEast 地震数据处理系统	东方物探
KDSYS 系统	华北油田
深探地学建模软件（Depth Insight）	北京网格天地
Geostation	华东勘测设计研究院
MapGIS	武汉中地数码、中国地质大学（武汉）

1.3　地下复杂构造建模的特点

传统的地下油气构造建模方法以人类掌握的油气成藏与富集规律为基础，依赖人类的智能，借助计算机的存储和计算能力，在浅层、地震资料好和构造背景简单的常规区域已经取得了成功的实际应用。但在地下或超地下和山地复杂构造区的资源勘探中，必须发展相应的地下复杂构造建模方法。

1.3.1　地下复杂构造建模难点

钻井虽然能直接观察到地表以下数千米的构造，但这都是"一孔之见"，对大范围地质构造的认知通常来自对人工地震资料的构造解释。地球物理工作者确定地下构造的形态和分布的主要方式是对地震资料进行构造解释。目前以地震资料为核心的勘探研究仍以剖面、平面研究为主，对构造、储层描述成果缺乏三维空间认识。虽然地下复杂构造和简单构造的建模并无本质上的不同，但随着地震勘探向地下或超地下和山地复杂构造区发展，地震资料的质量（包括信噪比、精度、地震信号的频带）快速下降、构造快速复杂化，而人类对地层深部复杂构造的先验认知也严重不足，导致人类不能清楚地识别地下复杂构造，自然也就无法得到高质量的构造解释。特别是对于地下区域勘探，受到钻井资料限制，目前对地下储层的认知明显不足，通过有限的地震资料来推断未知的复杂构造必然会导致构造模型具有各种形式的不确定性，最终影响油气勘探和开发方案的制定，造成油气勘探和开发生产工程中的风险。

现有相对成熟的传统构造建模方法大都基于计算机图形学理论，以纯数据驱动的方法重构地质对象，最终模型的质量严重依赖于构造解释的质量。面对地下/超地下复杂构造的建模问题，传统方法受到数据质量不高和先验认知不足的困扰，显得越来越力不从心。所以迫切希望计算机能够模拟、集成和扩展人的智能，帮助工程技术人员提高对地下/超地下复杂构造的建模能力，最终形成一套适应地下/超地下复杂构造的智能建模理论和方法体系。

1.3.2　为什么地下复杂构造建模需要智能化

地下复杂构造建模相比于非复杂构造建模的难点，主要为建模不确定性更显著，以及复杂构造模型法的质控更困难。所以以下将从地下复杂构造建模不确定性来源和模型质控方法两方面分析传统构造建模在面对地下复杂构造的困境，由此阐述开发一套智能化建模方法对地下复杂构造建模的必要性。本书中提出的智能建模方法本质就是利用模型质量评价的主观性特点，将作为质量评价标准的专家构造认知转化为计算机可以识别的知识图谱，再作为构造建模过程的输入，一方面增加了建模的输入信息，从源头的基础数据方面降低了构造模型的不确定性；另一面将期望的建模结果作为建模过程的约束条件，得到的结果更符合预期，基本可告别建模完成后还需要对模型进行反复调整的困境。

1.3.2.1　地下构造建模中的不确定性

构造建模的不确定性，是指模型在描述构造要素、构造特征和几何特征中缺乏确定性[68]。现阶段，国内外对构造建模和构造模型的不确定性来源、传播和量化进行了不少研究，但仍处在初始阶段[69-72]。总体来说，构造模型的不确定性包括客观的不确定性（地质构造的固有不确定性和地质数据不确定性）以及主观的不确定性（地质学家的认知带来的不确定性）。其中地质构造的客观不确定性是由地质体或地质现象本身的复杂性造成的，人类还没有完全掌握地质规律，无法完全了解真实的构造。主观不确定性则是由不同构造解释专家的水平和解释方案不同造成的，解释数据中可能包含了专家的偏见。地下复杂构造建模的客观数据不确定性和主观认知不确定性更为显著，严重影响了建模的效果和建模方法的稳定性。

本书在1.2节中提到了一类隐式构造建模可以尽可能避免引入主观不确定性，但这种方法的应用局限较大，只适用于有较多直接观测数据的情况。在地下复杂构造建模中，主要的建模输入还是各类地震地质解释数据，所以在地下复杂构造建模的问题中首先讨论客观不确定性，其中数据不确定性就是影响建模质量的最大因素[14]。对于地下复杂构造建模来说，应该尽量采用多种地质数据来增加建模的输入信息减少不确定性，可以用到多种野外地质勘测数据，如钻孔、剖面、地质图、产状、地球物理数据等，但这些实测数据都难免含有误差。以下简要列举部分数据的误差特性[73]：

（1）钻孔数据误差。总体来说，随着钻探深度的增加，误差随之增大。误差与最大天顶角之间成正比关系。由于钻孔并不一定是直线，若有测斜资料，可以对钻孔数据中的位置信息进行校正，减小误差。通过重复观测和统计，根据先验知识和合理的假设可以推断出钻孔数据中地层面的概率分布。J. F. Wellmann等人总结了地层面点在钻孔数据中的几种常见分布规律：正态分布、均匀分布、离散型分布、对数正态分布等[74]。

（2）产状数据误差。岩石结构面的产状数据也是重要的数据源，直接参与模型计算或辅助建模。岩石结构面产状可由倾向、倾角和走向来定义。岩石结构面产状的测定需要依据产状对结构面进行分组，求出每组岩石结构面的优势产状及其统计特征。常用于确定产状的方法有岩心定向法、古地磁法和物探测井法。这3种方法在实际测量中都会因为测量仪器和操作的原因产生误差。例如，罗盘使用前需校对，未校准的罗盘会导致测量结果出现偏差。数字地质罗盘虽精度较高，但是仍然受仪器精度限制，也存在测量误差。此外还有直接计算方法，其计算过程中也会引入计算误差。

（3）剖面数据误差。剖面测量一般在地质填图的初始阶段，通常是沿着给定的勘探线方向进行，一般分为地层剖面、构造剖面、侵入岩剖面、第四系剖面、火山岩剖面等。地质剖面提供建模区域的地层间的接触关系、结构构造以及岩石组分等重要内容。野外实测的地质剖面误差来源主要有3类：仪器误差、人为误差和环境误差。仪器误差主要是在剖面测量时，剖面上关键测量点（如剖面起点、终点、地形控制点、重要的地质界线点等）在地质路线上卫星定位定点不准确导致。人为误差通常是测量人员不当使用仪器设备所造成的误差。当测量区域通视条件差、地形起伏较大、卫星定位存在多路径效应等环境时，测量结果可能含有环境误差。

（4）图件数字化误差。在地质建模中，有时需要对过去的纸质地质图资料进行数字化，以满足当前的数据需要。由于图纸变形和认知不足等因素，在纸质资料数字化过程中，输入的地物图形与其实际所处的空间位置可能出现偏差。图件数字化的误差包括数据录入过程中产生的误差和数据处理过程中产生的误差（如几何变换、数据编辑、图形化简、数据格式转换、计算机截断误差等）。但在实际中，数据处理引入的误差往往小于数据的测量误差。

而在油气勘探的构造建模这一范畴中，不确定性的主要数据来源自然是各类地球物理数据的误差，这也是在复杂构造建模中需要重点关注的部分。地震数据和测井数据是最常用到的地球物理数据。地震数据横向分辨率高，垂向分辨率低；测井数据垂向分辨率高，横向分辨率低。在井震数据匹配过程中，如果对地震采样的反射界面信息估计不准确，就可能造成薄地层信息丢失、地震剖面与人工合成记录匹配不佳、井旁道子波提取不准确及测井数据反演出的剖面缺失储层信息等问题，这都会给地质模型带来不确定性。地震数据还受到地球物理反演固有的限制：观测不充分且数据中存在噪声和误差，相对简单的模型假设和反演方法在数学上的局限性使反演结果存在不确定性。地震数据还存在非规则采样或是稀疏采样引起的误差。非规则采样在叠加成像时会造成振幅扭曲，噪声无法最大限度地衰减。稀疏采样会导致空间假频问题，引起多次波的错误预测，降低地震叠加数据的信噪比，而非规则采样会加重这种效果。

构造建模的主要输入数据是构造解释数据，即构造解释专家在地震数据剖面上根据地震信号的同相轴走向或错位情况画出层位面和断层面的迹线，同时钻井数据可以帮助修正层位面的深度和断层面的位置，如图1-3-1所示。以上地震数据的误差特性都会导致构造解释数据的不确定性，从而最终导致构造模型的不确定性。此外构造解释专家还可以利用露头描述及其延伸、钻孔揭露等方式获取有限范围的地质信息。但这些方法依然难以消除基础的构造解释数据中的不确定性,这种不确定性包括数据在解释剖面间的缺失、在剖面内的部分缺失和多个方向解释数据间的冲突等问题,如图1-3-2所示。在这样的情况下建立的模型可能会出现无效和不合理的情况,包括违反地质规律(例如层位相互穿插)、与区域地质背景不一致(例如在推覆构造带内出现大型正断层)、不符合三维可视化要求(例如块体不封闭,曲面悬空)。在更多的情况下,建立的模型可能不符合解释专家对模型的预期。

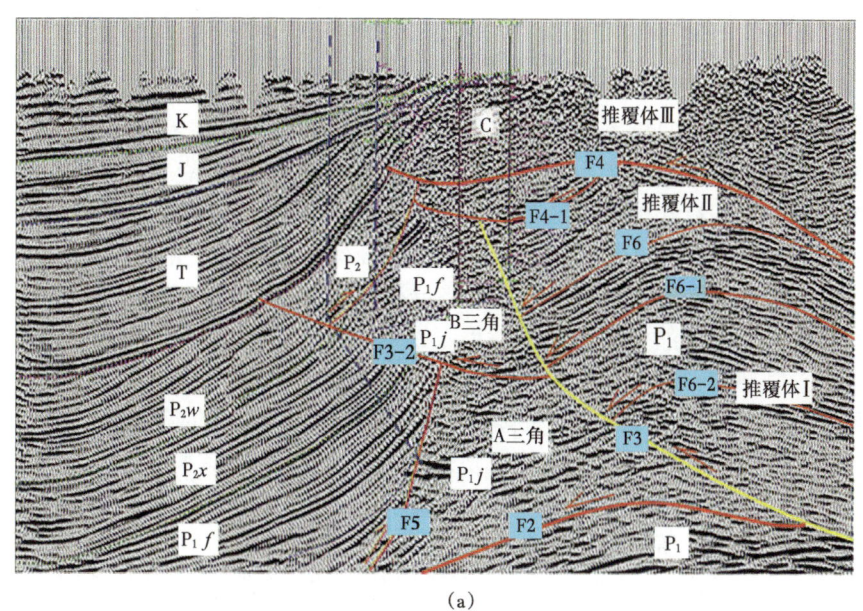

(a)

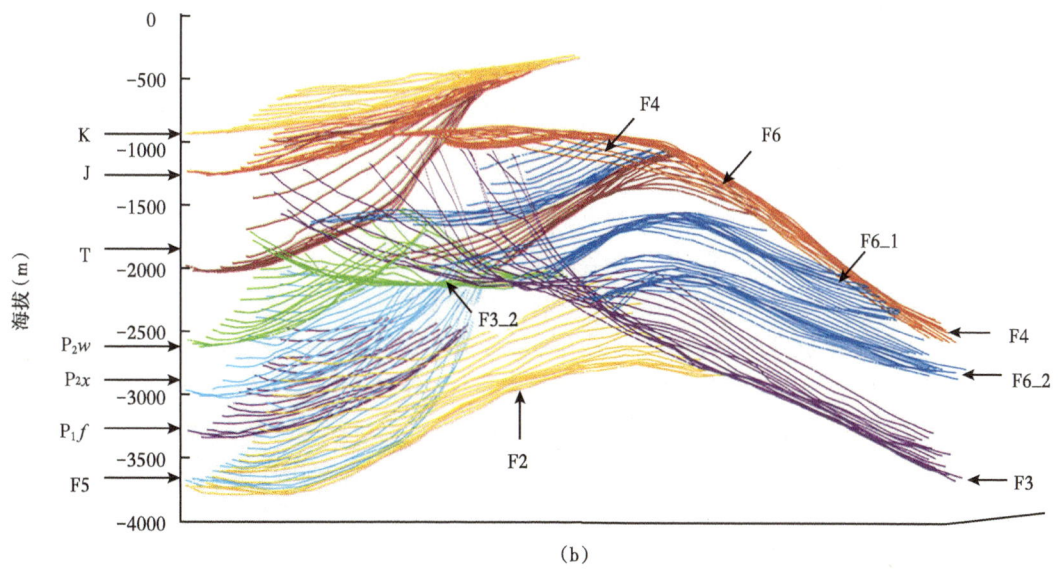

(b)

图1-3-1 构造建模的主要输入数据是地质专家根据地震信号得到的构造解释数据

(a)构造解释;(b)完整的构造解释数据;图中F3_2等表示断层面解释数据,K、J、P_2w等表示地层面解释数据

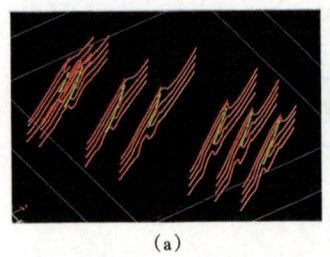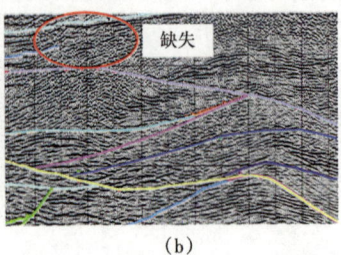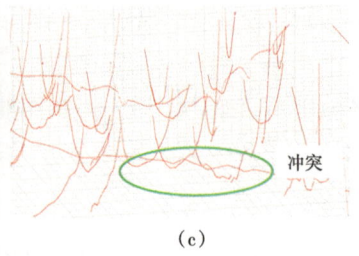

图1-3-2 构造解释数据常见的稀疏(a)、缺失(b)、冲突(c)等问题

传统构造建模的流程是一个自上而下的线性过程。在建模过程中，一旦某个步骤出现问题或者需要修改，可能整个流程都需要重来一次。在实际建模过程中，随着对地质认识的加深，三维构造建模也就成为一个反复迭代的过程。这样就会耗费大量的时间和人力，而且也不利于模型的更新。下文将详细分析传统构造建模中的质控难点问题。

1.3.2.2 构造模型的评价方法和复杂构造模型质控难点

三维构造模型的可靠度、详细程度及成熟度是衡量三维构造模型可用性的重要标志。三维构造模型的可靠性根本上取决于数据的数量、质量、合理性。但在构造建模过程中，地下地质结构资料主要是在各种间接资料的基础上，通过推断解释获取的。只有钻孔、巷道、露头等少数观测资料能直接反映地下地质结构的资料才是绝对可靠的[75]，所以评价模型可靠性的最准确方法就是进行钻探验证。但多数情况下，获取这类准确资料的成本很高，且这些资料所能控制的深度也较浅，已经不能满足地下（5000m以上）甚至超地下（超过8000m）勘探的需求。所以，现阶段构造建模的质量评价体系还主要以主观评价为主，缺少客观评价模型的条件。而主观评价的前提就是假设地质专家在进行构造解释时已经预想了模型的大致框架（人工构造解释一定是在对构造的分布、形态有所认知的情况下进行的），所以多数情况下建模完成后就靠地质专家肉眼检查得到模型是否符合构造解释时的预期，符合预期的则为合格的模型，否则就需要对模型进行质控和修改。

质控的本质就是依据人类对地质结构的认知降低构造模型中的不确定性。构造模型质控的方法可以分为两类：直接质控和数据质控。直接质控即直接调整模型中的控制点，可以先通过二维剖面和三维模型空间中进行联动选择需要调整的剖面，再在剖面中通过拖动控制点的方式调整模型，如图1-3-3所示。数据质控则是在模型出现问题时修改构造解释数据，补全缺失的构造解释或重新画解释线，调整数据后再进行一次建模（更详细的地质曲面编辑方法将在第五章中讨论）。而这两种质控方式对于地下（超地下）复杂构造都存在一些明显的缺点：(1) 在构造情况复杂、构造解释不清晰的情况下通过二维的媒介进行三维交互是低效的；不管是质控模型还是质控构造解释，其本质都是编辑三维的数据，但计算机显示器只能显示三维图形的二维投影，要选中和拖动三维空间中的数据点都是困难的。(2) 可能需要多次迭代修改；如果只修改模型或数据的局部，则可能在模型中的其他位置造成数据冲突或失去合理性，或者因为缺少过渡而使构造形态变得不自然，这时就需要反复进行"观察—修改—建模"这样一个过程。(3) 三维模型约束条件要求严格，导致编辑质控工作量大；三维模型对微小瑕疵非常敏感，例如三维地质曲面相交时要求严格闭合，不能出现"未及(Undershot)"与"过伸(Overshot)"的情况，且曲面三角网的划分也不能过于

"病态"。现阶段还没有一种能解决以上全部问题的模型质控手段。可以说质控手段的落后造成了构造建模巨大的时间和人力的开销,从根本上制约了三维构造模型的应用。

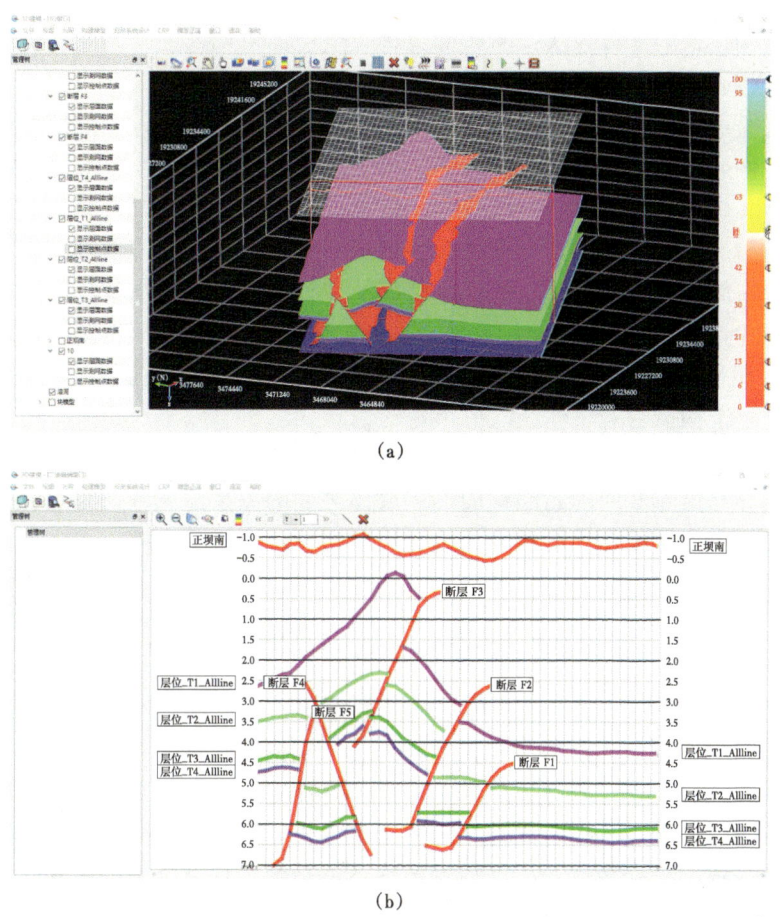

图 1-3-3 作者团队自研的二三维联动模型质控模型
（a）三维质控界面；（b）二维质控界面

1.4 地下复杂构造智能建模技术路线

本节将提出地下复杂构造智能建模方法的核心思想,指出其"智能"是如何体现的,总结其中的关键技术,并最终建立地下复杂构造智能建模的技术路线。

1.4.1 地下复杂构造建模研究内容

1.1.2 节已经总结了传统构造建模的研究内容,而地下复杂构造智能建模的研究内容与传统建模的不同之处可以总结为以下 3 个方面：

（1）断层和层位的智能识别：这一步对应传统构造建模的构造解释,但传统构造解释主要依靠人工在地震剖面上根据同相轴手画层位和断层的迹线。而在地下复杂构造智能建模中,提出了一系列基于深度学习的智能构造解释方法,包括断层的智能识别、断层建模和全层位追踪，在某些情况下对小断距断层、走滑断层等的识别精度已经超过了人工解释，智能解释还有助于提高效率，减少构造解释主观不确定性。

（2）构造形态和边界信息约束下的地质曲面重构：地下复杂构造智能建模同样需要解决地质曲面重构技术的计算方法、断层面重构及层位面重构这三个问题，但智能建模与传统建模的一个核心差异在于智能建模在建模过程中引入了构造认知，实现了专家知识—数据双驱动的建模过程。所以智能建模还要额外考虑在曲面重构过程中如何使用构造认知中的与曲面本身相关的构造形态和曲面边界信息，使重构的曲面与构造认知一致。

（3）构造认知的提取和表征：构造解释专家在构造解释过程中产生了丰富的对地下结构的认知，但最后得到的成果只有构造解释数据，大量的非常有价值的知识和认知都丢失或者隐藏在构造解释数据中。地下复杂构造智能建模就是要挖掘出这些信息，并将其以显式的方式表征为计算机可以直接利用的数据。这个过程可以对应为传统构造建模的地质曲面拓扑关系分析阶段，其核心都是要厘清地质对象的空间关系、地质接触关系和逻辑关系，通过地下复杂构造智能建模获取更丰富的信息。

而对于传统构造建模中很重要的地质块体模型构建，由于地下复杂构造智能建模过程已经获得了块体是由哪些曲面封闭构成的和块体之间的关系信息，并且相交的曲面受同一个边界的约束，所以智能建模在曲面重构完成后自然就形成了块体，不需要进行单独的块体提取和曲面剪裁步骤。

1.4.2　一种基于知识图谱的构造建模智能化思想

经过1.3节中的分析，已经说明传统的纯数据驱动构造建模方法不能完全适应地下复杂构造的建模，明显不能从根本上解决上面提到的模型不确定性问题，以及为了减少不确定性带来的模型质控问题。而1.2.2节中总结的增加输入信息和约束条件的建模方法虽然取得了一定效果，但增加数据源的方式又带来了多源异构数据冲突、冗余、融合困难等问题。增加约束方式同样存在对地下构造的描述不够精细和缺乏全局约束的问题。所以，本书提出一种具有潜力的解决问题的方式就是利用构造模型评价标准的一定主观性，在地下复杂构造建模中引入人类在构造解释过程中形成的对当前工区地下结构的认知，形成人类智能与机器计算能力协同的构造建模方法，以克服构造解释数据的不确定性[13]，并尽量避免复杂的模型质控和数据质控。

人类相比计算机具有更优秀的模糊感知和总结能力，人类对地下结构的认知可以看作对当前所有可用信息的整合，如地质规则、多源数据、经验和区域背景，因为人类的认知结果就是在学习了这些信息之后产生的。而人类的认知结果就是构造建模的"正确答案"。计算机相比人类来说具有更优秀的存储和计算能力，可以精细描述构造。所以本书中谈论的地下复杂构造智能建模就是结合二者的长处，用人类对构造的认知减少数据的不确定性对构造模型的影响。这种建模方式一方面增加了人类的认知结果作为建模的输入信息，从源头降低了由数据不确定性导致的构造模型不确定性；另一方面将构造模型的重要评价标准（即专家所期望得到的建模结果）作为建模过程的约束条件，基本避免了建模完成后还需要对模型进行质控。所以地下复杂构造智能建模的核心在于结合人类的构造认知（人类智能）和计算机在计算、存储、精确识别上优势（机器智能），形成专家知识与数据双驱动的构造建模流程。

要想将专家知识与计算机算法结合起来，很自然地就会想到需要首先将知识表征为一种计算机可以读取和计算的形式，即知识的形式化表征。但由于构造建模涉及的要素种类多，要素关系复杂，传统的知识计算机表征方法如逻辑谓词表征法、产生式表征法、框架表征法、本体表征法等很难支撑复杂地质构造建模问题。合适的知识计算机表征方法的缺乏也限制了传统符号化推理方法（例如专家系统）的有效性。因此，本书提出了一种基于知识图谱（Knowledge Graph）的地下复杂构造智能建模方法，提出这一思想的大致流程如图 1-4-1 所示。人类对构造认知以及丰富的地质先验就可以通过知识图谱，以符号的方式传递给计算机。

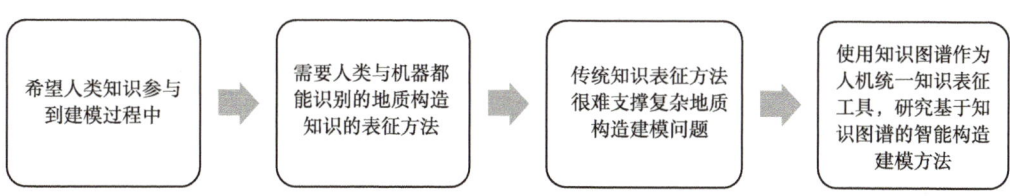

图 1-4-1　基于知识图谱的地下复杂构造智能建模思想

谷歌于 2012 年首次提出"知识图谱"这一概念，其初衷是被用于提高搜索引擎的能力，使得搜索引擎不仅仅能找出含有关键词的网页，还能找到与关键词在语义上相关的结果[76]。知识图谱本质上是一个由顶点和边组成的语义网络（Semantic Web），网络的顶点表示物理世界中的概念或实体，网络的边表示概念或实体之间的关系（关于语义网络的具体定义和结束细节见参考文献 [77]）。知识图谱以图（Graph）的形式组织事物及其相互关系，以实现知识的形式化表征，即知识的计算机表征。人们对知识图谱的理解如图 1-4-2 所示，离散、无属性的数据只能表达数值，对数据的含义进行了一些描述后则能表达一些离散的信息，而进一步将这些信息关联起来后则能表达更复杂的语义，形成了知识图谱。在本书讨论的地下复杂构造智能建模方法中，知识图谱就描述了构造模型中包含的语义信息，即地质专家在对各种不同类型数据的不同解释中产生的知识，这些知识已经在人脑中形成了一个"构造模型"。知识图谱解决的就是如何将人脑中的构造模型告诉计算机，从而形成构造模型的实物，所以知识图谱构成了连接人与计算机的桥梁。2.1 节将详细介绍知识图谱的相关概念。

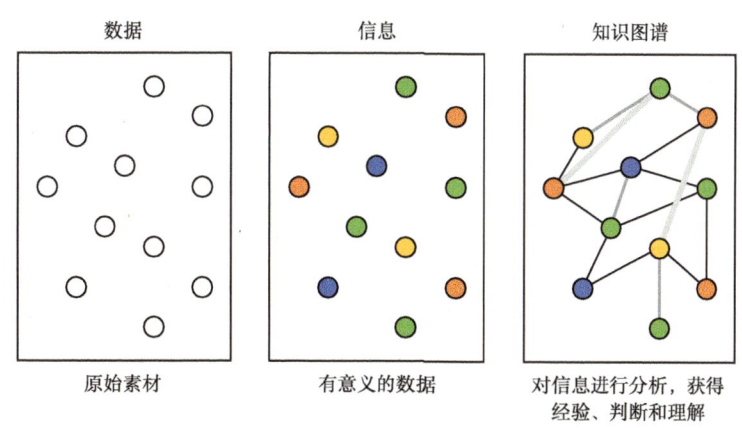

图 1-4-2　数据、信息和知识图谱的区别

1.4.3 地下复杂构造智能建模的技术框架

根据对构造建模研究内容的分析，可以总结地下复杂构造智能建模的技术路线，如图 1-4-3 所示。与传统构造建模的关键步骤（即曲面重构、拓扑分析和块体生成）相比，智能建模技术路线的不同之处在于用智能断层识别和全层位最终代替了传统的人工构造解释；增加了对构造认知和专家知识的抽取、表征、迭代修正，以此实现人类智能参与建模过程，曲面重构、块体构造都需要遵循构造认知的约束，在曲面重构完成后实现自动的块体构建；在需要对模型进行质控时，可以直接通过修改知识图谱进行构造认知的质控，而非传统建模中质控模型数据。完整的构造建模流程还涉及多种数据资料的管理和解释：地理数据一般指地表数字高程模型（Digital Elevation Model，DEM）数据，用于构建三维地表模型；地质资料包括各种地质图件、露头、产状资料等；遥感数据用于提取地质曲面的迹线；地球物理数据主要为地震数据，这也是构造建模的主要输入数据；钻孔、测井数据用于评价模型的可靠性。2018 年，T. Wellmann 和 F. Caumon 的综述研究中则对建模中可能使用的数据做了完整的总结，其中只有少数数据类型可以提供对三维空间的完整覆盖和详尽描述（图 1-4-4）。此外，一个生产环境中的完整建模过程中还可引入构造定量分析、构造恢复等步骤，用于增加模型的可靠性。

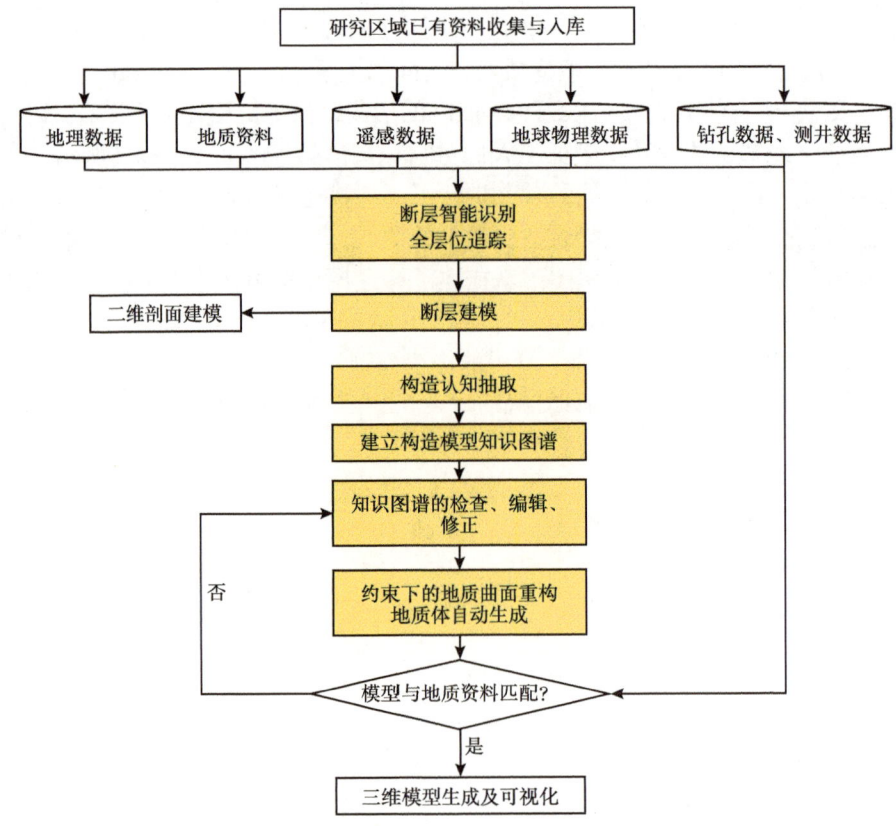

图 1-4-3　地下复杂构造智能建模的技术路线

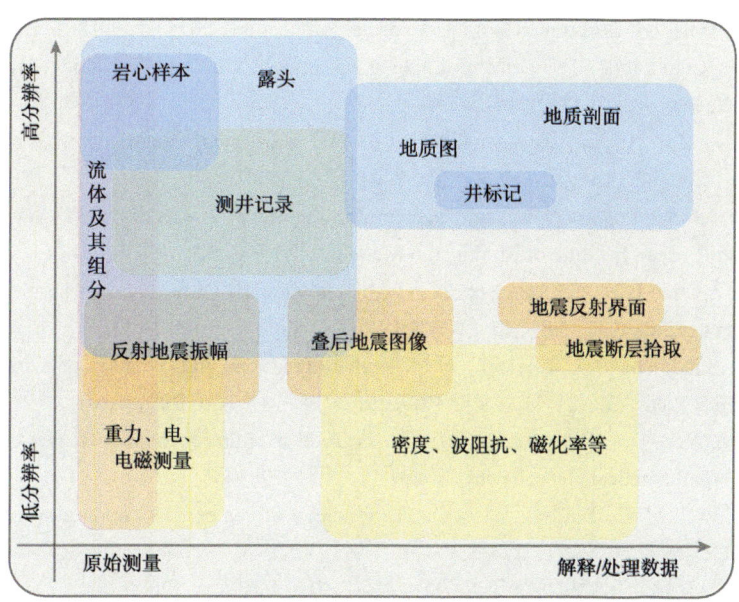

图 1-4-4　构造建模中可能使用到的典型地质数据[14]
所有数据都给出了其相对的空间分辨率（竖轴），以及处理和解释的程度（横轴）

参 考 文 献

[1] 于萍萍，陈建平，王勤．西藏铁格隆南铜（金）矿床三维模型分析与深部预测[J]．岩石学报，2019，35（3）：16.

[2] 屈红刚，王想红，王占刚，等．Geo3DML：三维地质模型数据交换格式[C]//中国地质学会数学地质与地学信息专业委员会．第十三届全国数学地质与地学信息学术研讨会论文集．2014.

[3] 李青元，马梓翔，崔扬，等．Geo3DML 在三维地质建模中的应用研究与建议[J]．地质学刊，2015，39（3）：9.

[4] Wang Zhangang, Qu Honggang, et al. Geo3DML：A standard-based exchange format for 3D geological models[J]. Computers & geosciences, 2018.

[5] 邢怀学，葛伟亚，华健，等．城市地上地下一体化大数据信息平台助力杭州智慧城市建设[J]．华东地质，2020，41（2）：1.

[6] 张茂省，王化齐，王尧，等．中国城市地质调查进展与展望[J]．西北地质，2018，51（4）：1-9.

[7] 孙策．新型城镇化背景下中国地质调查转型研究[D]．武汉：中国地质大学（武汉），2018.

[8] Perrin M, Zhu B, Rainaud J F, et al. Knowledge-driven applications for geological modeling[J]. Journal of Petroleum Science & Engineering, 2005, 47（1）：89-104.

[9] Zanchi A, Francesca S, Stefano Z, et al. 3D reconstruction of complex geological bodies：Examples from the Alps[J]. Computers & Geosciences, 2009, 35（1）：49-69.

[10] Mallet J L L. Geomodeling[M]. Oxford：Oxford University Press, 2002.

[11] Kaufmann O, Martin T. 3D geological modelling from boreholes, cross-sections and geological maps, application over former natural gas storages in coal mines[M]. Oxford：Pergamon Press, 2008.

[12] Houlding S W. 3D Geoscience Modeling：Computer Techniques for Geological Characterization[M]. London：Springer-Verlag , 1994 .

[13] Jessell M, Aillères L, De Kemp E, et al. Next generation three-dimensional geologic modeling and inversion[J]. Society of Economic Geologists Special Publication, 2014, 18（18）: 261-272.

[14] Wellmann F, Caumon G. 3-D Structural geological models: Concepts, methods, and uncertainties[J]. Advances in Geophysics, 2018, 59: 1-121.

[15] Wu Q, Xu H, Zou X. An effective method for 3D geological modeling with multi-source data integration[J]. Computers & geosciences, 2005, 31（1）: 35-43.

[16] Krige D G. A statistical approach to some basic mine valuation problems on the Witwatersrand[J]. Journal of the Southern African Institute of Mining and Metallurgy, 1951, 52（6）: 119-139.

[17] Lorensen W E, Cline H E. Marching cubes: A high resolution 3D surface construction algorithm[J]. ACM siggraph computer graphics, 1987, 21（4）: 163-169.

[18] Nixon C W, Sanderson D J, Dee S J, et al. Fault interactions and reactivation within a normal-fault network at Milne Point, Alaska[J]. AAPG Bulletin, 2014, 98（10）: 2081-2107.

[19] Caumon G, Collon-Drouaillet P, de Veslud C L C, et al. Surface-based 3D modeling of geological structures[J]. Mathematical Geosciences, 2009, 41（8）: 927-945.

[20] Thiele S T, Jessell M W, Lindsay M, et al. The topology of geology 1: Topological analysis[J]. Journal of Structural Geology, 2016, 91: 27-38.

[21] 孟祥宾. 复杂地质体块体建模方法研究[D]. 青岛：中国海洋大学, 2010.

[22] Caumon G, Lepage F, Sword C H, et al. Building and editing a sealed geological model[J]. Mathematical Geology, 2004, 36（4）: 405-424.

[23] 李青元, 张洛宜, 曹代勇, 等. 三维地质建模的用途、现状、问题、趋势与建议[J]. 地质与勘探, 2016, 52（4）: 9.

[24] Vinken R. Digital geoscientific maps: A priority program of the German Society for the Advancement of Scientific Research[J]. Mathematical Geosciences, 1986, 18（2）: 237-246.

[25] Turner A K. Challenges and trends for geological modelling and visualisation[J]. Bulletin of Engineering Geology and the Environment, 2006, 65（2）: 109-127.

[26] Mallet J L. Discrete smooth interpolation. ACM Trans Graph[J]. Acm Transactions on Graphics, 1989, 8（2）: 121-144.

[27] Mallet J L. Discrete smooth interpolation in geometric modelling[J]. Computer-Aided Design, 1992, 24（4）: 178-191.

[28] Euler N, Sword Jr C H, Dulac J C. A new tool to seal a 3d earth model: a cut with constraints[M]//SEG Technical Program Expanded Abstracts 1998. Society of Exploration Geophysicists, 1998: 710-713.

[29] Matheron G. Principles of geostatistics[J]. Economic geology, 1963, 58（8）: 1246-1266.

[30] Stein M L. Interpolation of Spatial Data[M]. New York: Springer, 1999.

[31] Wu Q, Xu H. An approach to computer modeling and visualization of geological faults in 3D[J]. Computers & Geosciences, 2003, 29（4）: 503-509.

[32] 邵才瑞, 关丽, 张福明. 基于测井数据的地质曲面插值重构方法比较[J]. 测井技术, 2005, 29（4）: 311-315.

[33] Frank T, Tertois A L, Mallet J L. 3D-reconstruction of complex geological interfaces from irregularly distributed and noisy point data[J]. Computers and Geosciences, 2007, 33（7）: 932-943.

[34] Hnaidi H, Guérin E, Akkouche S, et al. Feature based terrain generation using diffusion equation[J]. Computer Graphics Forum, 2010, 29（7）: 2179-2186.

[35] 杨洋, 潘懋, 吴耕宇, 等. 一种新的轮廓线三维地质表面重建方法[J]. 地球信息科学学报, 2015, 17（3）: 253-259.

[36] 魏竹斌, 李青元, 张明辉, 等. 基于煤层底板等高线的逆断层叠覆区全自动三角剖分[J]. 煤田地质与勘探, 2018.

[37] 侯卫生, 吴信才, 刘修国, 等. 基于线框模型的复杂断层三维建模方法[J]. 地质科技情报, 2006, 25（5）: 109-112.

[38] Xu N, Tian H, Kulatilake P H S W, et al. Building a three dimensional sealed geological model to use in numerical stress analysis software: A case study for a dam site[J]. Computers & Geotechnics, 2011, 38（8）: 1022-1030.

[39] 杨洋. 三维GIS表面模型切割算法研究[D]. 南京: 南京师范大学, 2012.

[40] Panagiotakis C, Kokinou E. Linear Pattern Detection of Geological Faults via a Topology and Shape Optimization Method[J]. IEEE Journal of Selected Topics in Applied Earth Observations and Remote Sensing, 2015, 8（1）: 3-11.

[41] 魏嘉, 唐杰, 岳承祺, 等. 三维地质构造建模技术研究[J]. 石油物探, 2008, 47（4）: 319-327.

[42] 朱大培, 牛文杰, 杨钦, 等. 地质构造的三维可视化[J]. 北京航空航天大学学报, 2001, 27（4）: 448-451.

[43] 熊祖强. 工程地质三维建模及可视化技术研究[D]. 武汉: 中国科学院研究生院（武汉岩土力学研究所）, 2007.

[44] Li J, Liang Y, Meng X, et al. Volume construction from surface model base on spatial topology[C]//IEEE International Conference on Computer Science & Automation Engineering. IEEE, 2011.

[45] 毛凤军, 姜虹, 欧亚菲, 等. 尼日尔Termit盆地三维地质构造建模研究与应用[J]. 地学前缘, 2018（2）: 62-71.

[46] Perrin M, Rainaud J F. Shared earth modeling: knowledge driven solutions for building and managing subsurface 3D geological models[M]. Editions Technip, 2013.

[47] Dérerová J, Zeyen H, Bielik M, et al. Application of integrated geophysical modeling for determination of the continental lithospheric thermal structure in the eastern Carpathians[J]. Tectonics, 2006, 25（3）.

[48] Wu Q, Xu H, Zou X, et al. A 3D modeling approach to complex faults with multi-source data[J]. Computers & Geosciences, 2015, 77: 126-137.

[49] Zhang Q, Zhu H. Collaborative 3D geological modeling analysis based on multi-source data standard[J]. Engineering Geology, 2018, 246: 233-244.

[50] Pan D, Xu Z, Lu X, et al. 3D scene and geological modeling using integrated multi-source spatial data: methodology, challenges, and suggestions[J]. Tunnelling and Underground Space Technology, 2020, 100: 103393.

[51] Thiele S T, Lorenz S, Kirsch M, et al. Multi-scale, multi-sensor data integration for automated 3-D geological mapping[J]. Ore Geology Reviews, 2021: 104252.

[52] Xu N, Tian H. Wire frame: a reliable approach to build sealed engineering geological models[J]. Computers & geosciences, 2009, 35（8）: 1582-1591.

[53] Zheng K, Zhou F, Liu P, et al. Study on 3D geological model of highway tunnels modeling method[J]. Journal of Geographic Information System, 2010, 2（1）: 6.

[54] Schaaf A, de la Varga M, Wellmann F, et al. Constraining stochastic 3-D structural geological models with topology information using approximate Bayesian computation in GemPy 2.1[J]. Geoscientific Model Development, 2021, 14（6）: 3899-3913.

[55] Hao M, Li M, Zhang J, et al. Research on 3D geological modeling method based on multiple constraints[J]. Earth Science Informatics, 2021, 14（1）: 291-297.

[56] 汤延帅, 汪洋, 高建武, 等. 地质约束条件下的致密储层地质建模研究: 以七里村油田柴上塬区长6

油层组为例［J］. 西安石油大学学报（自然科学版），2021，36（5）：10.

[57] Cherpeau N, Caumon G. Stochastic structural modelling in sparse data situations［J］. Petroleum Geoscience, 2015, 21（4）: 233-247.

[58] Zhang C, Hou X, Pan M, et al. Research on Automatic Construction Method of Three-Dimensional Complex Fault Model［J］. Minerals, 2021, 11（8）: 893.

[59] Calcagno P, Courrioux G, Guillen A, et al. How 3D implicit geometric modelling helps to understand geology: the 3DGeoModeller methodology［C］//XIth International Congress, Society for Mathematical Geology. 2006: 27.

[60] Calcagno P, Chilès J P, Courrioux G, et al. Geological modelling from field data and geological knowledge Part I: Modelling method coupling 3D potential-field interpolation and geological rules［J］. Physics of the Earth and Planetary Interiors, 2008, 171（1-4）: 147-157.

[61] Caumon G, Gray G, Antoine C, et al. Three-dimensional implicit stratigraphic model building from remote sensing data on tetrahedral meshes: theory and application to a regional model of La Popa Basin, NE Mexico［J］. IEEE Transactions on Geoscience and Remote Sensing, 2012, 51（3）: 1613-1621.

[62] Laurent G, Ailleres L, Grose L, et al. Implicit modeling of folds and overprinting deformation［J］. Earth and Planetary Science Letters, 2016, 456: 26-38.

[63] Varga M, Schaaf A, Wellmann F. GemPy 1.0: open-source stochastic geological modeling and inversion［J］. Geoscientific Model Development, 2019, 12（1）: 1-32.

[64] Ailleres L, Jessell M, deKemp E, et al. Loop: an Integrated and Interoperable Platform Enabling 3D Stochastic Geological and Geophysical 3D Modelling［C］//AGU Fall Meeting Abstracts 2020, 2020: IN048-01.

[65] Ailleres L, Jessell M, de Kemp E, et al. Loop-Enabling 3D stochastic geological modelling［J］. ASEG Extended Abstracts 2019, 2019（1）: 1-3.

[66] Grose L, Ailleres L, Laurent G, et al. LoopStructural 1.0: time-aware geological modelling［J］. Geoscientific Model Development, 2021, 14（6）: 3915-3937.

[67] 杨永亮，庚琪. 三维地质建模软件对比研究［J］. 石油工业计算机应用，2008，16（1）: 4.

[68] Bárdossy G, Fodor J. Evaluation of uncertainties and risks in geology: new mathematical approaches for their handling［M］. Berlin: Springer Science & Business Media, 2004.

[69] Thore P, Shtuka A, Lecour M, et al. Structural uncertainties: Determination, management, and applications［J］. Geophysics, 2002, 67（3）: 840-852.

[70] Bond C E. Uncertainty in structural interpretation: Lessons to be learnt［J］. Journal of Structural Geology, 2015, 74: 185-200.

[71] Aug C, Chilès J P, Courrioux G, et al. 3D geological modelling and uncertainty: The potential-field method［M］//Geostatistics Banff 2004. Dordrecht: Springer, 2005: 145-154.

[72] 左仁广，夏庆霖. 矿产预测评价中不确定性传播模型［J］. 地球物理学进展，2008，23（4）: 4.

[73] 梁栋. 三维地质模型不确定性分析方法研究［D］. 武汉：中国地质大学（武汉），2021.

[74] Wellmann J F, Horowitz F G, Schill E, et al. Towards incorporating uncertainty of structural data in 3D geological inversion［J］. Tectonophysics, 2010, 490（3-4）: 141-151.

[75] 冉祥金. 区域三维地质建模方法与建模系统研究［D］. 长春：吉林大学，2020.

[76] Steiner T, Verborgh R, Troncy R, et al. Adding realtime coverage to the google knowledge graph［C］//11th International Semantic Web Conference（ISWC 2012）. Citeseer, 2012, 914: 65-68.

[77] Berners-Lee T. Semantic web road map［J/OL］. http://www.w3.org/DesignIssues/Semantic.html, 1998.

2 地质构造知识的计算机表征

2.1 知识图谱基本概念

近年来，得益于神经网络深度学习、大数据分析、高性能计算的发展，人工智能新技术的研究和应用迎来新的高峰，在多个领域取得突破性进展。在此背景下，传统的地球物理勘探技术也迈向了基于人工智能的地学数据处理技术、基于人工智能的地学数据反演解释技术、基于机器学习的遥感图像解析技术等智能地球系统科学理论及应用研究的新台阶。虽然深度学习、机器学习等联结主义的人工智能方法是当下的研究热门，但在地球物理领域，深度学习并不完全适用于构造建模，其原因为构造建模问题具有小样本、多要素的特点（图2-1-1），而深度学习等需要大量齐全的样本且擅长解决单要素问题。上述问题也是许多智能地球物理问题面临的共同难题，甚至也是许多地学人工智能问题的瓶颈。现有深度学习方法被认为是一个黑匣子，无法判断其正确性，也无法与人类的知识形成交互。而人类对地下油气资源的勘探开发已积累了大量的知识、理论和经验，为符号主义人工智能的发展提供了坚实基础和广阔的前景。而本书就以知识图谱为纽带，实现机器认知与人类知识的交互，将符号主义人工智能应用到构造建模问题中。考虑到知识图谱在地球物理领域还是一个新事物，本节将从传统知识计算机表征方法、知识图谱的发展历程、知识图谱的定义和典型知识图谱示例用4个方面来介绍知识图谱的基本概念。

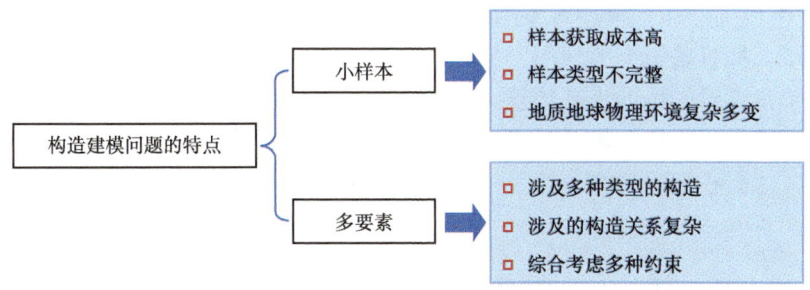

图 2-1-1　构造建模问题的特点

2.1.1 传统知识计算机表征方法

传统知识的计算机表征是一个非常传统、涉及面广的研究方向。本书的重点是讲知识图谱与构造建模的结合，所以这里只讨论与知识图谱密切相关的方法，并分析传统的知识计算机表征方法在构造建模中不适用的原因。

（1）描述逻辑。描述逻辑（Description Logic）是一阶谓词逻辑的可判定子集，主要用于描述本体概念和属性，是一种本体库构建的便捷表达形式[1]。OWL 就是一种基于描述逻辑的本体建模语言[2]。描述逻辑的核心要素只有三种：概念（Concept）、关系（Relation）和个体（Individual），其中个体是概念的实例。用描述逻辑表征的知识又可以分为两个部分：内涵知识（TBox）和外延知识（ABox）。内涵知识用于描述概念的一般性质，例如一个概念是另一个概念的子集，或一个概念的固有属性。外延知识用于描述特定个体。

（2）霍恩逻辑规则。霍恩逻辑规则（Horn Logic）也是一阶谓词逻辑的子集，主要特点是表达形式简单，适合描述规则型知识。逻辑程序设计语言 Prolog 就是基于霍恩逻辑规则设计的[3]。霍恩逻辑规则的核心要素包括原子（Atom）、规则（Rule）和事实（Fact）。原子本质是一个由谓词构成的陈述，例如 Get_married（Jack，Anna）。规则由头部原子和体部原子构成，一条规则描述一个头部原子和多个体部原子间的逻辑关系。事实就是没有头部和变量的规则。

这类基于谓词逻辑的知识计算机表征方式最大的优势是接近自然语言，有严格的形式定义易于推理；缺点是不能表达不确定的知识，并且对于复杂问题很难穷尽规则，容易出现规则爆炸，事先定义的工作量巨大，所以并不适用于地质构造建模问题。

（3）产生式系统。产生式系统（Production System）是一个增加了置信度的规则系统，是专家系统的基础。产生式系统的核心表达方式是 If P Then Q CF=[0，1]，其中 P 是产生式的前提，Q 是一组结论或操作，CF（Certainty Factor）为确定性因子，也称为置信度。产生式系统同样很接近自然语言，有很好的可读性，并且改善谓词逻辑在不确定知识计算机表征上的不足，但依然需要对大量规则进行事先定义，而在构造地学中本来就存在人类对地下构造认知不完备的问题，更不用说准确地给出规则的置信度。

（4）框架系统。框架系统最初来自心理学，其基本思想认为人们对外部世界事物的认识是以一种框架的结构存储在记忆中的，当面临一个新事物时就从记忆中找出合适的框架，根据当前的情况稍加修改，从而形成对新事物的认知。框架系统的核心是由若干个"槽"（Slot）组成的，用于描述对象的某种属性。每个槽又有若干个"侧面"（Aspect），每一个侧面又可以拥有若干个值，用于描述这个属性的一个方面（图 2-1-2）。框架系统的优点是从计算机角度对知识的表征比较全面，能表征结构化知识；缺点是不够灵活，维护成本较高。而不管是对于构造建模过程还是整个物理勘探过程，随着模型的完善必然产生新的地质认知，数据和知识库的迭代更新都是很重要的。

```
Frame<框架名>:                                    Frame<Student>:
 槽1: 侧面1_1: 值1_{11}, 值1_{12}, 值1_{13}, …      Name:    Unit: (Last Name, First Name)
      侧面1_2: 值1_{21}, 值1_{22}, 值1_{23}, …      Sex:     Area: (Male, Female)
      …                                                   Default: Male
 槽2: 侧面2_1: 值2_{11}, 值2_{12}, 值2_{13}, …      Age:     Unit: (Years)
      侧面2_2: 值2_{21}, 值2_{22}, 值2_{23}, …               Default: 18
      …                                          Major:   Unit: (Major)
 …                                               School:  <School Name>
                                                 Advisor: Unit: (Last Name, First Name)
```

图 2-1-2　框架系统的结构和实例

（5）语义网络。语义网络（Semantic Web）已经在前面有所提及，其形式已经非常接近知识图谱，一些大型的语义网也可以构成高质量知识库，例如普林斯顿大学建立的大型英语词汇数据库WordNet[4]。语义网络同样是以图的形式组织各种概念，将事物的属性及事物间的语义联想显式地表征出来（图2-1-3）。每个节点代表一个概念，每条边代表一个语义关系。语义网络相对知识图谱的缺点是缺乏公认的形式化表征体系，一个语义网络所表达的含义依赖于处理程序对它的解释，其处理复杂程度高，而构造建模的结果有多种应用，例如正演、反演、初始建模、储层建模等，需要有严格的表征体系作为支撑。

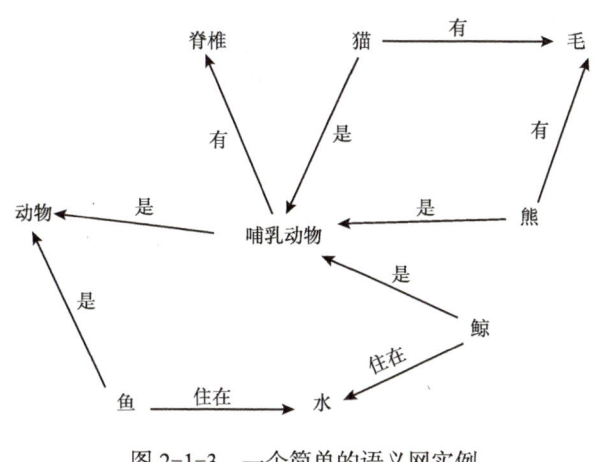

图2-1-3　一个简单的语义网实例

2.1.2　知识图谱的发展历程

知识图谱这一概念不是突然出现的，而是受到了历史上出现的很多其他相关事物的各种影响。而与知识图谱隐秘关联的概念就包括语义网络（Semantic Network）、本体论（Ontology）、语义网（Semantic Web）、链接数据（Linked Data）等。

首先已经提到，语义网络的形式已经非常接近今天的知识图谱，而语义网络有时会与语义网混淆。语义网络是1960年前后，作为一种知识的计算机表征手段被提出来。典型的语义网络如WordNet和谷歌知识图谱有些不一样。WordNet刻画的是词与词之间的关系，而谷歌知识图谱强调的是实体和概念之间的关系。像MIT的常识知识库ConceptNet，以及BabelNet大百科语义网络等都更加偏重于词语之间的关系刻画。而语义网是对未来网络的一个设想，与Web 3.0这一概念结合在一起，作为3.0网络时代的特征之一。它的核心是通过给万维网上的文档（如HTML文档、XML文档）添加能够被计算机所理解的语义"元数据"（Meta Data），从而使整个互联网成为一个通用的信息交换媒介。

再说本体论，本体实际上是个哲学概念。在20世纪80年代，人工智能研究人员将这一概念引入计算机领域，用来研究知识的计算机表征。在计算机科学领域，其意思是指一种模型用于描述由一套对象、属性及关系类型所构成的世界，核心是依据某种类别体系来表达实体、概念、事件等及其属性和相互关系。本体相关的语言或技术通常被用来为知识图谱定义框架。

链接数据起初是用于定义如何利用语义网技术在网上发布数据,强调在不同的数据集间创建链接。万维网之父 T. Berners-Lee 提出了发布数据的四个原则,并根据数据集的开放程度将其划分为 1 星到 5 星 5 个层次。同时,链接数据也被当作是语义网技术一个更简洁、简单的描述。当它指语义网技术时,它更强调"Web"(网),弱化了"Semantic"(语义)的部分。如果说语义网络从形式层面最接近知识图谱,那链接数据就是从数据层面最接近知识图谱。

前面的内容讲了其他概念是如何演化到知识图谱的,而从知识图谱本身发展历程来看,知识图谱的诞生和如今的大部分应用都与 Web 有着深刻的联系。知识图谱与 Web 的共同发展历程可以总结为 3 个时期和 5 个阶段。1950—1977 年是启蒙期,包含了基础概念阶段和专家系统阶段的开端,这一时期文献索引的符号逻辑被提出并且应用。1977—2012 年是知识图谱不断演变的成长期,包含了大部分专家系统阶段和 Web 1.0、Web 2.0 阶段,在此期间出现了很多如 WordNet、Cyc、Hownet 等大规模的人工知识库,知识工程成为人工智能重要的研究领域。2012 年,Google 正式提出知识图谱概念,开启了现代知识图谱的序章。2012 年至今是知识图谱的高速发展期,科技企业开始用知识图谱解决实际生产中的问题,知识图谱技术在多个领域落地开花(图 2-1-4)。

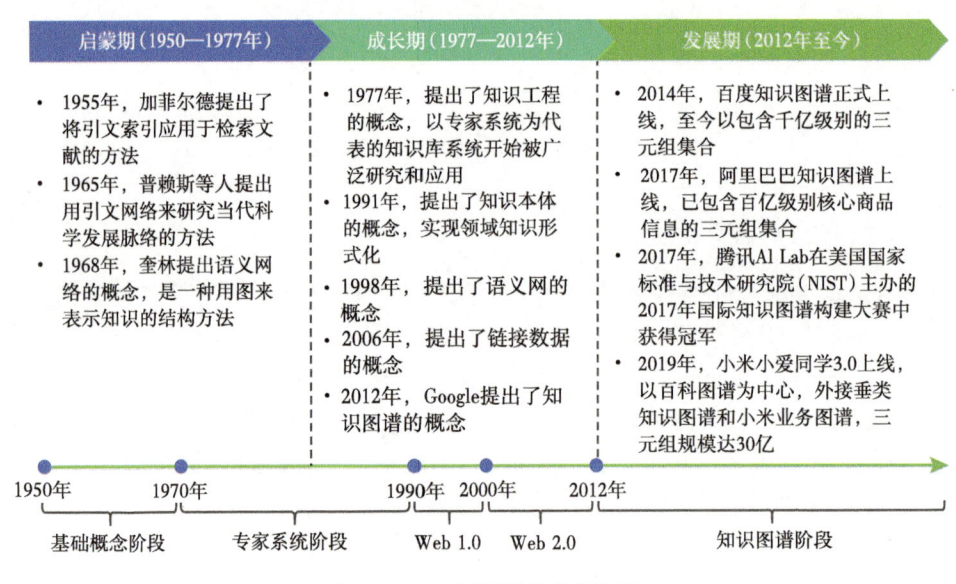

图 2-1-4　知识图谱的发展历程

2.1.3　知识图谱的定义

维基百科对知识图谱给出的词条解释仍然沿用了谷歌最初提出知识图谱的定义,即:知识图谱是谷歌用于增强其搜索引擎功能的辅助知识库[5]。本质上,知识图谱是一种揭示实体之间关系的语义网络,可以对现实世界的事物及其相互关系进行形式化地描述。现在的知识图谱已被用来泛指各种大规模的知识库[6],并且各种领域的知识图谱表示方式可能也不相同(图 2-1-5)。当前,无论是学术界还是工业界,对知识图谱还没有一个唯一的定

义。但可以达成共识的是,知识图谱的一种通用表示方式是三元组,即 $G=(E, R, S)$,其中 $E=\{e_1, e_2, \cdots, e_{|E|}\}$ 是知识图谱中的实体集合,共包含 $|E|$ 种不同的实体; $R=\{r_1, r_2, \cdots, r_{|R|}\}$ 是知识图谱中的关系集合,共包含 $|R|$ 种不同关系; $S \subseteq E \times R \times E$ 代表知识图谱中的三元组集合。三元组的基本形式主要包括〈实体1,关系,实体2〉和〈概念,属性,属性值〉两类,这样的三元组是知识图谱的基本组成单位,被称为"事实"(Facts)。实体是知识图谱中的最基本元素,不同的实体间存在不同的关系。概念主要指集合、类别、对象类型、事物的抽象种类,例如断层、褶皱等抽象描述或术语名词;实体就是概念的实例化;属性主要指对象可能具有的属性、特征、特性、特点以及参数,例如断距、褶皱振幅、地质体岩性等;属性值主要指具体某一实体对象指定属性的值,可以是数值、字符串、布尔值等。

总结以上信息,可以将知识图谱理解为是一个具有属性的实体通过语义关系链接而成的网状知识库。从图的角度来看,知识图谱在本质上是一种概念网络,其中的节点表示物理世界的实体(或概念),而实体间的各种语义关系则构成网络中的边。由此,知识图谱是对物理世界的一种符号表达。

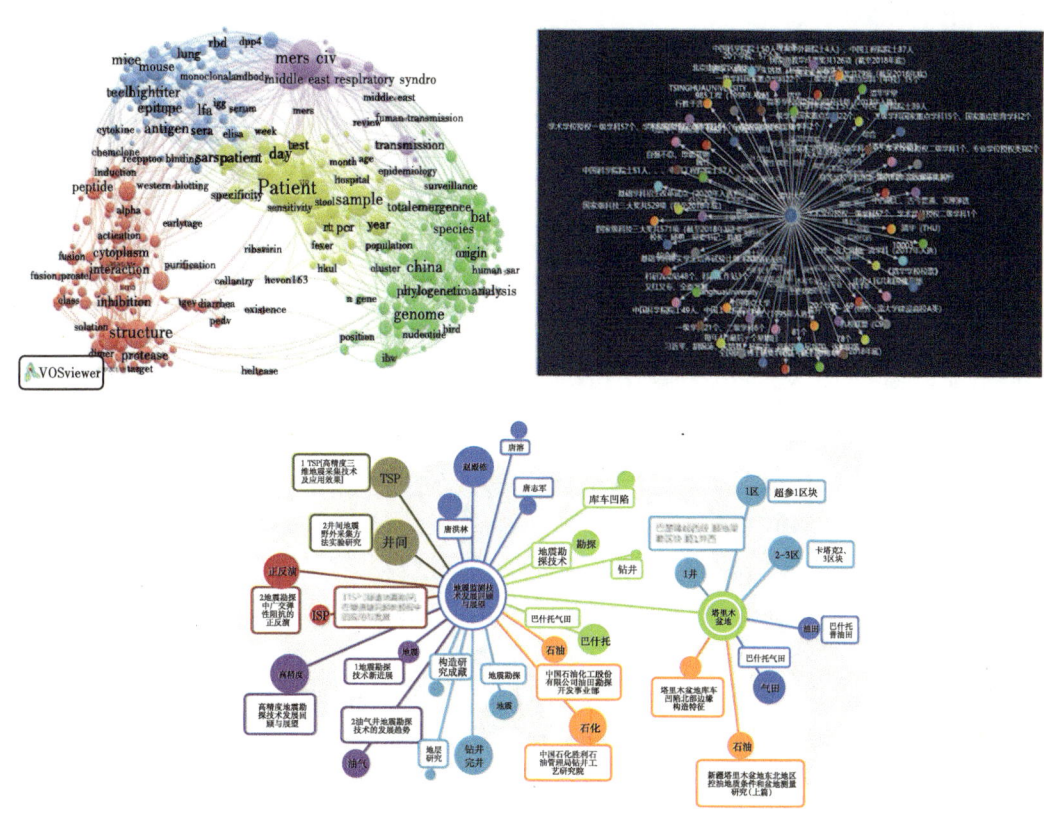

图 2-1-5 不同领域各式各样的知识图谱具有不同的表现形式

2.1.4 典型知识图谱示例

本小节将列举几个典型的知识图谱项目。现阶段取得成功应用的知识图谱大多是常识类知识图谱，可用的资料、数据非常丰富，规模非常庞大，其构建比较依赖互联网，方式为"机器抽取+手动添加或人类验证"。知名的知识图谱大致可以分为两种类型：一种是主要从维基百科和WordNet等知识库中抽取大量的实体及实体关系，像是一种结构化的维基百科；另一种是则直接从上亿个非结构化网页中抽取实体关系三元组。

（1）Cyc。Cyc项目（取自百科全书英文名enCYClopedia的一部分）是由D. Lenat在1984年启动的，最初目标是建立常识知识库，现阶段致力于为企业提供人工智能解决方案，例如可以为石油系统领域提供智能钻井方案（图2-1-6）。Cyc试图对日常生活常识建立综合的本体论和数据库的人工智能工程，其目标为使人工智能具有和人类似的推理能力。知识库中目前包含320万条人类定义的断言，涉及150万个概念和4万个谓词。Cyc的建立过程大部分以知识工程为基础，且都是通过手动添加所有的知识到系统中。

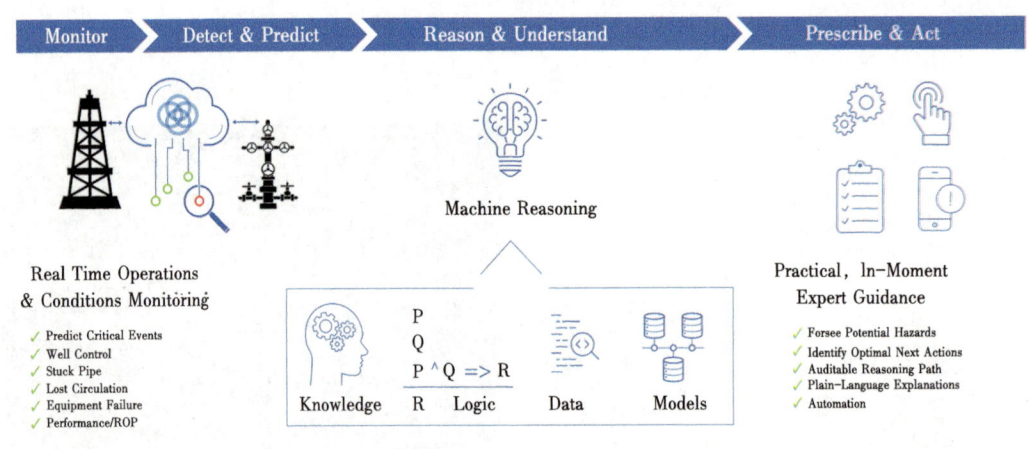

图2-1-6 Cyc目前提供的智能钻井顾问产品（资料来源：https://cyc.com/）

（2）ConceptNet。ConceptNet同样也是一个常识知识图谱，由麻省理工学院创建，其英文版本首次发布于1999年，其大致架构和包含的模块如图2-1-7所示。ConceptNet 5版本已经包含有2800万事实。与Cyc相比，ConceptNet采用了非形式化、更加接近自然语言的描述，而不是像Cyc那样采用形式化的谓词逻辑。与链接数据和谷歌知识图谱相比，ConceptNet比较侧重于词与词之间的关系。更接近自然语言也是ConceptNet在众多知识库或知识图谱项目中最大的特点。

（3）DBpedia。DBpedia是知识库版本的维基百科（Wikipedia），它从维基百科的词条里撷取出结构化的资料，让用户可以不用在多个维基百科条目之间浏览便找到问题的答案，以强化维基百科的搜寻功能，并将其他资料集链接至维基百科。2014版本的资料集已经拥有了超过458万的实体，包括144.5万人、73.5万个地点、12.3万张唱片、8.7万千部电影、1.9万种电脑游戏、24.1万个组织、25.1万种物种和6000种疾病。由此还衍生出了用于自动注释文本中提到的DBpedia资源的工具——DBpedia Spotlight。DBpedia统计的知识图谱实体规模如图2-1-8所示。

（4）Freebase。Freebase是一个由元数据组成的大型合作知识库，所有内容都由用户添加，采用创意共用许可证，可以自由引用。Freebase中的条目都采用结构化数据的形式，拥有超过 3900 万个条目，同一类型的条目都包含同样的字段，并且整个 Freebase 数据存储是一张大图，每个点都使用 Type/Object 定义，边使用 Type/Link 定义，其条目都作为节点存储于图数据库中，通过边进行关联。值得一提的是，Freebase 由 Metaweb 开发并于 2007 年公开运营，2010 年被 Google 收购，2015 年 Google 宣布关闭 Freebase 并将全部数据迁移至 Wikidata。

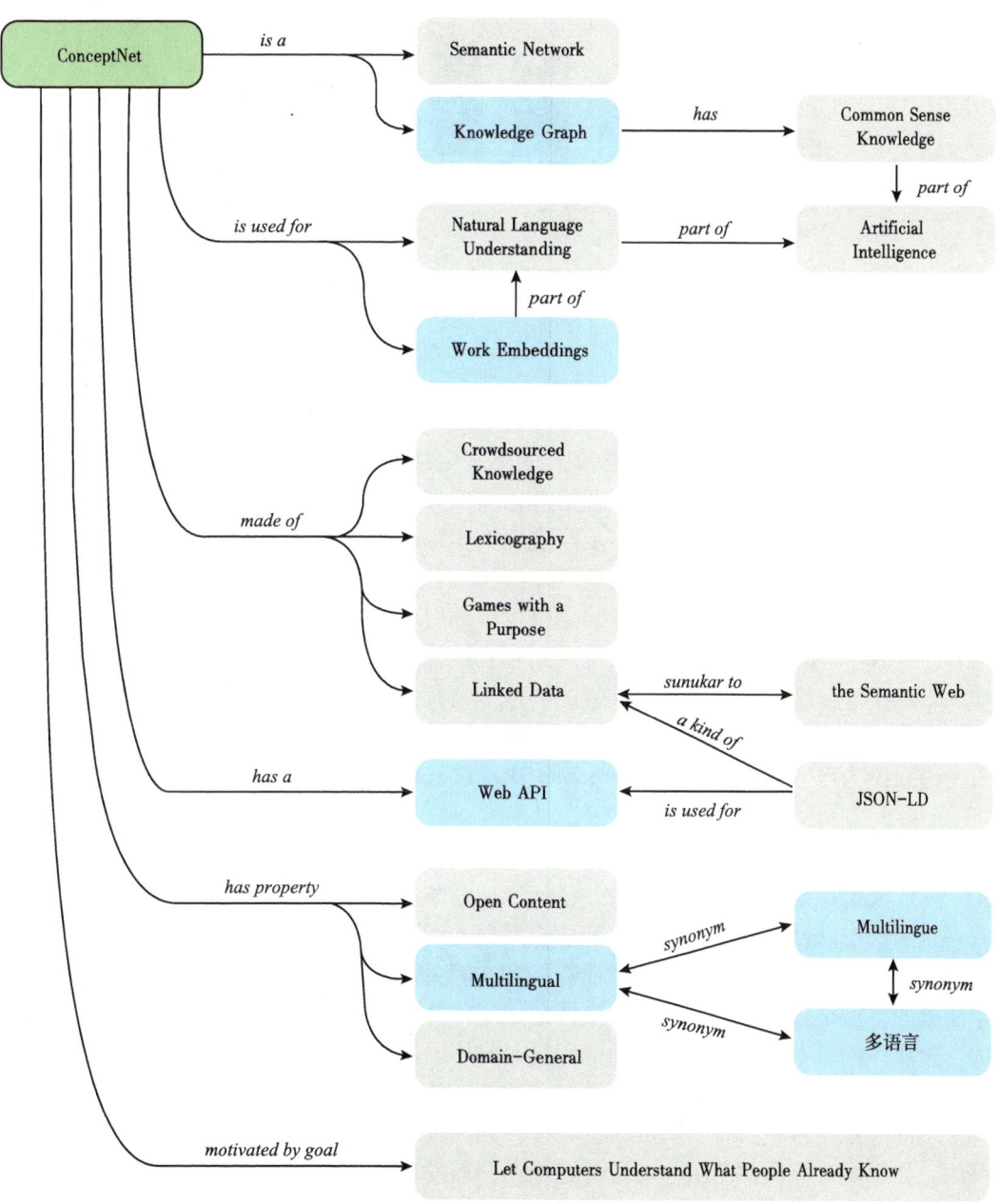

图 2-1-7　官方对 ConceptNet 的介绍（资料来源：https：//conceptnet.io/）

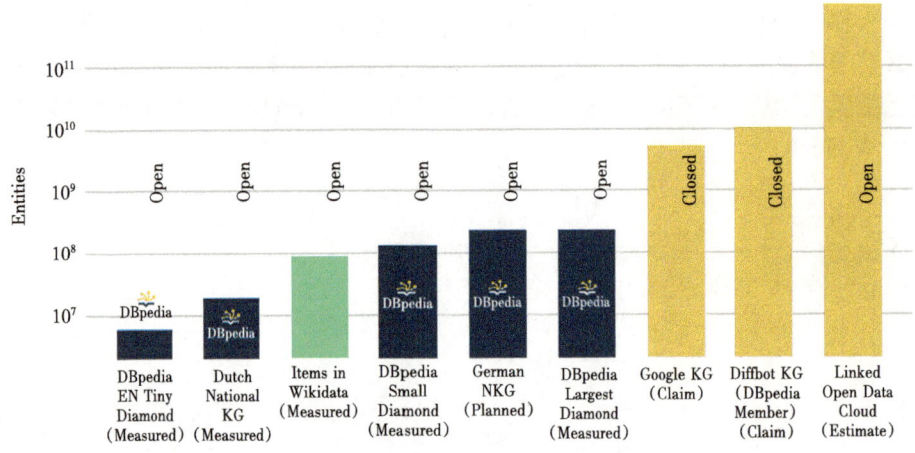

图 2-1-8　DBpedia 统计的知识图谱中包含的实体规模（截至 2020 年 9 月）

2.2　地质构造认知的内容

　　研究表明，地质构造解释具有较大的不确定性，但在传统构造建模中，仅仅以构造解释数据承载了地质界面的几何形态信息，而丢失了地质专家在构造解释的过程中产生的丰富的构造认知信息。输入信息不足以准确描述构造正是造成构造模型不确定性和不合理性的根本原因。所以，本书讨论的地下复杂构造智能建模的基本思想就是以知识图谱形式化地表征构造认知信息，并将其作为建模过程的引导，使人类认知直接参与到建模过程中来。在这其中，知识图谱起到了人机协同相互融合的桥梁的作用，从根本上减少了构造模型的不确定性，实现数据—知识双驱动的地下复杂构造智能建模。本节将明确构造认知的内容和内涵，确定知识图谱能够表征的信息的范畴，从而进一步阐明地下复杂构造智能建模的内涵，为接下来知识图谱的设计和构建奠定基础。

2.2.1　构造认知与构造解析

　　从广义的地质认知的角度来说，任何地质对象在空间上都占有一定的位置和范围，具有一定的形态和性质特征，并与其他地质对象之间存在着一定的空间联系。因此地质对象的基本特征可归结为空间特征、属性特征和空间关系特征三个方面。空间特征表示地质对象所处的空间位置特征，也称作几何特征或定位特征。地质对象一般是通过地质体来反映的，地质体的形态通常是不规则的，而且具有不同的产状。属性特征表示地质对象的各种性质特征，如地质对象的年代、岩性、孔隙度、渗透率、矿化度、含水率、力学强度参数等。不同的地质对象具有不同的属性特征，同一地质对象的属性特征在空间上往往是不均一的，如金属矿体内部的品位随着位置的不同而发生变化。地质对象之间的空间关系主要为拓扑关系，包括邻接、包含、相离等关系。如一个简单结构的煤层往往与顶板和底板不同岩性的岩层相邻，而一个复杂结构的煤层内部常包含有多个透镜状的夹矸[7]。但本书所关注的重点在地质构造与构造模型，所以构造认知的内容暂时只包括上面所说的空间特征和空间关系部分，而这两部分又可以进一步细化。

在正式阐明构造认知的内容和内涵之前，首先明确本书中所提到构造认知和构造地质学中的构造解析（Tectonic Analysis）的关联。构造解析是一种分析和解释构造要素的空间关系和形成规律的方法学，内容包括对构造的几何学、运动学和动力学的分析。几何学分析的内容包括实地识别和描述构造，用地质图和剖面图等来表达构造的三维形态；测量各类构造要素的空间方位，用统计和图解（如赤平投影方法）来分析和表达。运动学分析的目的则是再现岩石发生变形时的运动学图像和变形过程；不仅要判定构造形迹所反映的地壳运动的方向及其空间变化，而且要定量测定岩体各个部分位移量的大小（如平衡剖面技术）。动力学分析就是解释引起构造变形的应力系，以及判定其变形时的环境和岩石变形行为，了解其所反映的地壳运动的特征。几何学和运动学分析是基础，动力学分析要求通过严谨的实验和理论（如实验岩石学研究的支撑）研究来探讨构造形成的规律，是更正确地了解构造几何学的内在规律和预测构造所必需的理论基础。

虽然构造解析的内容从多尺度、多角度对地下构造进行了全方位的动态综合分析，但构造模型所表达的信息重点在于大尺度的构造形态和构造分布，并不直接反映构造的运动学和动力学特征。根据构造模型的这一特点，在本书中地质构造认知是指地质专家根据专业知识，结合区块资料数据（露头、测井、地震采集数据等）形成和提取地质构造特征及地质构造成因的过程。构造模型可以认为是通过构造解释形成的构造认知的一种表达方式，构造解释的过程本质上就是产生地质构造认知的过程。作为地质构造认知的重要表征之一，构造模型承载了地质专家的构造认知过程和结果。构造认知主要包括三个方面的内涵：地质曲面特征、构造拓扑特征和构造形成过程。

（1）地质曲面特征包括层位特征（褶皱、轴向、背斜、向斜等）和断面特征（走向、倾角、断距等），是刻画层面和断面的基本地质形态特征，也是地质专家认知地质曲面的重要内容。

（2）构造拓扑特征包括地质块与地质块、地质块与地质曲面、地质曲面与地质曲面之间的交切关系和相对位置关系。

（3）构造形成过程是解释在多种构造事件综合作用下如何演变成当前的地质构造。一个合理的构造模型必然会在一定程度上形成上述构造的认知。

2.2.2 地质曲面特征的表征

三维曲面的形态特征是三维数字模型的一项关键信息，曲面的突出特征点、临界点等决定了模型的形态框架，曲面的形态特征分析在建模应用中具有重要的作用。常规的三维曲面特征主要有法向量、曲率、各向异性尺度、形状分布、顶点间的几何关系等。而针对地质曲面的形态特征表征，人们更关注如何为以上基本几何特征赋予地质含义，并用形式化的方法将其表征出来。具有地质含义的主要曲面形态特征包括：褶皱曲面的拐点、枢纽、脊线和槽线（图2-2-1）；隆起和坳陷；坡向和坡降指标。为此从以下两个方面来解决地质曲面特征的表征问题：

（1）确定一种形式化的几何特征表征语言。这些特征的一种可能的形式化表征的方法就是使用扩展的骨架图。骨架是图像几何形态的一种重要的拓扑描述，通过一些表明物体大致形状的细线对图像主要特征进行可视化描述，这种表达方式很符合人类的视觉特征。

骨架图作为网络图的一种，同样由节点和边组成。但传统骨架图一般根据点云数据的组织结构（例如 Delaunay 三角网）通过删除多余网格进行提取，最终骨架图网络的节点即为点云网格顶点，边即为点云网格的边[8,9]（图 2-2-2）。虽然传统骨架图可以较为准确细致地描述图像形态，但网络的节点和边缺乏语义，难以表达指定的语义信息，且节点和边能够承载的属性信息非常有限。所以对传统骨架图进行一些扩展，就可以得到既符合形式化要求又具有较好可读性的特征表征工具。

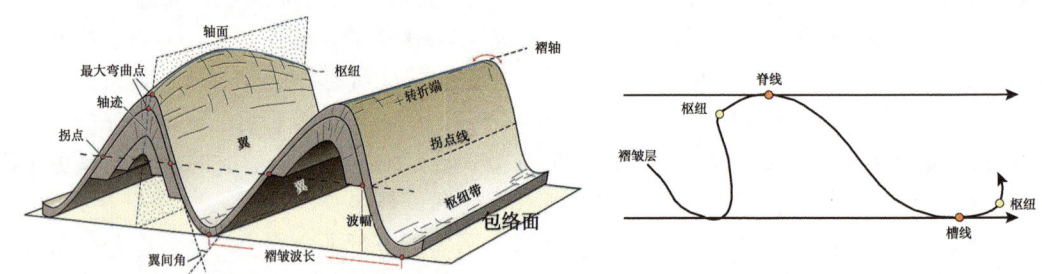

图 2-2-1　三维和二维褶皱几何要素示意图

图 2-2-2　基于 Delaunay 三角网的图形骨架图[10]

（2）对传统骨架图进行具体扩展。针对传统骨架图语义信息表达不足的问题，在扩展的骨架图中，将网络节点分为两类：语义节点和普通节点。语义节点可以表示曲面上的拐点、曲率极值点、z 值极值点，因为具有曲率或 z 值特征的点都至少具有一种地质语义，例如在合适尺度上，拐点通常是背斜和向斜的分界点；曲率极值点可以是褶皱枢纽上的点，也可能是隆起/坳陷的顶点或脊线/槽线上的点。普通节点则是骨架图中连接语义节点的弧段端点。同样，边也可以分为两类：语义边和普通边。语义节点是由多条弧段连接起来的，将这些弧段看作一个整体就是一条语义边，而连接普通节点的边就是普通边。边和节点承载的属性也需要进一步设计细化。

2.2.3　构造拓扑特征的表征

广义的拓扑是指形体本身的结构（特征和部分—整体分解等）或者各种几何实体在空间的关联。拓扑结构特征是三维模型的重要特征之一，对模型的分类、简化、变形、形状分析与识别、曲面重建、匹配和检索等研究，都有重要的作用。目前，描述三维模型的拓扑结构的方法主要有 Reeb 骨架图法（图 2-2-3）和中轴线（骨架）法（图 2-2-4）。Reeb 骨架图从连通区域的角度来表征三维模型的拓扑结构，而中轴线（骨架）方法则从三维模型骨架的角度来表征三维模型的拓扑结构。但地质构造模型是由地质曲面划分的多个地质块体组成的，具有明显的分块性质，Reeb 骨架图和中轴线（骨架）并不是理想的表征方法，所以需要明确构造拓扑定义并研究符合构造模型分块特征的拓扑表征方法。基本思路是根据点集拓扑理论,首先定义三维空间中各种维度的几何实体的基本拓扑关系,再根据不同地质构造要素自身结构特点和地质含义的表达对几何实体的基本拓扑关系进行分类、整合、属性扩展等。

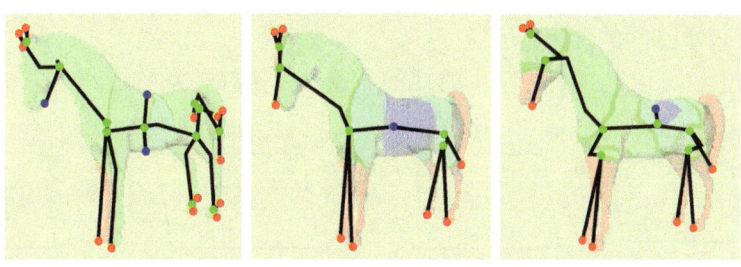

图 2-2-3　三维图形的 Reeb 骨架图[11]

首先根据点集拓扑理论,研究构造要素的划分和符号化方式。虽然构造解释数据本身就是离散的点集数据,但将原始数据点直接作为拓扑节点将导致拓扑过于复杂,加入了不必要的细节,削弱了拓扑对结构特征的刻画能力。所以需要研究如何将构造要素进行合理抽象化,即定义构造拓扑的节点。一种思路是根据构造要素的空间维度进行分层次的划分,即构造模型自身为初级节点,地质体抽象化为一级节点,曲面抽象为二级节点,特征线和特征点抽象为三级节点(图 2-2-5)。

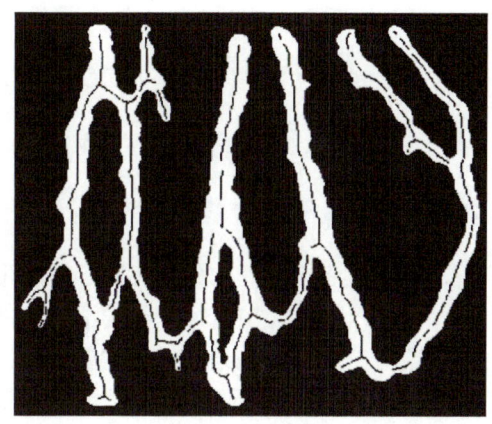

图 2-2-4　二维图形的中轴线(骨架)图[12]

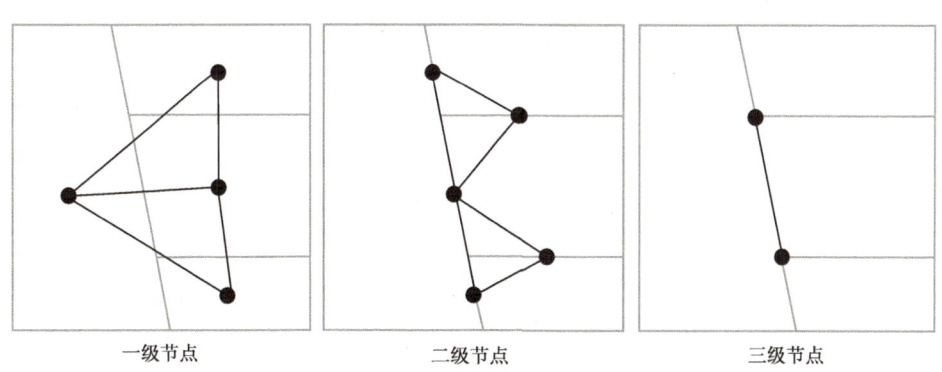

图 2-2-5　地质拓扑表征的节点分类[13]

然后需要明确构造要素间的基本拓扑关系种类。受 M. J. Egenhofer 等人通过四交模型和九交模型(9-Intersection Model,9IM)定义几何形体基本拓扑关系的启发[14],可以根据 9IM 为构造拓扑关系建立数学模型。9IM 的数学式为:

$$R^9(A,B) = \begin{bmatrix} A^\circ \cap B^\circ & A^\circ \cap \partial B & A^\circ \cap \overline{B} \\ \partial A \cap B^\circ & \partial A \cap \partial B & \partial A \cap \overline{B} \\ \overline{A} \cap B^\circ & \overline{A} \cap \partial B & \overline{A} \cap \overline{B} \end{bmatrix} \tag{2-2-1}$$

式中，符号 A°、∂A、$\overline{A}$ 分别表示几何对象 A 的内部、边界和外部，并且 $A^\circ \cup \partial A = A$，$U - A = \overline{A}$；$U$ 表示空间的全集。

在此基础上，可以定义 8 种基本的几何对象二元拓扑关系（图 2-2-6）。

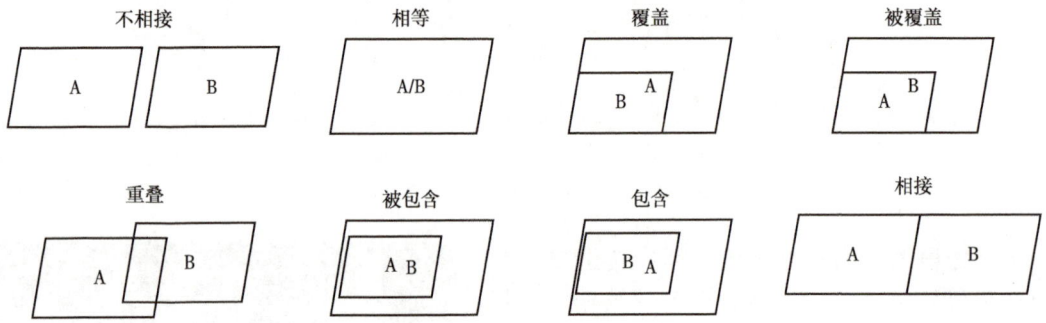

图 2-2-6　根据 9IM 定义的几何对象基本拓扑关系

2.2.4　构造演化过程的表征

对构造演化过程的分析有助于理解形成构造的动力学场景，并且可以通过对物理过程合理性的判断验证构造解释和构造模型的合理性，在建模过程中通过合理性约束减少构造不确定性。构造演化分析任务主要有古构造恢复和构造序列分析两类。古构造恢复强调对古构造形态的恢复，目的是认识构造变形的动态过程。构造序列反映了一定地区构造变形的发展过程。构造演化分析目前还是一项非常依赖专家知识的任务，分析结果通常用构造演化图来表示，而计算机对非结构数据的理解能力还很有限。

为了在构造建模和后续研究中有效利用构造演化认知信息，首先需要对岩体生成和侵蚀事件的参数化模型进行研究。在构造演化过程中，除了构造要素的变形和应变事件，还包括岩体生成和侵蚀事件，所以在构造变形与应变表征的基础上还要考虑构造物质的变化。其次需要构造事件的参数化模型研究。地质曲面是由构造事件决定的，曲面的空间关系和形态是构造事件的直接记录，通过对曲面形态和空间拓扑的描述可以建立构造事件的参数化模型。最后需要对构造事件序列的表征方法进行研究。形成当前构造的演化过程应该有多种可能，单一解无法向用户提示构造不确定性和构造认知不确定带来的固有风险，所以需要研究如何有效表征所有可能的构造序列并描述它们之间的关系。

综上所述，可以对地下复杂构造智能建模的内涵进一步深化。地质构造建模是一个基于不确定性数据源的构造认知问题，需要研究如何充分利用计算机的存储能力和计算能力，使其具有一定的判断能力和推理能力，以减小构造模型的不确定性范围，即智能建模。智能建模包含 4 个方面的含义：（1）构造认知——从基础数据中形成构造认知的结果，即从基础数据中获得地质曲面特征、构造拓扑特征和构造形成过程三方面的内容；（2）构造认知的表征——对构造认知的结果进行语义级描述和形式化表征；（3）构造认知引导下的构造建模——在构造认知的约束下进行构造模型的构建;(4)构造建模是一个循序渐进的迭代过程。

2.3 地质构造知识建模

在构建知识图谱的过程中,知识建模、知识获取和知识存储是3个关键步骤,对最终知识图谱的形成起着至关重要的作用。在信息学领域,已经有了很多对应的软件工具来完成相应的步骤。其中,知识建模目的是确定知识图谱能描述的构造认知知识的范围。知识建模最终实现了借助地质构造本体库对规律、规则和约束条件的支持能力来规范实例、关系及实例的类型和属性等对象之间的联系。2.2节已经明确了各类构造认知信息的表征方法,所以这一节将首先对知识建模和知识存储中需要用到的工具进行介绍,为下一节建立地质构造本体做准备。

2.3.1 知识图谱的逻辑架构

知识图谱中的逻辑架构通常可以分为模式层和数据层来讨论。模式层构建表征人类先验知识(也称为知识建模)。模式层在数据层之上,是知识图谱的核心,通常采用本体库来管理。本体是结构化知识库的概念模板,通过本体库而形成的知识库不仅层次结构较强,并且冗余程度较小。地质构造模型知识图谱的逻辑架构也采用这种分层方式。构造模型知识图谱的逻辑架构如图2-3-1所示。其中对模式层的前期构建(即建立地质构造本体库)就是本节讨论的一种知识建模问题。

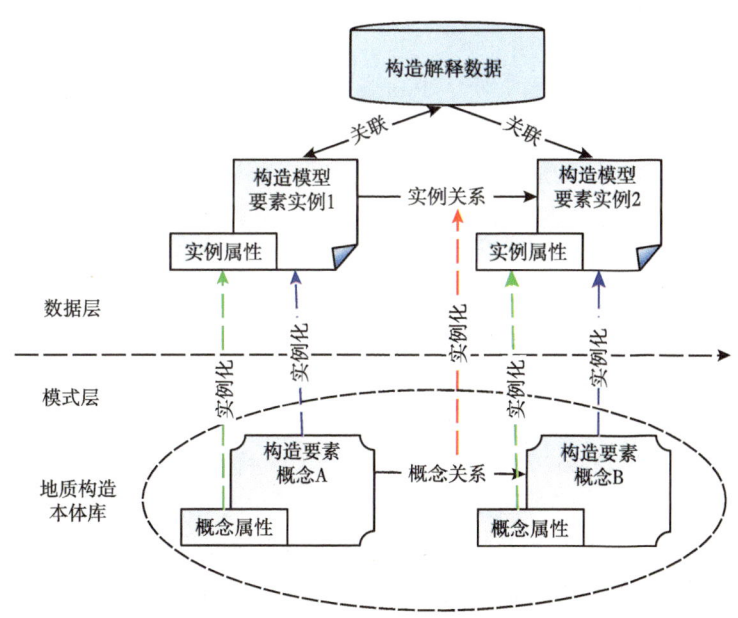

图2-3-1 地质构造知识图谱的数据层和模式层结构

知识图谱主要有自顶向下(Top-Down)与自底向上(Bottom-Up)两种构建方式。自顶向下指的是先为知识图谱定义好本体与数据模式,再将实体加入知识库。该构建方式需要利用一些现有的结构化知识库作为其基础知识库。自底向上指的是从一些开放链接数据中提取出实体，选择其中置信度较高的加入知识库，再构建顶层的本体模式。目前，大多数常识知识图谱都采用自底向上的方式进行构建，其中最典型就是Google的Knowledge Vault和微软的Satori知识库，这也符合互联网数据内容知识产生的特点。但构造建模的特征为：(1)大多数原始资料是非结构数据（如钻井、地震数据）；(2)人类只有可能在人类认为最有可能获得工业油气流的区域进行勘探，导致样本较少且有偏；(3)采集到的数据存在噪声、不完全可靠等不确定性。所以构造建模中的知识图谱构建需要主要采用自顶向下的方式，即首先对建模中需要用到的地质构造知识进行知识建模，建立知识图谱的模式层，再通过实体和关系抽取建立数据层。

2.3.2　知识建模软件工具

知识建模工具主要分为手动知识建模工具和半自动知识建模工具两类。手动知识建模工具通常拥有图形界面，而半自动知识建模工具主要基于程序语言，可以根据源数据批量对知识进行建模。由于知识建模任务的复杂性，目前还未出现完全自动化的知识建模工具。本小节中将着重介绍目前最主流的知识建模工具——Protégé。这个软件主要用于语义网中本体的构建，是语义网中本体构建的核心开发工具，现在的最新版本为5.5.0版本（截至2022年3月），更多的介绍参见软件主页（https://protege.stanford.edu/）。Protégé软件是斯坦福大学医学院生物信息研究中心基于Java语言开发的本体编辑和知识获取软件，或者说是本体开发工具，也是基于知识的编辑器，属于开放源代码软件。Protégé提供了本体概念类、关系、属性和实例的构建，并且屏蔽了具体的本体描述语言，用户只需在概念层次上进行领域本体模型的构建。接下来根据Protégé构建本体的流程将其分为7步来介绍，这个过程也被称为"7步法"[15]。

（1）决定本体的领域和范围。使用Protégé构建本体的第一步，是确定本体覆盖的范围。本步骤需要构建地质构造本体用来表征构造认知，也就是说本体的范围就是在2.2节中分析的构造认知的内容：地质曲面特征、构造拓扑特征和构造演化过程。接下来就是使用Protégé创建本体。

打开Protégé会自动创建一个空的新本体（图2-3-2），初始界面包含的标签中有4个比较重要，分别是活跃本体（Active Ontology）、实体信息（Entities）、对象信息（Individuals）和DL查询（DL Query）界面。活跃本体界面可以查看本体的文件路径和统计信息；实体信息界面可以查看本体中的类结构定义类与类之间的关系；对象信息可以创建类的实例对象并为其添加属性；DL查询界面中可以使用OWL语句查询本体中的对象。

（2）考虑使用已有的本体。在解决工程中的实际问题时，应该优先考虑使用已有的成熟方案。构建本体同样应该考虑重用已有的本体，再在已有本体的基础上进行修改。例如H. A. Babaie等人就建立了包含多个本体的模块化结构的综合地质本体StructuralGeoOntology（图2-3-3）。这种基于组件的本体融合了来自构造地质学相关子学科的几个同质子本体，并集成了其他领域的本体[2]。其他还有为断裂构造［图2-3-4(a)］、火成岩［图2-3-4(b)］等构造地质学中某个研究方向建立的本体。已构建的本体很多是开源的，根据需要下载本体文件后，通过Protégé可以直接在顶部菜单中选择File→Open打开已保存的本体文件，也可以通过Import Ontologies界面进行导入（图2-3-5）。

（3）列举本体中的关键项。构建本体时，为了让本体的构建者和使用者都有一个清晰的概念，可以将本体中的关键项列举出来。在这里，关键项是指构造模型中涉及的一些重要地质概念，例如主要的面状构造、线状构造等。

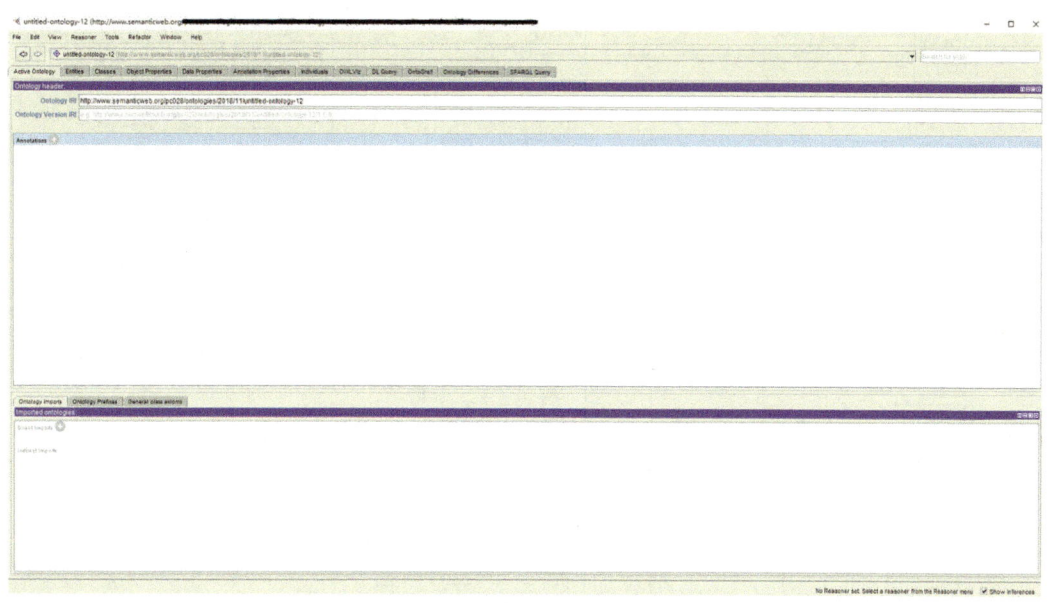

图 2-3-2 Protégé 初始界面

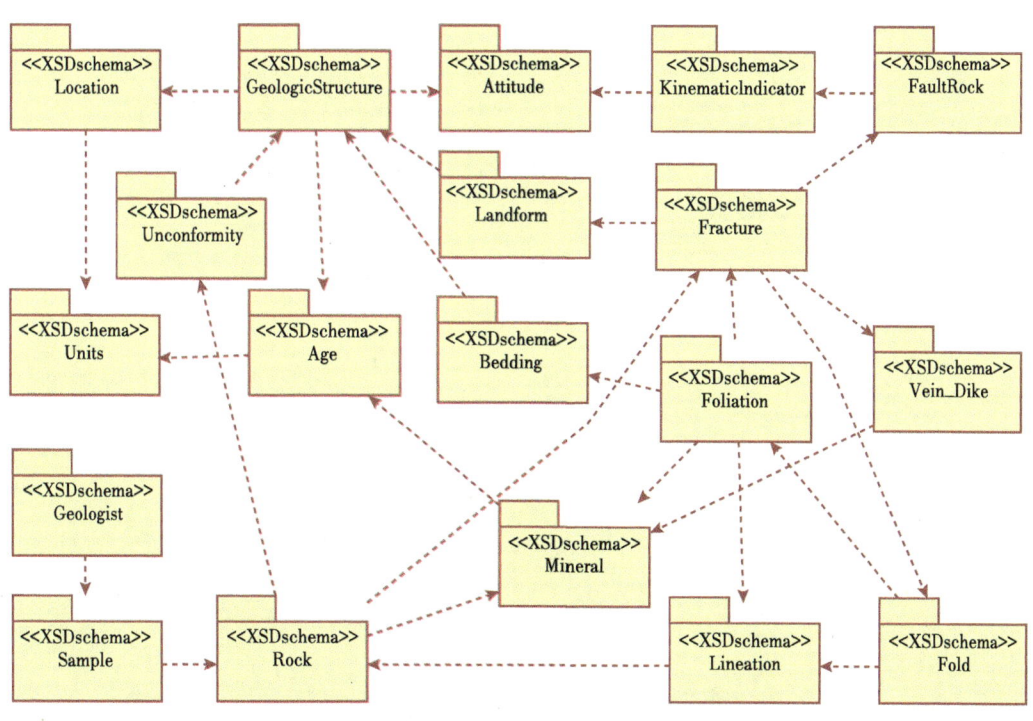

图 2-3-3 用 UML 包图描述的 StructuralGeoOntology 中的一些类之间的关系[16]

地下复杂构造智能建模

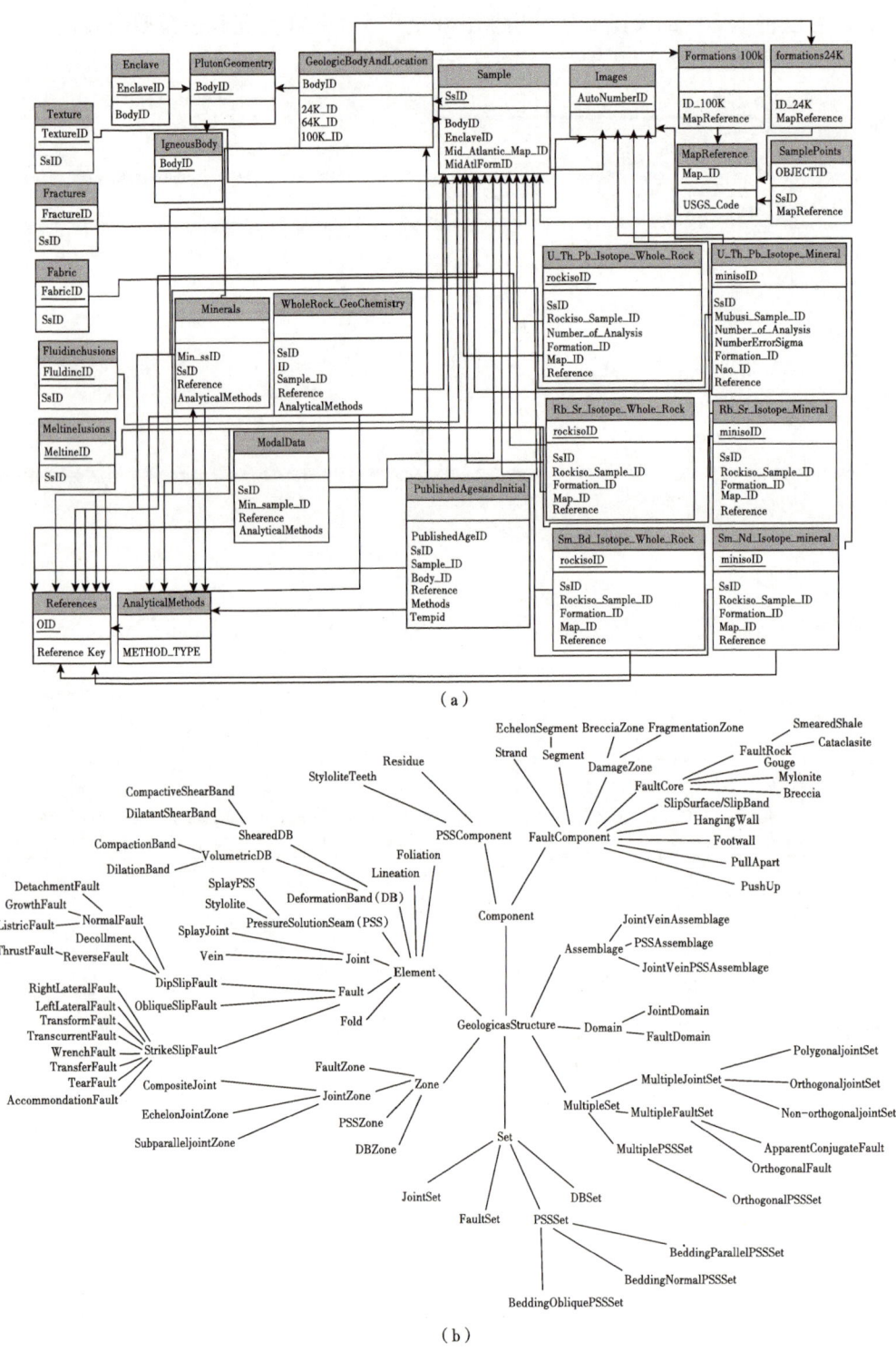

图 2-3-4 已有的构造地质领域本体示例
（a）火成岩本体类图[17]；（b）断裂构造本体类图[18]

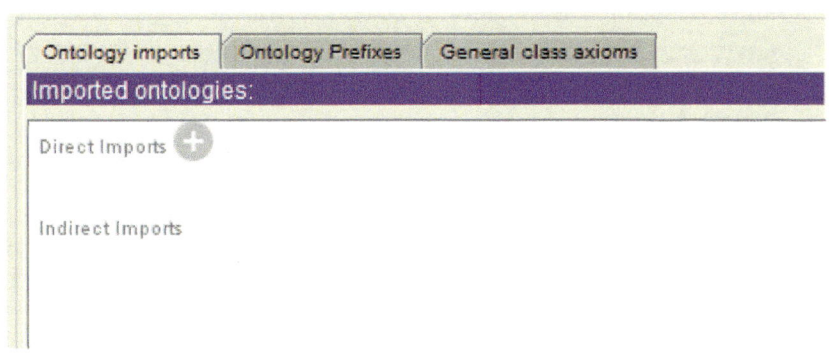

图 2-3-5　Protégé 中的本体导入界面

（4）确定类和类的结构。目前常用的 3 种类的定义方法是自顶向下、自底向上和两者结合定义。自顶向下的定义从最抽象的概念入手，再逐渐细化；自底向上的定义则从一些最细致的类别入手，再对概念之间归类抽象；在二者结合的定义中，可以先找到最明显的概念，再对其分别进行泛化和细化。Protégé 创建新本体时，最基本的父类 Thing 已经被创建，下一步要创建的各类具体的构造、地质关系、构造事件等都属于它的子类（图 2-3-6）。

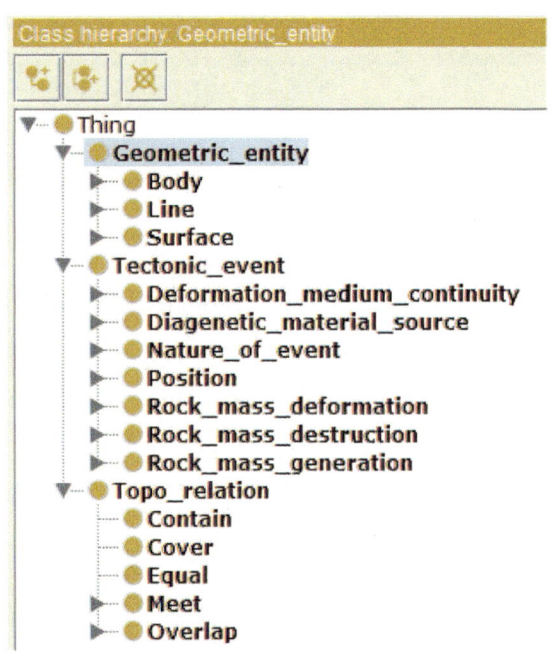

图 2-3-6　在 Protégé 中建立地质构造本体类结构图

（5）确定类的属性。当定义了类之后，还需要定义每个类内部的数据结构，进一步完善每个类的属性以及它与其他类的关系。首先，需要创建类与类之间的关系，也称为类的对象属性。这里的对象属性与后文将讨论的数据属性要有所区分，对象属性的属性值必须为另一个类，而数据属性的属性值为数据类型，只存在于类本身。在 Protégé 主界面选择 Entities 标签，再选择 Object Properties，可以看到对象属性界面［图 2-3-7（a）］，点击"New entity options…"来创建一个对象的属性［图 2-3-7（b）］。

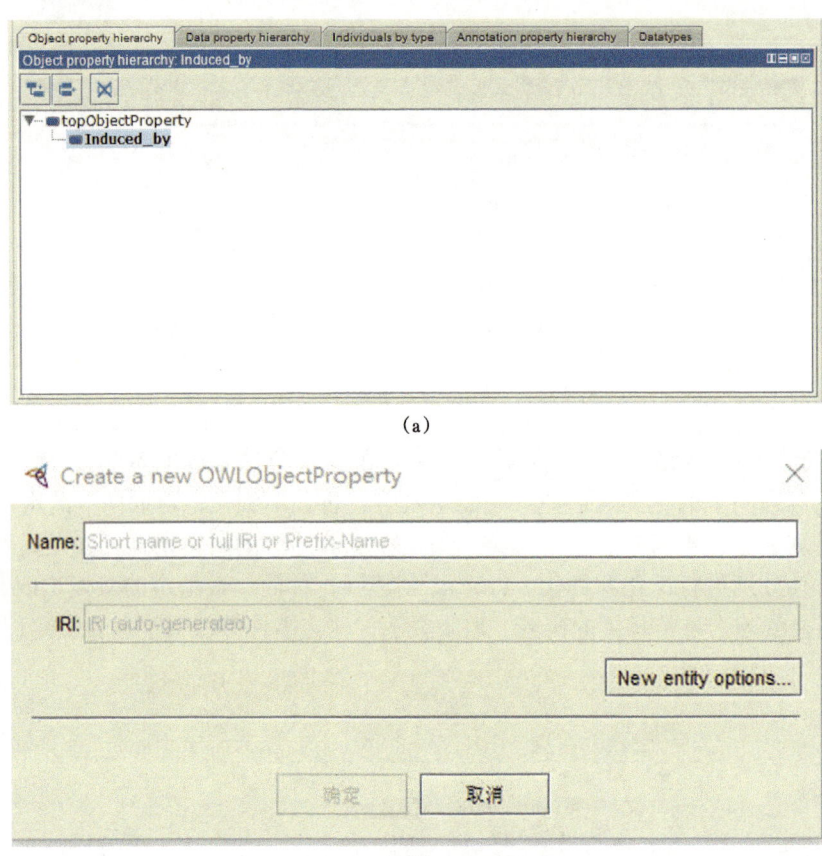

图 2-3-7 Protégé 的对象属性界面
(a)对象属性结果界面;(b)对象属性创造界面

(6)确定属性的特点。不同的属性有不同的描述方式,有些属性可以有多个值,有些属性必须使用字符串类型等。第(5)步添加了类属性之后继续定义属性的特点,在 Domains 标签下即可对属性的数据类型进行限制(图 2-3-8)。

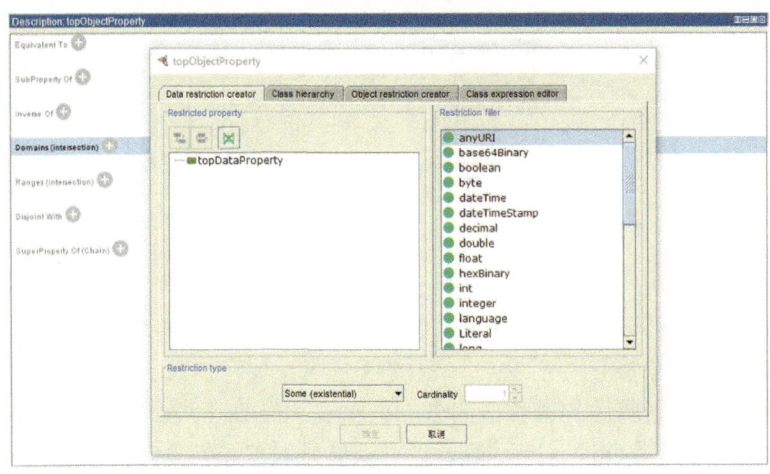

图 2-3-8 属性的特点选择

（7）创建类的实例。在 Protégé 中重复第（4）~（6）步，即可完善本体中的类和属性信息，接下来就可以创建本体中的实例。在 Individuals 界面就可以创建实体，再在 Description 标签中选中 Types，就可以分别定义实体所属的类和属性，例如在如图 2-3-9 所示的界面定义实例 Fault2-1 就是 Fracture 类的实例化。

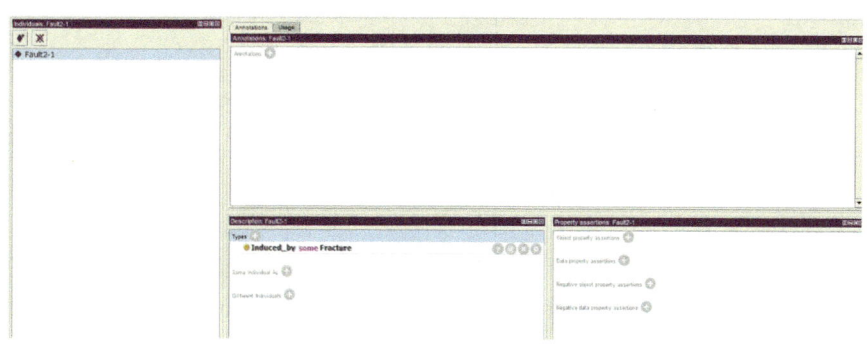

图 2-3-9　实例定义界面

重复上述步骤，就能够用 Protégé 手动建立一套完整的本体。在 OntoGraf 界面下还可以对本体进行可视化。要达到如图 2-3-10 所示的可视化效果，还需要安装插件 Graphviz。Graphviz 是一款由 AT&T Research 和 Lucent Bell 实验室开源的可视化图形工具，可以很方便地用来绘制结构化的图形网络。

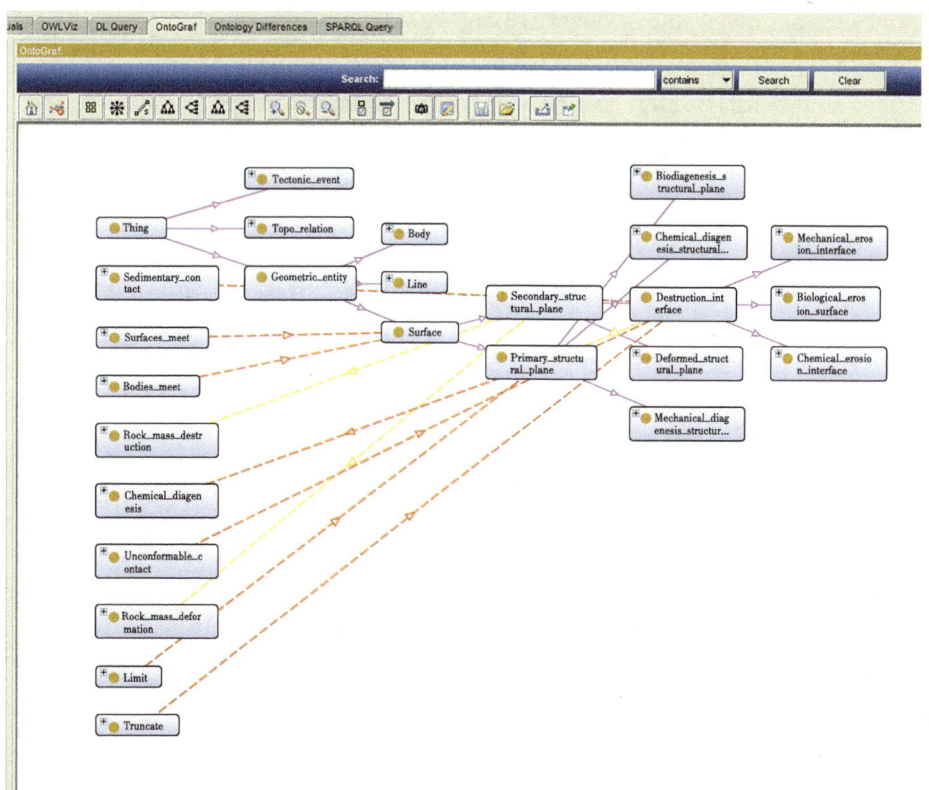

图 2-3-10　在 OntoGraf 下可视化的地质构造本体示例

2.3.3　OWL 本体语言

网络本体语言（Ontology Wed Language，简称 OWL）的作用就是描述本体。OWL 本体的基本组成也就是个体（Individual）、属性（Property）和类（Class）。这与在 Protégé 中构建本体需要设计的要素是一致的，Protégé 保存的本体文件也是用 OWL 编写的，也可以直接用文本编辑器查看。

OWL 可以被看作 RDF Schema（RDFS）的扩展。RDF、RDFS 表达能力有限，RDFS 局限于子类分层和属性分层，以及属性的定义域和值域的限定。OWL 在 RDF 的基础上增加了更多的语义表达构件，包括通过多个类组合定义更加复杂的类；刻画一对多、多对一、多对多等关系基数约束；定义常用的全称量词和存在量词；定义互反关系、传递关系、自反关系、函数关系等更加复杂的关系语义等。例如，可以使用等价性声明表达构件 owl:EquivalentClass、owl:EquivalentProperty 和 owl:SameIndividualAs 来分别声明两个类、两个属性或两个个体的等价关系。但 OWL 同样使用基于 XML 的 RDF 语法。OWL 中本体的结构分为命名空间、本体头部和 OWL 基本元素。

2.3.3.1　命名空间

一个典型的 OWL 本体以命名空间（Namespace）声明开始，这些命名空间写在 rdf:RDF 标签中，用以准确解释文档中的标识符。一般本体都包含以下命名空间：

```
<rdf: RDF
        xmlns: owl= "http: //www.w3.org/2002/07/owl#"
        xmlns: rdf= "http: //www.w3.org/1999/02/22-rdf-syntax-ns#"
        xmlns: rdfs= "http: //www.w3.org/2000/01/rdf-schema#"
        xmlns: xsd= "http: //www.w3.org/2001/XMLSchema#" >
</rdf: RDF>
```

2.3.3.2　本体头部

建立命名空间后，接下来需要在 owl:Ontology 标签中给出一组关于本体的声明。这些标签支持一些重要的常务工作比如注释、版本控制及其他本体的引入等，例如：

```
<owl: Ontology rdf: about= "http: //www.example.org/geological-strcuture" >
    <rdf: comment>An example OWL ontology</rdf: comment>
    <owl: versionInfo>
        $Id: Overview.html, v 1.2 20021/11/08 16: 42: 25 connolly Exp $
    </owl: versionInfo>
    <owl: imports rdf: resource=" http: //www.w3.org/ owl-example-2021/geology.owl" />
</owl: Ontology>
```

其中，<rdf:comment> 给出了本 Ontology 的主要功能；<owl:versionInfo> 给出了版本控制系统挂钩用的信息；<owl:imports> 提供了引入机制，只给出了一个参数 rdf:resource。

2.3.3.3 OWL 基本元素

对于类的定义，用到的标签为 Class 和 rdfs：SubClassOf。rdfs：SubClassOf 用于类的基本分类构造符，它将一个较具体的类与一个较一般的类关联。如果 X 是 Y 的子类（Subclass），则 X 的每个实例同时也是 Y 的实例。例如，声明一个正断层（Normal Fault）类，且它是裂隙（Fracture）类的子类：

```
<owl：Class rdf：ID＝"NormalFault" >
    <rdfs：subClassOf rdf：resource＝"#Fracture" />
</owl：Class>
```

一个个体（Individual）可以通过声明它是某个类的成员得以表达。例如，声明了一个正断层实例 F_2：

```
<owl：Class rdf：ID＝"Fracture" >

<owl：Class rdf：ID＝"NormalFault" >
    <rdfs：subClassOf rdf：resource＝"#Fracture" />
</owl：Class>

<NormalFault rdf：ID＝"F_2" />
```

对于属性的定义，用到的标签为 ObjectProperty、DatatypeProperty、rdfs：SubPropertyOf、rdfs：Domain、rdfs：Range。属性的本质是一种二元关系，OWL 中有两种类型的属性，数据类型属性（Datatype Property）表示类实例与 XML Schema 数据类型间的关系，对象属性（Object Property）表示两个实例间的关系。定义一个属性的时候，可以通过指定定义域（Domain）和值域（Range）对其施加限制。例如，声明断层的类型属性 HasType，其定义域为 Fault，值域为 FaultType，也就是说，它把 Fault 类的实例关联到 FaultType 类的实例：

```
<owl：ObjectProperty rdf：ID＝"hasType" >
    <rdfs：domain rdf：resource ＝"#Fault" />
    <rdfs：range rdf：resource ＝"#FaultType" />
</owl：ObjectProperty >
```

OWL 还提供了用于构建复杂类的构造子，这些构造子可以创建类表达式。OWL 支持基本的集合操作，即并、交和补运算，它们分别被命名为 owl：UnionOf、owl：IntersectionOf 和 owl：ComplementOf。具体用法可以参见 W3C 于 2004 年发布的推荐标准《OWL Web Ontology Language Reference》。

2.3.4 知识存储工具

对于知识图谱而言，知识将以事实为单位进行存储。如果用（实体1，关系，实体2）（实体、属性，属性值）这样的三元组来表达事实，最直观的知识表达方式便是图模型，本小节主要围绕图数据库阐述知识存储的工具。

现阶段，成熟的图数据库有开源的 Neo4j、Twitter 的 FlockDB、Sones 的 GraphDB、中科天玑的 Golaxy Graph 等。这里选取 Neo4j 作为图数据库的代表，接下来将展示 Neo4j 桌面版的使用。Neo4j 桌面版的各种操作与服务器版是相同，但桌面版配置更方便，界面更友好。构造建模的知识图谱规模相较于各类常识知识图谱的规模是很小的，所以 Neo4j 桌面版已经能够满足使用需求。

Neo4j 图数据库的主要构建要素包括以下 4 种：

（1）节点：图表的基本单位，它包含具有键值对的属性。

（2）关系：连接 2 个节点，具有方向，即单向和双向。每个关系包含"开始节点"或"从节点"和"到节点"或"结束节点"。关系也可以包含属性作为键值对。

（3）属性：用于描述图节点和关系的键值对。Key = 值，其中 Key 是一个字符串，值可以通过使用任何 Neo4j 数据类型来表示。

（4）标签：将节点分组为集合。将一个公共名称与一组节点或关系相关联。节点或关系可以包含一个或多个标签。可以为现有节点或关系创建新标签。可以从现有节点或关系中删除现有标签。

而 Neo4j 作为一个数据库，使用 CQL 命令进行操作。CQL 代表 Cypher 查询语言。就像 Oracle 数据库具有查询语言 SQL，Neo4j 具有 CQL 作为查询语言。运行 Neo4j 之后，在软件窗口可以选择数据库创建位置，之后 Neo4j 就自动创建好数据库，其初始界面如图 2-3-11 所示，其数据库的操作界面如 2-3-12 所示，输入命令行和可视化都是在这个界面，图谱的布局是自动的，可视化结果可以直接以图像导出。

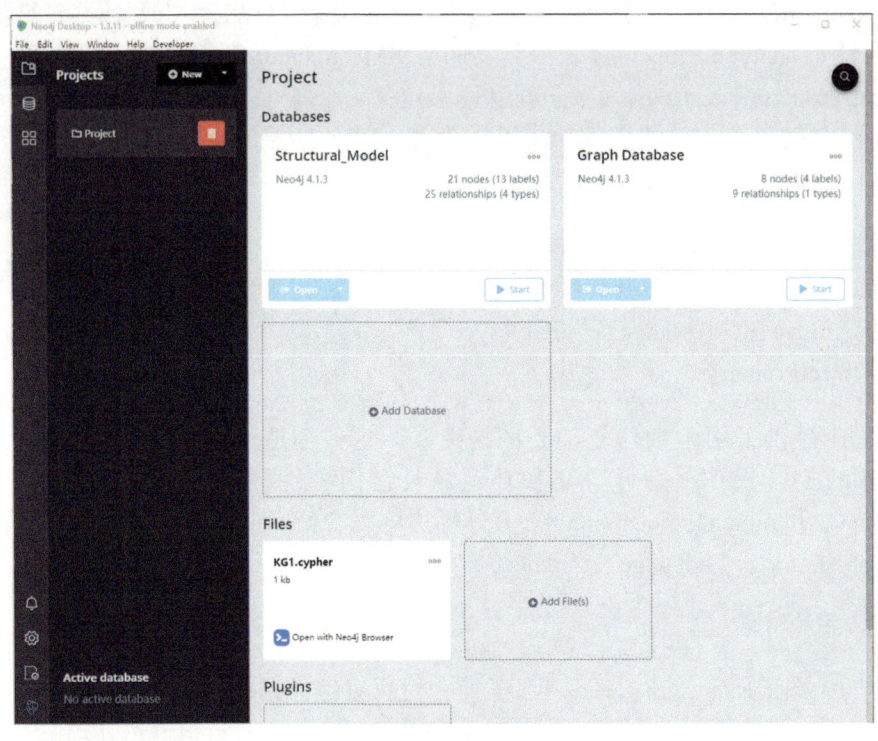

图 2-3-11　Neo4j 的初始界面

2 地质构造知识的计算机表征

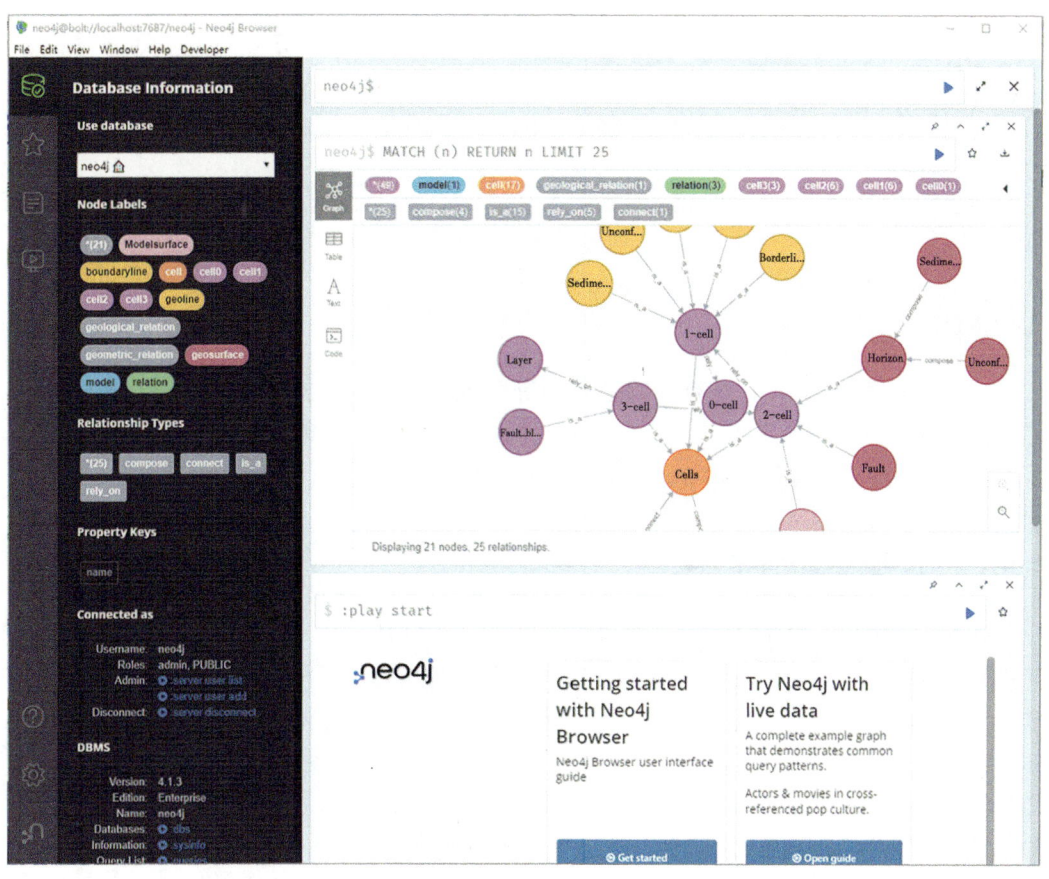

图 2-3-12　Neo4j 的数据库界面

Neo4j 中的一些基本操作包括：

（1）插入节点。插入一个 Fault 类别的节点，且这个节点有一个属性 name，属性值为 f2-1：

CREATE（n：Fault｛name：'f2-1'｝）；

（2）插入边。插入一条 a 到 b 的有向边，且边的类别为 Stagger：

MATCH（a：Fault），（b：Fault）
WHERE a. name ='f2-1'AND b. name ='f4'
CREATE（a）-[r：Stagger]->（b）；

（3）更新节点。更新一个 Fault 类别的节点，设置新的 name：

MATCH（n：Fault｛name：'f2-1'｝）
SET n.name ='f3-1'；

（4）删除节点和与其相连的边。Neo4j 中如果一个节点有边相连，是不能单单删除这

45

个节点的。

```
MATCH（n：Fault｛name：'Andres'｝）
DETACH DELETE n；
```

（5）删除边。

```
MATCH（a：Fault）-[r：Stagger]->（b：Fault）；
WHERE a.name = 'f2-1' AND b.name = 'f4'
DELETE r；
```

作为图数据库，Neo4j 还有一些独有的查询语句，包括寻找最短路径、查询两个节点之间的关系、查询一个节点的所有 Follower 节点、清空所有数据（删除所有节点和关系）等，这里不再赘述，其他语句可通过官网 https：//neo4j.com/docs/ 查询 Neo4j 用户手册。

2.4 构造模型本体构建

前面已经讲过，知识图谱的逻辑架构分为模式层和数据层。模式层在数据层之上，是经过提炼的知识，通常采用本体库来管理知识图谱的模式层。模式层的构建也称为知识建模，目的是确定知识图谱能描述的构造模型知识的范围。人们需要以人类关于地质构造、构造模型和构造建模的知识、规律和经验为基础（2.2 节），结合知识建模工具（2.3 节），建立地质构造本体库，完成地质构造知识图谱模式层的基础构建。

本节具体来说就是要建立构造模型的本体，作为知识图谱数据层实体、属性和关系类型的约束。考虑到构造模型涉及的概念基本涵盖了整个构造地质学领域，包括地质对象、地质过程、地质时间、地质位置等多个类别，所以直接建立单一的庞大本体很困难。为此，将采用两种方式来解决这一问题。首先，将在顶层本体的基础上建立领域本体。使用顶层本体能够利用已定义的一般概念，例如对象（Objects）、过程（Processes）、属性（Qualities）等，并可以继承顶层本体中的公理作为领域本体中的约束。其次，使用包含多个子本体的模块化体系结构来设计模式层。多个子本体组合形成构造模型的本体库。子本体中包含一系列构造模型结构要素相关概念。模块化体系结构可以简化本体的建模和维护，以及将来的可扩展性。

2.4.1 基于顶层本体的本体分类

在介绍基于顶层本层本体的构造模型本体设计之前，先简要介绍本体的基本类别。由于应用领域的不同，对本体研究的侧重点也有所不同：涉及特定学科领域的本体，被称为领域本体（Domain Ontology）；涉及具有普遍意义的客观世界的常识的本体，被称为顶层本体、上层本体或通用本体（Upper Ontology）；涉及问题求解的本体，被称为问题求解本体或应用本体（Problem-Solved Ontology/Application Ontology）；涉及知识表征语言的本体，被称为表征本体（或称元本体）、宏本体（Representation Ontology 或 Meta-Ontology）。在构造建模问题中，设计的构造模型本体就是一种领域模型。其中，领域本体是专业性的本体。在这类本体中，被表征的知识是针对特定学科领域的。这类本体描述的词表，关系到某一学科领域，如飞机制造、化学元素周期表等。它们提供了关于某个学科领域中概念的词表以及概念之间的关系，或者该学科领域的重要理论。例如，Plinius Ontology 是关于陶瓷物质化学成分的本体，而 Chemical-Elements（化学元素）是关于化学元素周期表的本体。顶层本体描述了与领域知识无关的常见通用概念，例如空间、时间、事件等。而领域本体是专业性的本体，描述的是某个特定领域中的概念和概念之间的关系。在这类本体中，被定义的知识可以跨学科应用，这些知识还包括与事物、事件、时间、空间和地区等相关的词汇表。通用本体能够处理物理对象的时间—物质属性，如整体—部分（Part-Of）关系等。将顶层作为领域本体开发基准一方面可以对领域本体的本体类别严格限制，另一方面不必重复定义一般概念，这也降低领域本体间产生冲突的可能。这一方法已经被一些研究证明可以提高知识表征的质量[20]。常用的顶层本体选择包括 SUMO[21]、DOLCE[22]、BORO[23]、UFO[24]、GFO[25] 和 BFO[26]。

根据本体所表征的知识的普遍性，可以对本体进行分类[19]。本体的类别即本体所能表达的概念根据其性质划分的更抽象的类别。领域知识与顶层本体之间的映射由映射关系形式化定义，映射关系在元层次上受本体原则的约束。本书选择了 DOLCE（Descriptive Ontology for Linguistic Cognitive Engineering）作为构造模型本体的基础，因为 DOLCE 是根据人类常识设置的本体类别，很适合建模人类的思想（即地质专家在构造解释过程产生的构造认知）。图 2-4-1 展示了 DOLCE 中主要的本体类别。

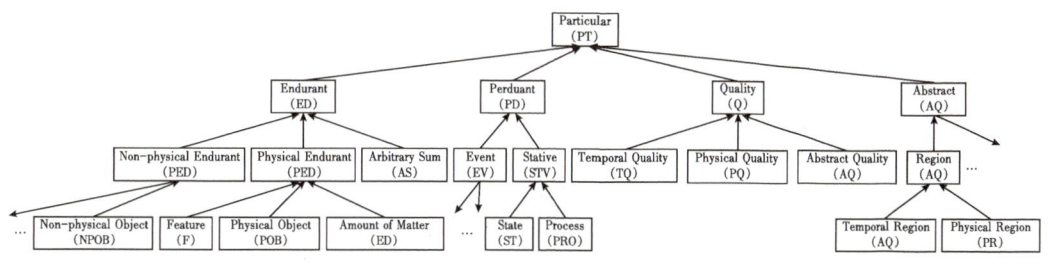

图 2-4-1　DOLCE 中部分主要的本体类别

接下来将在 DOLCE 的框架下，设计构造模型（GeoModel, GM）本体需要的基本模块。DOLCE 的一个基本区分就是将"对象"实体分为 Endurant 实体和 Perdurant 实体，Endurant 指在所有时间都完全存在的对象，Perdurant 指在一段时间中只部分存在的对象。首先，提出最基本的地质对象（Geological Object, GO）模块，地质对象就是典型的 Endurant 实体。在三维构造模型中，地质对象指组成模型的一般几何要素，包括地质体、曲面、线和点。诸如岩体之类的地质对象，就算被断层分割或被部分侵蚀了，也仍然保持其存在性，除非它完全消失。所以地质对象可以被赋予本体类别"物理对象" Physical Object（POB）。这里定义谓词 Category_Of 来描述这种关系，其符号为 CA。CA（x, y）表示"实体 x 的本体类别为 y"。因此，地质对象的类别映射可以用逻辑表达式形式化地表示为：

$$\forall go, pob \, GM:GeoObject(go) \land CA(go,pob) \rightarrow DOLCE:PhysicalObject(pob)$$

本书还特别考虑了构造模型中的地质特征（Geological Feature, GF）要素，指伴生于地质对象的一类实体，例如地质体内部的溶洞和地层面上的一个坳陷等。地质特征也是一类特殊的地质对象，其特殊之处在于地质特征不能独立存在，但依然具有地质含义。所以地质特征的本体类别是 Feature（F），且地质特征必须依存于某个地质对象，这一约束条件逻辑表达式为：

$$\forall gf,fGM:GeoFeature(gf) \land CA(gf,f) \to DOLCE:Feature(f)$$

$$\forall gfGeoFeature(gf) \land I(gf,go) \to \exists go![GeoObject(go)]$$

而 Perdurant 实体的典型代表就是地质过程（Geological Process，GP），如褶皱、断裂、侵蚀、沉积地质事件等。地质过程可以被赋予本体类别"过程"Process（PRO），其逻辑表达式为：

$$\forall gp,proGM:GeoProcess(gp) \land CA(gp,pro) \to DOLCE:Process(pro)$$

在 DOLCE 中，Endurants 和 Perdurants 实体间的关系是"参与"PartiCipation（PC）：一个 Endurant 实体通过参与进一个 Perdurant 而在时间中存在。所以地质对象和地质过程也继承这种关系，即任意地质对象至少与一个地质过程有关，PC（x，y，t）表示"对象 x 在时间 t 期间参与 y"，这个关系的逻辑表达式为：

$$\forall go \exists t GeoObject(go) \land PC(go,gp,t) \to \exists gp[GeoProcess(gp)]$$

在构造模型中，还要考虑一个重要的概念，即地质构造（Geological Structure，GS）。将地质构造看作是由多个地质对象组成的，例如一个被断层切断的地层是一个地质构造，但它是由多个地质体组、曲面、线和点组成的（图 2-4-2）。谓词 K（x，y）表示"x 是由 y 组成的"。所以地质构造对应的本体类别是"任意和"Arbitrary Sum（AS），这个类别在 DOLCE 中表示不同类实体的单纯合集，其逻辑表达式为：

$$\forall gs,asGM:GeoStructure(gs) \land CA(gs,as) \to DOLCE:ArbitrarySum(as)$$

$$\forall gsGeoStructure(gs) \land K(gs,go) \to \exists go[GeoObject(go)]$$

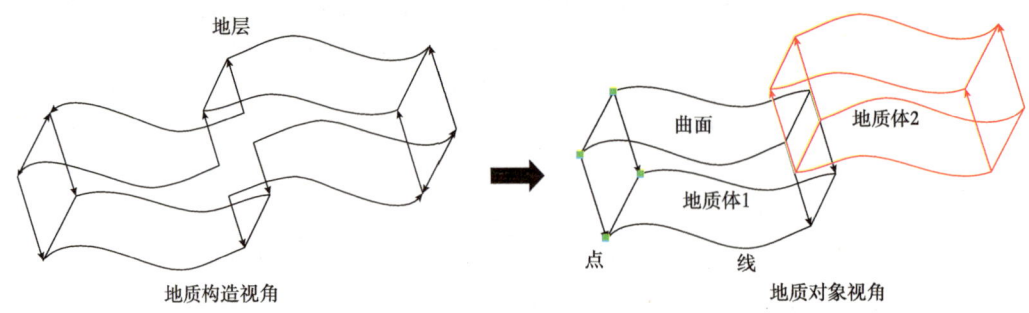

图 2-4-2　地质对象与地质构造

一个被断层穿过的地层在地质构造视角下仍是一个实体，在地质对象视角下则是两个分开的地质体

DOLCE 中还有一类重要的基本类别是 Quality（Q）。Quality 就是一类可以被感知或测量的实体，例如对象的大小、事件发生的时间等，可以被理解为"特征"。Quality 必须依存

于（Inhere In，I）其他实体，并与它们依存的实体同时存在或消失。谓词 I（x，y）表示"实体 x 依存于实体 y"。每个 Quality 还与一个"区间"Region（R）相关，Region 表示 Quality 的"值"（在 DOLCE 中被称为 Quale）的定义域。地质时间（Geological Time，GT）就是一个依存于地质过程的"时域特征"Temporal Quality（TQ），与类别为"时域区间"Temporal Region（TR）的地质时间段（Geological Time Interval，GTI）相关，其逻辑表达式为：

$$\forall gt,tq GM:GeoTime(gt) \wedge CA(gt,tq) \rightarrow DOLCE:TemporalQuality(tq)$$

$$\forall gti,tr GM:GeoTimeInter(gti) \wedge CA(gti,tr) \rightarrow DOLCE:TemporalRegion(tr)$$

$$\forall gt GeoTime(gt) \wedge I(gt,gp) \rightarrow \exists!gp[GeoProcess(gp)]$$

类似的，地质构造的产状（Occurrence，O）则是一个依存于地质对象的"物理特征"Physical Quality（PQ），用于描述地质对象在空间的状态和方位。产状与类别为"物理区间"Physical Region（PR）的地质空间区域（Geological Space Region，GSR）相关，其逻辑表达式为：

$$\forall gl,pq GM:Occurrence(o) \wedge CA(gl,pq) \rightarrow DOLCE:PhysicalQuality(pq)$$

$$\forall gsr,pr GM:GeoSpaceRegion(gsr) \wedge CA(gsr,pr) \rightarrow DOLCE:PhysicalRegion(pr)$$

$$\forall gl Occurrence(o) \wedge I(o,go) \rightarrow \exists!go[GeoObject(go)]$$

在 DOLCE 中，"抽象特征"Abstract Quality（AQ）是指既不是时域也不是物理的特征。这一类的典型在构造模型中就是地质关系（Geological Relation，GR）。地质关系依存于两个地质对象，用于描述它们之间的地质接触类型，其逻辑表达式为：

$$\forall gr,aq GM:GeoRealtion(gr) \wedge CA(gr,aq) \rightarrow DOLCE:AbstractQuality(aq)$$

$$\forall gl GeoRelation(gr) \wedge I(gr,go) \rightarrow \exists go_1,go_2[GeoObject(go_1) \wedge GeoObject(go_2) \wedge go_1 \neq go_2]$$

组成地质体的岩石材料（Rock Material，RM）在一些应用中也是构造模型需要关心的部分，比如属性模型。岩石材料对应的本体类别是"物质"Amount of Matter（M），并且岩石材料依存于地质对象中的地质体类型，其逻辑表达式为：

$$\forall rm,m GM:RockMterial(rm) \wedge CA(rm,m) \rightarrow DOLCE:AmountOfMatter(m)$$

$$\forall gf RockMterial(rm) \wedge I(gf,b) \rightarrow \exists go[GeoObject.body(b)]$$

综上，图 2-4-3 展示了构造模型本体的模块与 DOLCE 本体类别间的映射关系。

2.4.2 本体模块

建立本体通常以迭代和增量的方式进行，单一的庞大本体对构建和维护都是一个挑战。所以为了降低构造模型本体设计的复杂性，使用包含多个子本体的模块的体系结构。在 2.4.1 节中，为构造模型本体设计了 10 个模块：地质特征（GF）、地质对象（GO）、岩石物质（RM）、地质构造（GS）、地质过程（GP）、地质时间（GT）、地质位置（GL）、地质关系（GR）、地质时间段（GTI）和地质空间区域（GSR），它们基本涵盖了构造模型中地质专家所关心的重要信息。模块间的关系继承 DOLCE 中本体类别的关系。在图 2-4-4 中以 UML 包（Package）图的形式表示了构造模型本体的模块结构。UML 指统一建模语言（Unified Modeling Language），是一种为面向对象的抽象软件建模工具，独立于任何具体程序设计语言。在构造模型本体体系中，地质对象模块（GeoObject）是最核心的模块。构造模型中实际存在的实体包括地质对象、地质特征和地质构造，而地质对象是另外两者的基础，所以在本书中构造模型知识图谱数据层中的信息主要用地质对象的属性和关系来表示。模块间的关系表示一个模块可能调用其他模块中的概念。每个模块都对应一个子本体，子本体中又以 UML 类的形式包含一组相关概念。

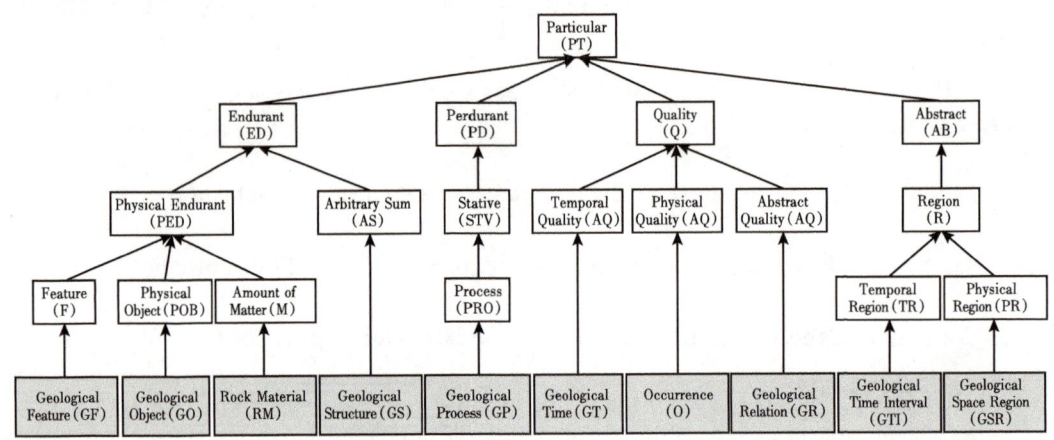

图 2-4-3　构造模型本体中模块与 DOLCE 本体类别间的映射

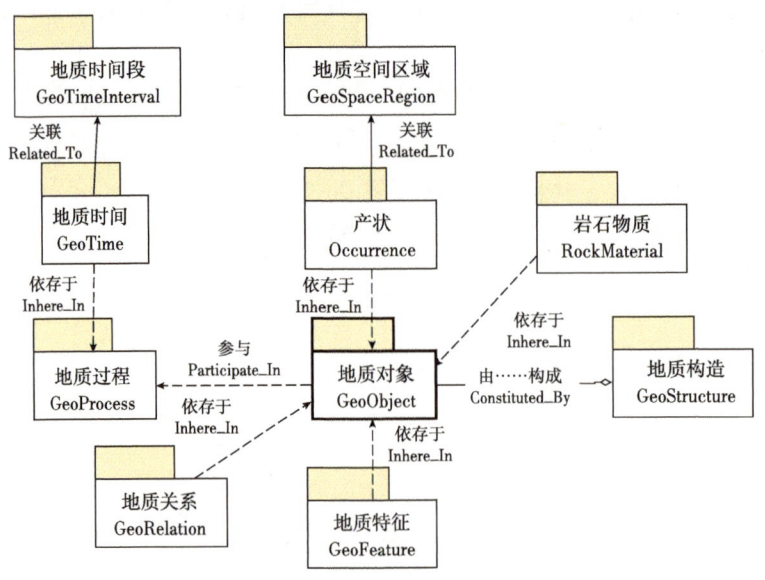

图 2-4-4　以 UML 包图形式表示的构造模型本体的模块化结构

在定义了各模块之间的关系之后,还需要定义每个模块内部的概念(类)和属性,即设计每个子本体。例如,GeoObject 模块将具有多个类,包括地质体(Body)、曲面(Interface)、线(Edge)和点(Vertex);其中,一个地质体类将具有多个属性,例如名称、是否有空洞等,并且将与其他类关联。这些类可以来自同一个模块例如曲面,也可以来自其他模块,例如地层构造(来自 GeoStructure 模块)、块状产状(来自 Occurrence 模块)等。这里用 UML 类(Class)图的方式详细展示了 RockMaterial(图 2-4-5)、GeoObject(图 2-4-6)、GeoProcess(图 2-4-7)、GeoStructure(图 2-4-8)、GeoRelation(图 2-4-9)模块的展开,其他模块都可以采用类似的方法定义。一些模块还可以如 2.4.1 节所述,重用已有的本体,例如 GeoStructure 和 GeoFeature 模块的定义可以参考文献[18,27,28],GeoTime 和 GeoTimeInterval 模块的定义可以参考文献[29,30]。

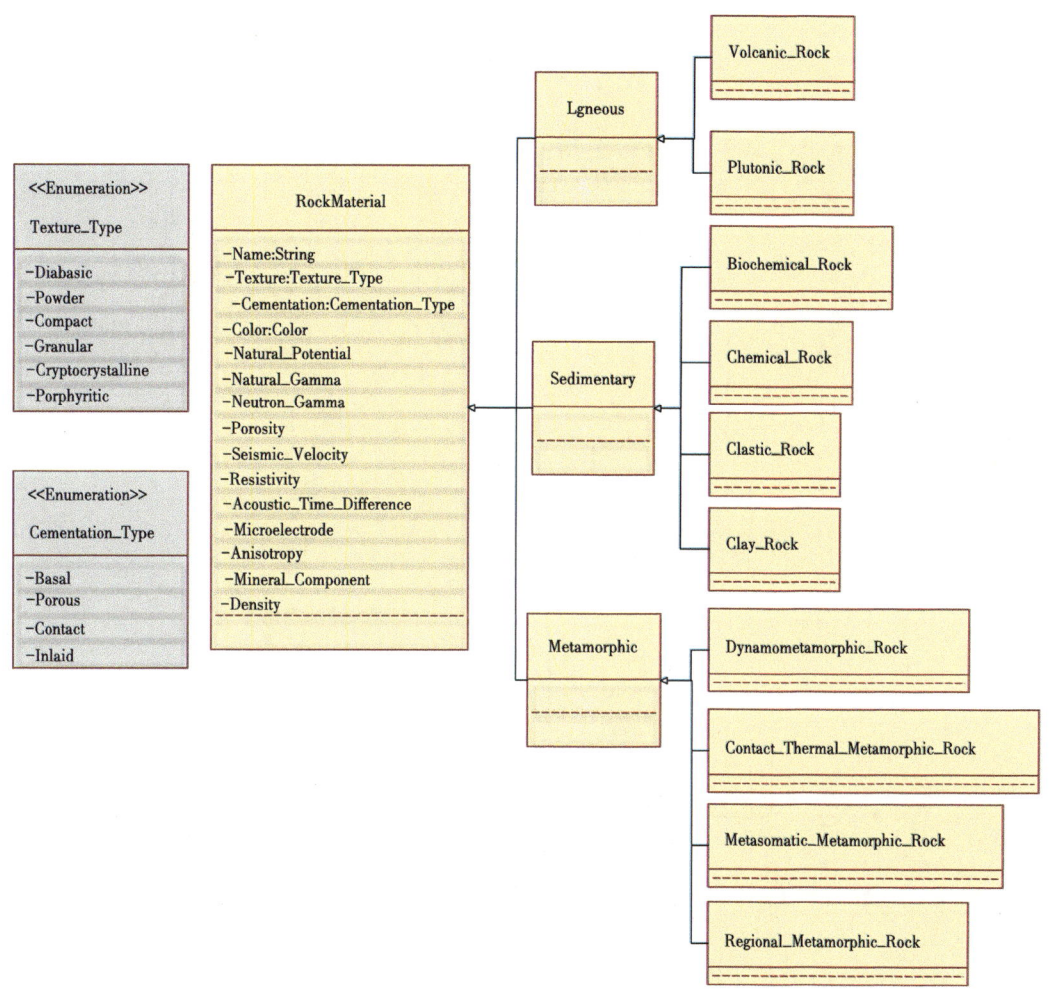

图 2-4-5 RockMaterial 模块的 UML 类图

时间关系描述地质对象间生成的地质年代关系;空间关系描述对象间的空间几何拓扑关系和地质接触关系;组成关系描述目标对象的边界是源对象包围而成。

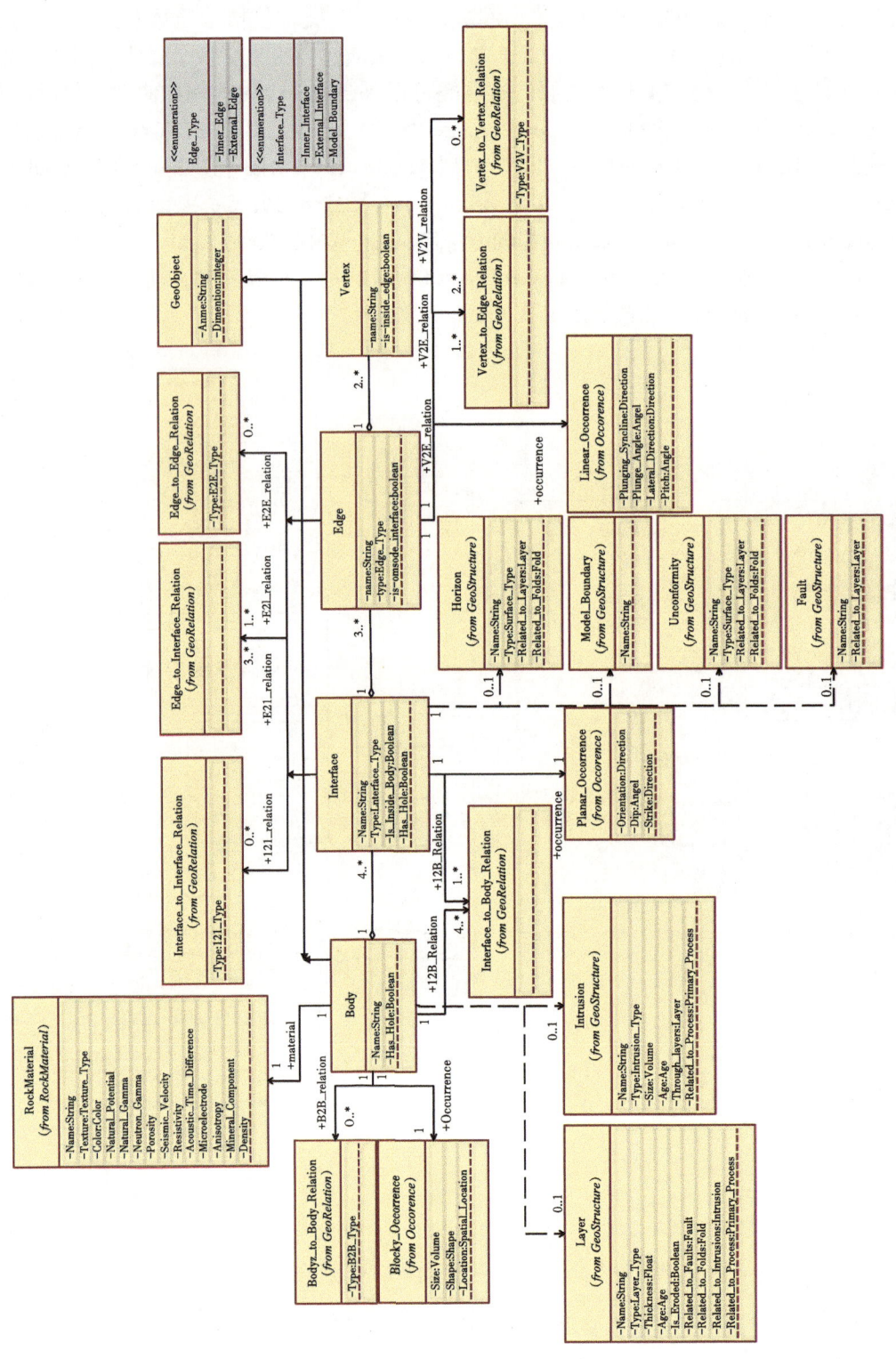

图2-4-6 GeoObject模块的UML类图

2 地质构造知识的计算机表征

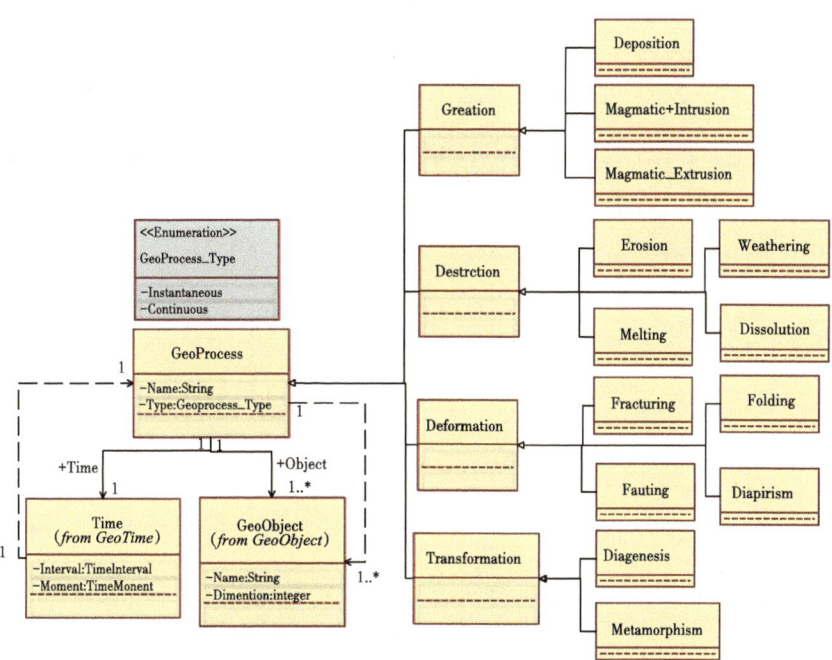

图 2-4-7 GeoProcess 模块的 UML 类图

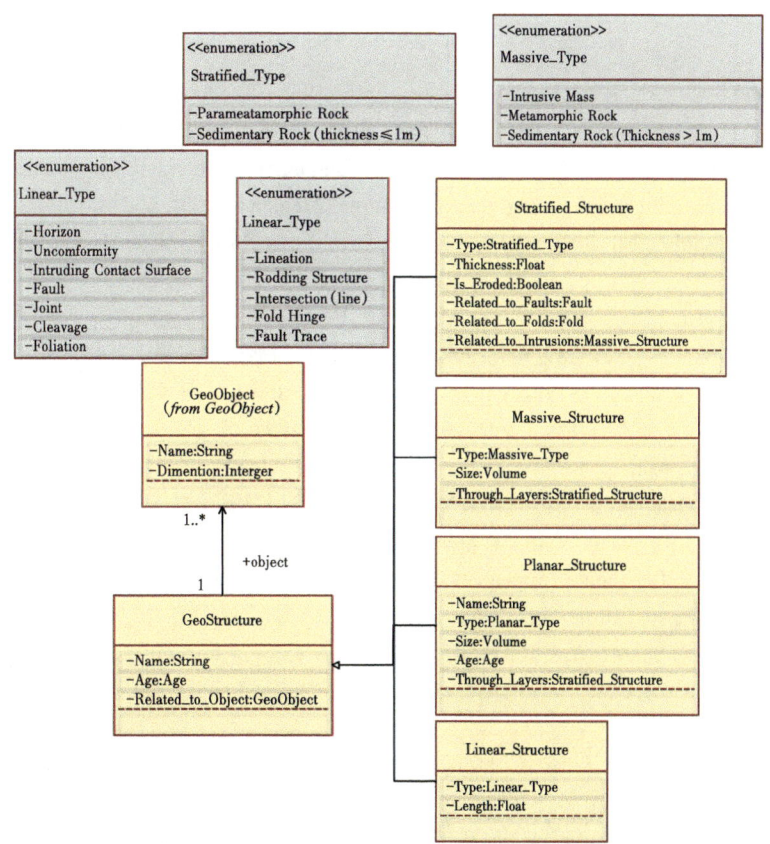

图 2-4-8 GeoStructure 模块的 UML 类图

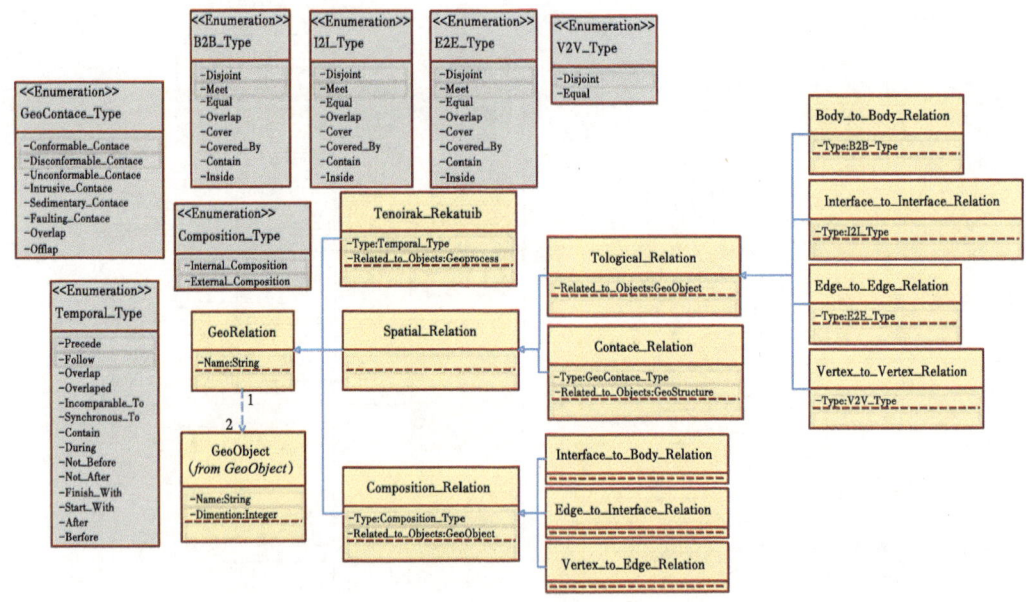

图 2-4-9　GeoRelation 模块的 UML 类图

参 考 文 献

［1］Franz B, Diego C, Deborah L, et al. The description logic handbook: Theory, implementation and applications［M］. Cambridge: Cambridge university press, 2003.

［2］Horrocks I. Owl: A description logic based ontology language［C］//International conference on principles and practice of constraint programming. Springer, Berlin, Heidelberg, 2005: 5-8.

［3］Clocksin W F, Mellish C S. Programming in PROLOG［M］. Berlin: Springer Science & Business Media, 2003.

［4］Fellbaum C，Miller G. WordNet: an electronic lexical database［M］. Cambridge: MIT Press, 1998.

［5］刘峤, 李杨, 段宏, 等. 知识图谱构建技术综述［J］. 计算机研究与发展, 2016, 53（3）: 582-600.

［6］徐增林, 盛泳潘, 贺丽荣, 等. 知识图谱技术综述［J］. 电子科技大学学报, 2016, 45（4）: 18.

［7］侯恩科, 吴立新. 面向地质建模的三维体元拓扑数据模型研究［J］. 武汉大学学报（信息科学版）, 2002, 27（5）: 467-472.

［8］倪健, 董强. 基于 Delaunay 三角网的骨架提取算法研究［J］. 舰船科学技术, 2006, 28（4）: 106-108.

［9］鲁刚, 王福全. 基于 Delaunay 三角网的等高线骨架提取算法［J］. 测绘工程, 2010, 19（6）: 13-16.

［10］Morrison P, Zou J J. Triangle refinement in a constrained Delaunay triangulation skeleton［J］. Pattern Recognition, 2007, 40（10）: 2754-2765.

［11］Biasotti S, Marini S, Mortara M, et al. 3D Shape Matching through Topological Structures［C］// International Conference on Discrete Geometry for Computer Imagery. Springer, Berlin, Heidelberg, 2003.

［12］康文雄, 邓飞其. 利用模板和邻域信息的静脉骨架提取新算法［J］. 中国图象图形学报, 2010（3）: 378-384.

［13］Thiele S, Jessell M W，Lindsay M, et al. The topology of geology 1: Topological analysis［J］. Journal of Structural Geology, 2016, 91: 27-38.

[14] Egenhofer M J, Franzosa R D . Point-set topological relations[J]. Geographical Information Systems, 1991, 5（2）: 161-174.

[15] 刘仁宁, 李禹生. 领域本体构建方法 [J]. 武汉工业学院学报, 2008, 27（1）: 46-49.

[16] Babaie H A, Oldow J S, Babaei A, et al. Designing a modular architecture for the structural geology ontology[J]. Special Papers-Geological Society of America, 2006, 397: 269.

[17] Sinha A K , Zendel A , Brodarc B , et al. Schema to ontology for igneous rocks[J]. Special Paper of the Geological Society of America, 2006, 397: 169-182.

[18] Zhong J, Aydina A , Mcguinness D L. Ontology of fractures[J]. Journal of Structural Geology, 2009, 31（3）: 251-259.

[19] Guarino N. Formal Ontology in Information Systems[J]. Proceedings of Fois, 1998.

[20] Carbonera J L, Abel M, Scherer C M S . Visual interpretation of events in petroleum exploration: An approach supported by well-founded ontologies[J]. Expert Systems with Applications, 2015, 42（5）: 2749-2763.

[21] Niles I, Pease A. Towards a standard upper ontology[C]//Proceedings of the international conference on Formal Ontology in Information Systems-Volume 2001, 2001: 2-9.

[22] Gangemi A, Guarino N, Masolo C, et al. Sweetening ontologies with DOLCE[C]//International conference on knowledge engineering and knowledge management. Springer, Berlin, Heidelberg, 2002: 166-181.

[23] Partridge C , Stefanova M . Building a Foundation for Ontologies of Organisations[M]// The Ontology and Modelling of Real Estate Transactions, 2017.

[24] Guizzardi G. Ontological foundations for structural conceptual models[D]. Telematica Instituut / CTIT, 2005

[25] Herre H. General Formal Ontology (GFO): A Foundational Ontology for Conceptual Modelling[M]// Theory and Applications of Ontology: Computer Applications. Springer Netherlands, 2010.

[26] Arp R, Smith B, Spear A D. Building ontologies with basic formal ontology[M]. Cambridge: Mit Press, 2015.

[27] Babaie Hassan A. Designing a Modular Architecture for the Structural Geology Ontology[M]// Geoinformatics: Data to Knowledge, 2006.

[28] Zhong J , Mcguinness D L, Antonellini M , et al. Ontology for structural geology[J]. Eos Transactions American Geophysical Union, 2005: 86.

[29] Perrin M, Mastella L S, Morel O, et al. Geological time formalization: an improved formal model for describing time successions and their correlation[J]. Earth Science Informatics, 2011, 4（2）: 81-96.

[30] Cox S J D, Richard S M. A formal model for the geologic time scale and global stratotype section and point, compatible with geospatial information transfer standards[J]. Geosphere, 2005, 1（3）: 119-137.

3 构造模型知识图谱的构建与分析

3.1 构造模型的语义描述

长期以来，地质学家通过对各种地质现象的总结归纳，主要运用地质图、地质构造图、构造解释成果图等图像语言来表达对地质构造的认知，而计算机却无法理解这些图像资料隐含的高级别信息。在传统的构造建模过程中，地下构造数据模型在几何描述与表达方面已经比较完善，但计算机只能从图形学的角度把构造模型当作一般的几何模型建立。三维构造模型的数据模型可以归纳为基于面模型（不规则三角网模型、GRID模型、边界表示模型、线框模型、断面模型、多层DEM模型等）、体模型（三维栅格、四面体格网、实体几何结构、八叉树模型、三棱柱模型等）和混合模型[1-5]。现有数据模型能够描述地质构造现象的几何特征，但不能描述构造现象的含义及各构造现象之间的复杂关系，而这些信息恰好是构造认知包含的信息。这就产生了地质专家对复杂地质构造现象强大的认知能力与计算机能够利用的信息之间的鸿沟——计算机不能很好地理解点、线、面、体、地质构造、演化过程等地质概念，而地质专家也无法以体素或网格为单位解释构造现象。为此，如何将地质学家描述地质构造的图像语言与计算机之间架起一座桥梁，使地质构造认知能够采用计算机能够理解的方式表达出来，这就是本书解决的一个重要问题。在前面的内容中，已经基本确定了构造模型知识图谱的基本框架：以抽象的地质构造要素或地质事件为网络的节点，以要素或事件间的接触关系或时间关系为网络的边，通过对象间的联系表征构造模型中除几何形态以外的高级知识。本节将具体定义知识图谱中涉及的语义实体和语义关系。

3.1.1 语义实体定义

构造模型可以被认为是地质专家或建模软件的用户对地下构造认知的表达，构造认知本质是在构造解释的过程中产生的。本书用构造模型的知识图谱作为构造认知的形式化表征，使得在建模过程中构造认知信息也可以被计算机使用，最终达到减少构造模型不确定性的目的。知识图谱用地质要素间的联系来表示信息，这一理念与一些地质拓扑学研究中体现的思想有相似之处——地质拓扑也使用拓扑关系关联地质对象[6,7]。在这里，根据地质拓扑学理论，首先提出构造知识图谱的分类。

2.2节已经明确了构造认知的内容包含地质曲面特征、构造拓扑特征和构造演化过程3个方面的内容，因此知识图谱也分为3类，分别从3个不同的方面对构造模型所承载的知识进行了划分：几何对象的空间拓扑（点、线、面、体的几何拓扑关系：相离、包含、包含于、覆盖、覆盖于、相等、相交、相接等）、地质对象的构造接触（褶皱、断层、节理、面理、线理等地质构造的归并、重接、斜接、反接、截接、包容、重叠、限制等地质关系）和模型的地质事件序列。空间拓扑从几何角度决定了模型的框架；地质构造的构造接触从地质角度描述模型中包含的构造和关系。地质事件序列描述了由各种连续事件组成的地质演化历史，这些事件从本质上定义了各种地质构造，并确定了它们的组合。所以说，构造模型的知识图谱最终细分为：空间拓扑的知识图谱、构造接触的知识图谱和事件序列的知识图谱。

从数据结构的角度来看，知识图谱是通过连接实体或概念而获得的关系网络。如1.4.3节所述，"事实"（Facts）是知识图谱中知识的单位。"实体—关系—实体"或"实体—属性—属性值"等三元组是事实的基本形式。属性一般是指实体中固有的属性。因此，知识图谱的3个元素就是语义实体、语义关系和属性，分别对应于网络的节点、边和属性。

在这3种知识图谱中，语义实体分别指构造模型的几何对象、地质对象和构造模型涉及的地质事件。几何对象就是构成模型的几何元素。这些组成单元被称为n单元格，n表示组成模型的单元的维度。它们可以分为以下4类：体（3单元格）、面（2单元格）、线（1单元格）和点（0单元格）。地质对象也是构造模型的元素，但地质对象的划分受到地质本体的约束，例如地层、侵入体、断层和层位等专业的构造地质学概念。它们可分为3类：层状（沉积岩层）或块状构造（岩浆岩体和经历了多次变形和变质作用的变质杂岩体）（图3-1-1）、面状构造（层面、不整合面、断层、节理等）（图3-1-2）和线状构造（沉积岩的线形沟槽、石香肠构造、窗棂构造、断层迹线、各种构造面的交线等）（图3-1-3）。

(a)　　　　　　　　　　　　　　　　(b)

图 3-1-1　层状构造和块状构造实例

(a)沉积岩层；(b)岩浆岩体

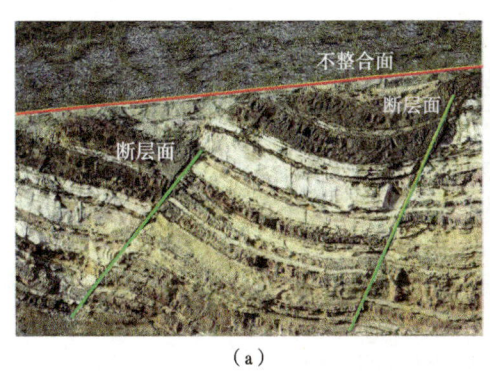 

(a)　　　　　　　　　　　　　　　　(b)

图 3-1-2　面状构造实例

(a)不整合面和断层面；(b)层面或层理

图 3-1-3 线状构造实例
(a)窗棂构造;(b)石香肠构造

根据对岩体的影响，地质事件可分为 4 种类型：岩体生成、岩体破坏、岩体变形和岩体转化（图 3-1-4）。岩体生成类事件代表非岩石物质（岩浆和沉积物）转化为固体岩石块的地质过程。岩体破坏类型表示将岩石块转化为非岩石材料的过程。岩体变形类型表示仅岩体的形状或体积发生变化的地质过程。岩体转化类型代表岩体的矿物成分、化学成分和岩石结构在温度和压力的影响下发生变化的过程。

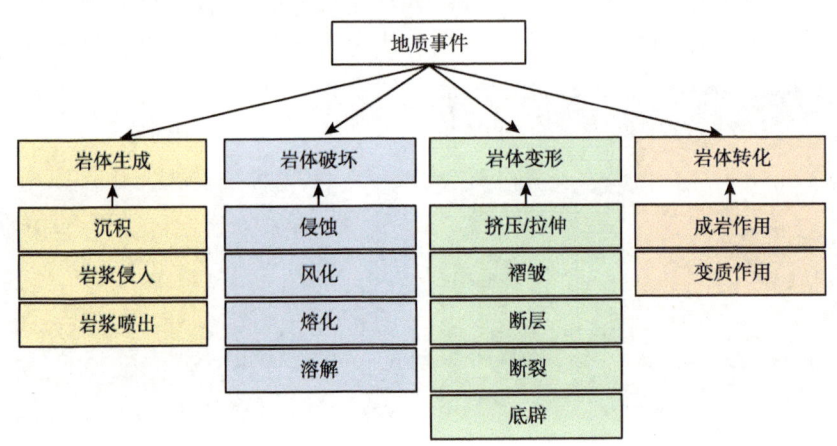

图 3-1-4 地质事件分类

3.1.2 语义关系定义

语义关系是指上述 3 种实体的对应关系，也就是知识图谱的边。对于几何对象，其语义关系为对象间的几何拓扑关系，空间拓扑形式化描述的主要基础是点集拓扑理论（Point Set Topology）。在 2.2.3 节中提到了基于 M. J. Egenhofer 和 R. D. Franzosa（1991）提出的九交模型（9IM），可以定义了 8 种基本的二元拓扑关系，包括相离、相等、相交、重叠、覆盖、被覆盖、包含和被包含[8]。

S. Zlatanova（2000）也在其研究中提出了相同维度的几何对象之间的 61 种可能的拓扑关系[9]。同一维度的几何对象间的关系定义已经比较完善，在此基础之上本书在知识图谱的语义关系体系中增加了 n 单元格和 $n-1$ 单元格之间的拓扑关系——"组成"关系，用于描述跨维度对象之间的关系，并且这些关系也可以通过 9IM 进行数学定义。图 3-1-5 展示不同维度几何对象间的拓扑及其对应的 9IM 矩阵和图形描述。

3 构造模型知识图谱的构建与分析

语义关系	9IM矩阵	图示	9IM矩阵	图示	9IM矩阵	图示	9IM矩阵	图示
相离	$\begin{pmatrix}0&0&1\\0&0&1\\1&1&1\end{pmatrix}$		$\begin{pmatrix}0&0&1\\0&0&1\\1&1&1\end{pmatrix}$		$\begin{pmatrix}0&0&1\\0&0&1\\1&1&1\end{pmatrix}$		$\begin{pmatrix}0&0&1\\0&0&1\\1&1&1\end{pmatrix}$	
相等	$\begin{pmatrix}1&0&0\\0&1&0\\0&0&1\end{pmatrix}$		$\begin{pmatrix}1&0&0\\0&1&0\\0&0&1\end{pmatrix}$		$\begin{pmatrix}1&0&0\\0&1&0\\0&0&1\end{pmatrix}$		$\begin{pmatrix}1&1&0\\1&1&0\\0&0&1\end{pmatrix}$	
相交	$\begin{pmatrix}0&0&1\\0&1&1\\1&1&1\end{pmatrix}$		$\begin{pmatrix}0&0&1\\0&1&1\\1&1&1\end{pmatrix}$		$\begin{pmatrix}0&0&1\\0&1&1\\1&1&1\end{pmatrix}$			
重叠	$\begin{pmatrix}1&1&1\\1&1&1\\1&1&1\end{pmatrix}$		$\begin{pmatrix}1&1&1\\1&1&1\\1&1&1\end{pmatrix}$		$\begin{pmatrix}1&1&1\\1&1&1\\1&1&1\end{pmatrix}$		$\begin{pmatrix}1&1&1\\1&0&1\\1&1&1\end{pmatrix}$	
覆盖	$\begin{pmatrix}1&1&1\\1&1&1\\0&0&1\end{pmatrix}$		$\begin{pmatrix}1&1&1\\1&1&1\\0&0&1\end{pmatrix}$		$\begin{pmatrix}1&1&1\\1&1&1\\0&0&1\end{pmatrix}$		$\begin{pmatrix}1&1&1\\1&1&1\\0&0&1\end{pmatrix}$	
被覆盖	$\begin{pmatrix}1&0&0\\1&1&0\\1&1&1\end{pmatrix}$		$\begin{pmatrix}1&0&0\\1&1&0\\1&1&1\end{pmatrix}$		$\begin{pmatrix}1&0&0\\1&1&0\\1&1&1\end{pmatrix}$		$\begin{pmatrix}1&0&0\\1&1&0\\1&1&1\end{pmatrix}$	
包含	$\begin{pmatrix}1&1&1\\0&0&1\\0&0&1\end{pmatrix}$		$\begin{pmatrix}1&1&1\\0&0&1\\0&0&1\end{pmatrix}$		$\begin{pmatrix}1&1&1\\0&0&1\\0&0&1\end{pmatrix}$		$\begin{pmatrix}1&1&1\\0&0&1\\0&0&1\end{pmatrix}$	
被包含	$\begin{pmatrix}1&0&0\\1&0&0\\1&1&1\end{pmatrix}$		$\begin{pmatrix}1&0&0\\1&0&0\\1&1&1\end{pmatrix}$		$\begin{pmatrix}1&0&0\\1&0&0\\1&1&1\end{pmatrix}$		$\begin{pmatrix}1&0&0\\1&0&0\\1&1&1\end{pmatrix}$	
A组成B（A为外边界）	$\begin{pmatrix}0&1&0\\0&1&0\\1&1&1\end{pmatrix}$		$\begin{pmatrix}0&1&0\\0&1&0\\1&1&1\end{pmatrix}$		$\begin{pmatrix}0&1&0\\0&1&0\\1&1&1\end{pmatrix}$		$\begin{pmatrix}0&1&0\\0&1&0\\1&1&1\end{pmatrix}$	
A组成B（A为内边界）	$\begin{pmatrix}1&0&0\\1&1&0\\1&1&1\end{pmatrix}$		$\begin{pmatrix}1&0&0\\1&1&0\\1&1&1\end{pmatrix}$		$\begin{pmatrix}1&0&0\\1&1&0\\1&1&1\end{pmatrix}$		$\begin{pmatrix}1&0&0\\1&1&0\\1&1&1\end{pmatrix}$	

图 3-1-5 几何对象间的语义拓扑关系

对于地质体，如图 3-1-6 所示，构造接触关系包括整合接触、不整合接触、假整合（平行不整合）接触、侵入接触、侵入体的沉积接触和断层接触：

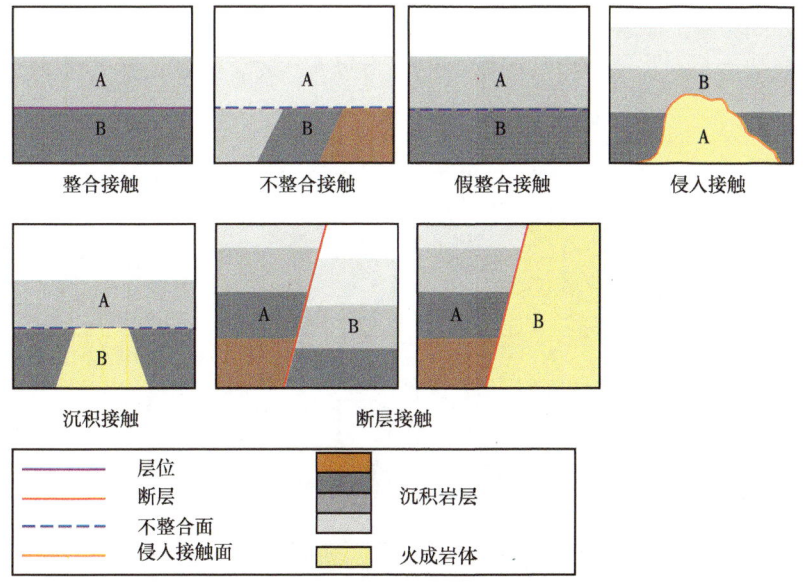

图 3-1-6 地质体对象间的语义构造接触关系

（1）整合接触：上、下地层之间没有发生过长时期沉积中断或地层缺失，即地层是连续的。

（2）不整合接触：上、下地层之间有过长时期沉积中断，出现地层缺失，即地层是不连续的。

（3）假整合接触：新老两套地层虽彼此平行，但不连续沉积，有沉积间断，缺少部分地层，且老地层顶面往往可见风化剥蚀的痕迹。

（4）侵入接触：岩浆岩在沉积岩形成之后侵入，侵入体和围岩的接触带上会出现烘烤变质等现象，侵入岩中往往还残留有围岩的捕房体。

（5）沉积接触：如果侵入岩冷却凝固，由于剥蚀作用而露出地表，其后随着地壳下降又有新的沉积岩层覆盖其上，则在沉积岩底部往往有侵入岩的砾石。

（6）断层接触：侵入岩体与围岩间的界面就是断层面或断层带，该断裂带常伴有动力变质现象，根据断层接触关系可以初步确定岩体在断层之前形成。

由此进一步衍生出地质曲面对象间的语义构造接触关系，如图3-1-7所示，包括错切、限制、追踪、侵入、截切、互切和整合关系：

（1）错切：层位面被断层面分割为两个子面，两个子面出现错动。

（2）限制：晚期的层位面延伸到早期层位面之前突然终止，呈现角度不整合，一般发生在盆地边缘。

（3）追踪：后期的节理沿着早期节理面发育并对早期节理面有所改造。

（4）侵入：侵入体穿过早期地层，侵入体界面改造早期的层位面。

（5）截切：发生侵蚀时，侵蚀界面改造早期的构造面。

（6）互切：两组节理或者两个断层呈X型共轭，意味着它们是同时形成的。

（7）整合：相邻的层位面基本平行，且时代连续。

虽然构造接触也是一种空间关系，但几何对象的拓扑关系由对象的相对位置决定，与对象本身的性质无关，而构造接触由两个地质体或地质曲面本身的类型及其共同边界的类型确定。例如同样是地质体邻接，若两个地质体都为沉积体时，则其关系为可能为整合、假整合和不整合关系；若一个为沉积体另一个为侵入体时，则其关系为可能为侵入接触和沉积接触。

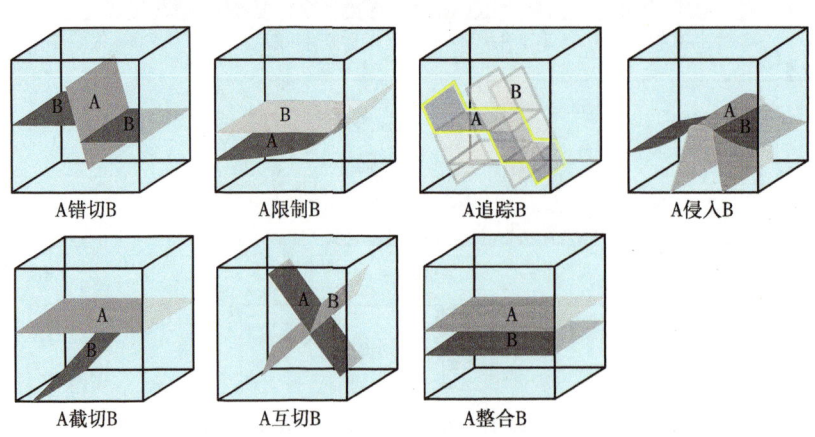

图3-1-7 地质曲面对象间的语义构造接触关系

3 构造模型知识图谱的构建与分析

地质事件之间的语义关系是指两个事件之间的时间关系。现有的研究在时间知识表示和时间尺度本体论方面取得了一些很好的成果，但这些研究通常只关注两个时间段之间的关系[10-12]。然而，一个构造模型中涉及的地质历史通常是几百万年到几十亿年。当地质事件的发生时间相对于整个模型的历史非常短时，可以应将其视为瞬时事件。例如，通常不考虑小规模断层形成所需的时间，但地层的形成时间仍然是必须要考虑的。因此，在足够完备的情况下，语义关系不仅需要考虑两个时间段之间的关系，还需要考虑时刻之间的关系。因此，在现有工作的基础上，提出了一套适合地质事件的时间关系。时间关系可以分为4类，共有40种：时间段之间的关系、时间段与时刻间的关系、时刻与时间段的关系和时刻间的关系，列举如图3-1-8所示。

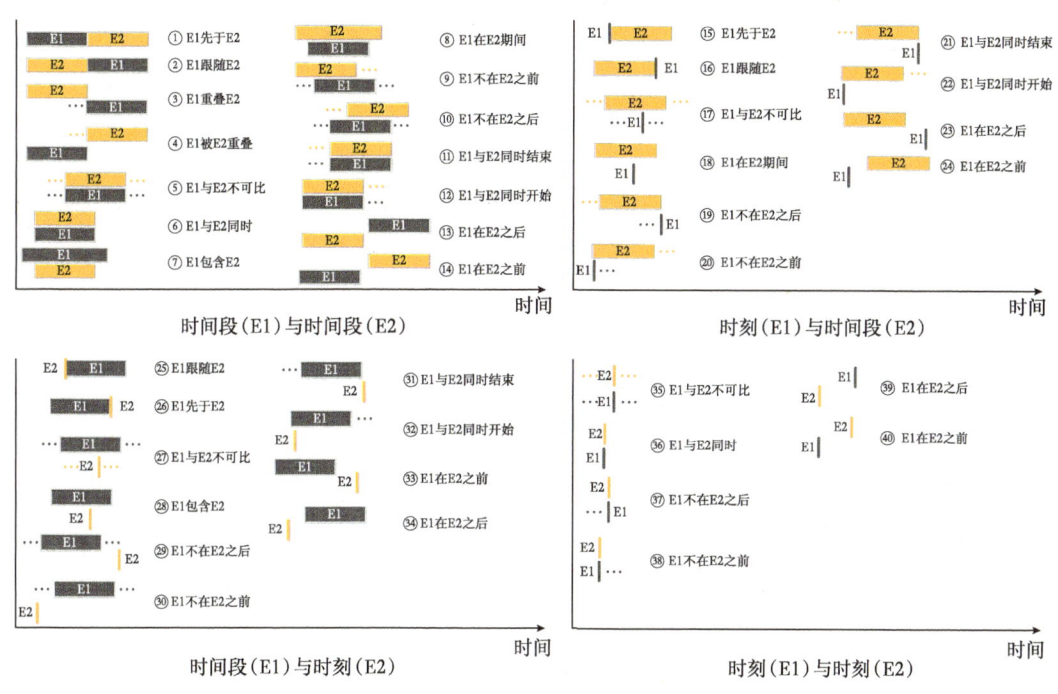

图 3-1-8 地质事件间的语义时间关系

3.2 构造模型几何语义实体和关系抽取

在确定构造模型知识图谱中的各种语义要素后，就完成了知识图谱模式层的构建；接下来还需要从基础数据中提取关键的语义实体和语义关系，以此建立知识图谱的数据层，形成初步的知识图谱，再由专家对初步知识图谱中与认知不符的部分进行手动编辑（修正和补充），最终实现完整的知识图谱建立，之后再用知识图谱进行构造建模。3.1节已经对构造模型中的几何要素、地质要素和它们之间可能的关系作了详细的定义，本节将在这一体系下对这些实体提出一种插入式的语义实体提取方法，以原始的地震构造解释数据提供的地质曲面信息为基础，提取点、线、面、体等几何实体及其之间的拓扑关系。

需要强调的是，由于构造建模的标准是人类的构造认知，理论上可以完全由专家手动构建知识图谱然后用于建模。这里提出的自动构建方法主要是为了减少生成知识图谱时的人工工作量，提高整套智能建模方法在实际工程中的可行性，特别是在较为复杂的工区，计算机比人类在分析大量数据时更有优势。

3.2.1 几何语义实体抽取

构造模型由逻辑上的工区边界作为模型外边界和构造解释数据中的层位面、断层面作为模型内边界共同构成。在构造演化过程中，地层按时间顺序沉积，在发生构造变动时产生断层面、不整合面等次生构造。本书中的实体提取方法将构造建模工区抽象化为一个长方体空间，按照特定顺序插入层位和断层，将长方体内部的空间不断划分，在初始空间中插入曲面过程中由于曲面之间相交、截切等就会产生新的实体。通过这种方式提取模型的实体能有效避免数据不确定性带来的复杂情况。

由于原始构造解释数据是由地质专家在地震数据剖面中画解释线产生的，存储的方式则是沿解释线方向顺序密集采样的三维离散点，所以，在对原始的构造解释数据进行语义实体的提取时，对于低层次几何线实体和点实体，不必保留构造解释数据中所有的数据点和解释线，而只需根据曲面实体的接触情况保留关键的交线、边界线、交点、端点，忽略不必要的数据，仅留下具有地质含义的关键实体。如图 3-2-1 所示，对于点实体，若用发散式结构层次网络对三维地质模型进行表征，则为了保证表征的完备性，需要在表征网络中展示所有的地震解释数据点。对于计算机而言，发散式结构层次网络的表征方式能够备地记录和展示所有的数据，并且由于有强大的算力支撑，计算机能够对所有的数据进行分析。但对于人类的认知而言，这样的表征方式并不是十分友好，特别是位于最底层的点实体，稍大一点的工区数据就可以让人看得头晕眼花，无从分辨。认知是带有明确目的性的行为，对于三维地质构造模型的认知不需要如同计算机存储数据一般，将所有的主要、次要、不必要的数据均分析透彻，而是要有重点地找出对于认知三维构造地质模型的关键点。

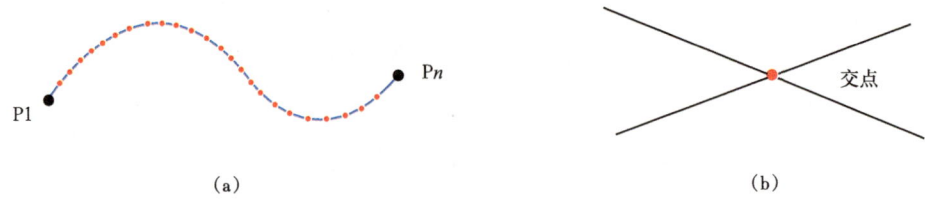

图 3-2-1　点实体提取示意图
(a)构造解释数据中一条上有多个采样点;(b)构造模型中只关心关键的点实体

如图 3-2-2 所示，对于模型中的实体只需关心交线的端点，至于这条交线是直线还是曲线、曲率如何，对于认知三维地质模型并不是必要信息，可以对其进行简化处理。两空间曲线相交所产生的交点也是存在地质解释意义的点实体，需要对其进行提取。空间曲线相交产生交点，本质上是 3 个及 3 个以上的空间曲面相交于所产生的交点，因此，所有的交点均可用空间曲面的相交对其进行表征。

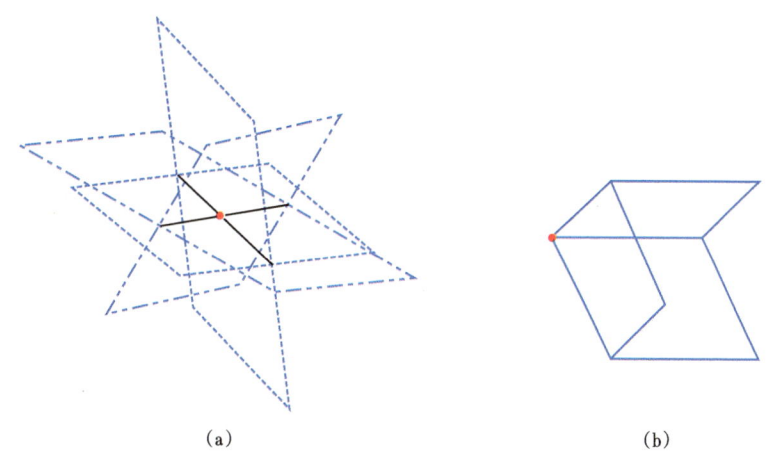

图 3-2-2　相交产生点实体
(a)两线相交产生点实体；(b)三面相交产生点实体

如图 3-2-3 所示，地震解释数据中数据点根据其地震道号分类，曲面由若干条主测线方向的解释线组成，对其空间曲面走势和特征进行表达。对于一个空间曲面，只保留其边界线，而忽略曲面内部的走势线。两个（或两个以上）的面实体相交于同一空间曲线，此时在面实体内部也会产生一个线实体。面实体的边界线即是该面实体与其余面实体在空间上相交并恰好终止于此空间位置的情况。

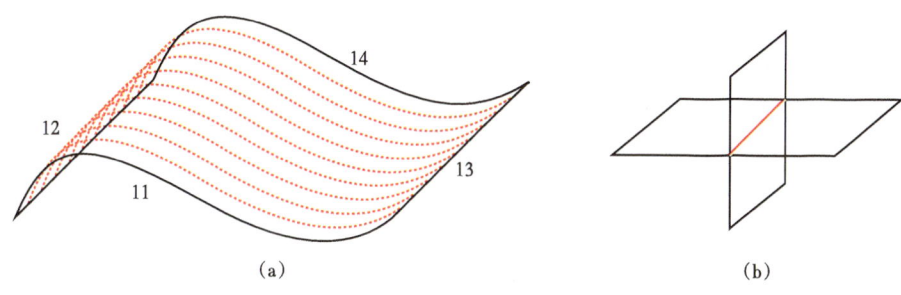

图 3-2-3　线实体提取示意图
(a)组成元素线实体；(b)两面相交产生线实体

一个地层在经过若干次构造变动后，其连续性和完整性被破坏，断裂为若干段。从构造要素的角度分析，由于这若干段地层拥有相同的地质特征和地质属性，因此它们还属于同一层位。将由于构造变动而产生的断裂的层位块对应的面称为该层位面的子面进行区分。从几何角度分析，当一个面实体由于外力作用而产生分裂时，根据其分离情况，判定该面实体是否被分为两个新的面实体。

如图 3-2-4 所示，(a)为层位面 H 与断层面 F 完全相交，原层位面 H 在构造层面上被分为两个子面，在几何上形成 s1、s2 两个新的面实体；(b)(c)(d)均为层位面 H 与断层面 F 不完全相交，原层位面 H 在几何元素上任是一个完整的面实体，改变仅为面实体内部嵌了一条交线。

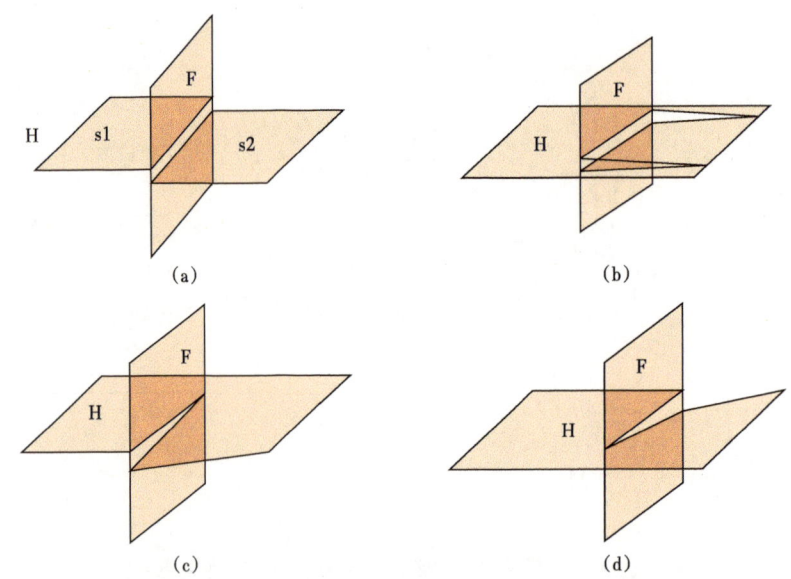

图 3-2-4 面实体相交情况分类
（a）面实体双边相交；（b）面实体内部相交；（c）面实体单边相交（前）；（d）面实体单边相交（后）

体实体是由面实体组成的封闭式块体，初始模型仅有一个体实体，每插入一个层位面或断层面，便伴随着体实体的分裂。根据实际层位、断层、工区边界三者的空间关系，判断体实体是否完全分裂，成为两个新的体实体，并记录此时体实体与对应面实体的关联关系。与面实体有所不同的是，随着每次层位面或断层面的插入，必然会产生新的体实体。这是由于层位面及断层面必然是终止于某一层位或是工区边界面，则在该层位面或断层面插入的一个或多个块体空间内，必然伴随着该一个或多个块体空间的空间被一分为二。

如图 3-2-5 所示，（a）为在初始模型中插入一个完整层位 H1，H1 将原体实体 B 分割为两个新的体实体 B1、B2；（b）为插入一个有一条边界终止于层位面 H1，其余边界均终止于工区边界的面实体 H2，H2 将原体实体 B2 所代表的封闭块体空间划分为两个新的封闭块体空间，产生两个新的体实体 B3、B4。

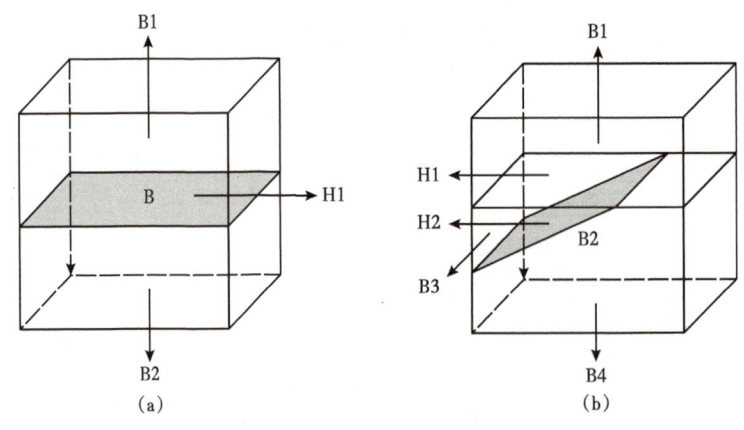

图 3-2-5 体实体分裂情况分析示意图
（a）体实体分裂情况一；（b）体实体分裂情况二

3.2.2 几何语义关系抽取

地层按照时间顺序沉积，通常越靠近地层上部的岩层年代越近，地下层位可根据其空间位置判断其沉积顺序，然而地质研究者很难根据断层面的空间位置，或是断层面与其他构造实体的空间关系判断断裂结构产生的时间顺序。但可以确定的是，断裂结构一定发生在与该断层有相交关系的所有层位沉积之后。断层面彼此之间不可能相错，且断层面断裂的先后顺序对于构造实体的拓扑关系影响甚微。因此，在插入层位面与断层面时，将所有断层面提出，于最后插入，可等同视之为该工区在所有地层均沉积后才发生了若干次断裂运动。虽然在构造事件序列上与历史发生顺序有所不同，但其导致的构造元素间的拓扑关系是一致的。

在一个特定的工区内，一个地质层位可按照是否终止于另一个层位分为两种情况：
（1）层位面在所有方位上均终止于工区边界面；
（2）层位面在至少一个方位上终止于另一个层位。在所有方位上都可到达工区边界的层位称为完整层位，而若层位在任何一个方位上终止于另一层位，则称该层位为不完整层位。插入层位时，本应按照地下层位的沉积顺序，由古早地层到最新沉积的地层的顺序插入。但由于复杂的构造变动以及风化、侵蚀等作用，先沉积的地层可能会终止于后沉积的地层而非工区边界。若完全按照沉积时间顺序插入层位，则在插入不完整层位时，会出现层位无法完全分割块体的情况。因此，第一步在插入层位之前要根据层位边界的终止情况判断其是否为完整层位，第二步再根据沉积顺序先插入完整层位，插入不完整层位，最后由特定的空间关系顺序插入断层。图 3-2-6 为初始模型中各维度实体的具体标号，以方便后续步骤解释说明。

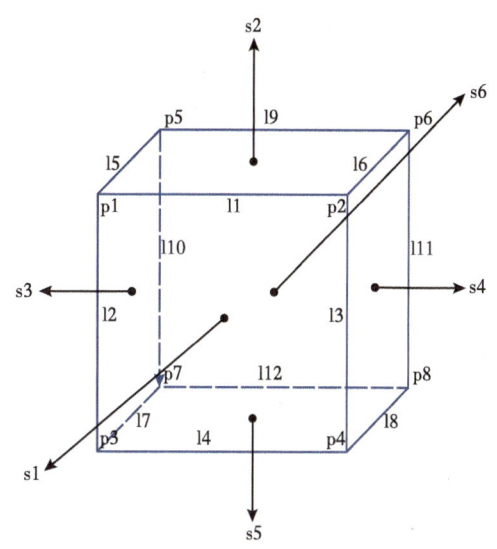

图 3-2-6　初始模型标号说明

图 3-2-7（a）为一个代表初始模型的块实体，图 3-2-7（b）为一个代表完整层位面的面实体，图 3-2-7（c）为初始块实体插入一个完整层位面后的几何模型示意图。已存在的实体标号如图 3-2-6 所示，图 3-2-7 中不再标注，仅标注新增以及发生变化的实体标号。

插入的完整层位 H1 所有边界均终止于工区边界面，产生一个新的面实体 s7，此时原块实体 b1 所在的封闭空间被完整层位 H1 一分为二，产生两个新的块实体 b1、b2。此时新的块实体 b1 不等同于原块实体（为了区分，将原块实体表示为 b1-Pre），与其他实体间的邻接关系及与面实体间的关联关系发生变化。例如新划分的两个块实体中空间位置靠上的为 b1，另一个为 b2，则新的块实体 b1 与面实体 s5 之间不再有关联关系，而与新产生的面实体 s7（即 H1 插入后形成的面实体）建立关联关系。面实体 s7 分别与 s1、s3、s4、s6 四个面实体相交，生产四个新的线实体 l13、l14、l15、l16。面实体 s7 与线实体 l2 相交产生新的点实体 p9，由于 l2 实质上为面实体 s1 与 s3 相交产生，故点实体 p9 为面实体

s1、s3、s7相交产生。同理,面实体s7分别与s1和s4、s3和s6、s4和s6相交,产生新的点实体p10、p11、p12。

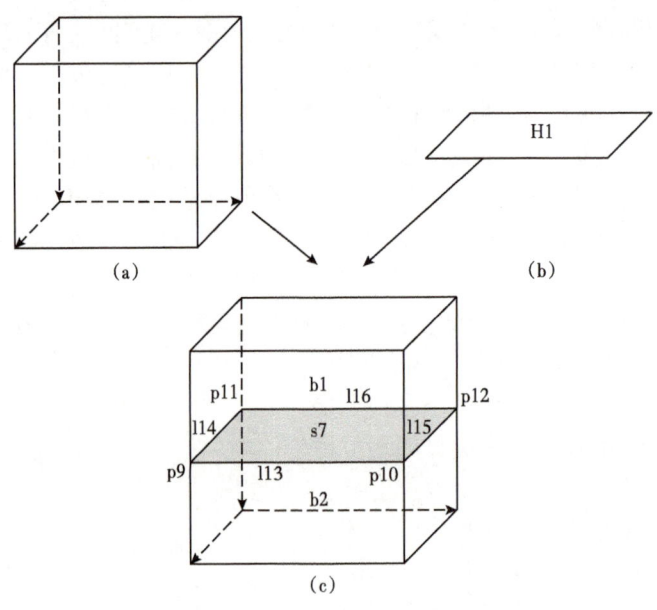

图 3-2-7　插入完整层位示意图
(a)初始模型;(b)完整层位;(c)插入完整层位后的工区

如图 3-2-8 所示,断层的插入伴随着更为复杂的情况。图 3-2-8(a)所代表的地质工区插入一个如图 3-2-8(b)所示的断层 F1 后得到图 3-2-8(d)。此时,若断层 F1 未将层位 H1 完全断裂,则面实体 s7 保持不变;若断层 F1 将层位 H1 完全断裂,则面实体 s7 产生分裂,由 2 个新的面实体替代,且分别与断层 F1 所产生的新的面实体产生交线、交点等新的线实体及点实体。由于构造变动产生的不整合构造(本节主要针对角度不整合构造进行分析),不完整层位至少有一个边界终止于其余层位。如图 3-2-8(a)所示的工区在插入图 3-2-8(c)所示的不完整层位 H2 后,得到图 3-2-8(e)。不完整层位 H2 将块实体 b2 所代表的封闭空间划分为两个新的封闭空间,与 3 个工区边界面以及一个完整层位面相交产生新的边界线和交点。插入层位和断层时伴随着块、面、线、点各层实体的产生和可能的原实体分裂,每插入一个层位面或断层面需根据其与其他层位、工区边界面的空间位置关系分析对应的块—块、面—面、线—线、点—点间的邻接关系,以及块—面、线—面、点—面间的关联关系。同时在插入断层和层位也需要进行断裂关系判断以及不整合关系判断,以及其具体的拓扑关系。

3.2.3　初始模型构建及相关编号准则

对于地下地层结构,方位是相对的,在描述位置时需要借助其绝对坐标。现约定如下:x、y、z 值坐标定义如图 3-2-9(a)所示。由于研究对象为地下地层结构,因此 z 轴的正方向垂直地平面向下为正。如图 3-2-9(b)所示,x 轴正增长方向为右,负增长方向为左;y 轴正增长方向为前,负增长方向为后;z 轴正增长方向为下,负增长方向为上。

3 构造模型知识图谱的构建与分析

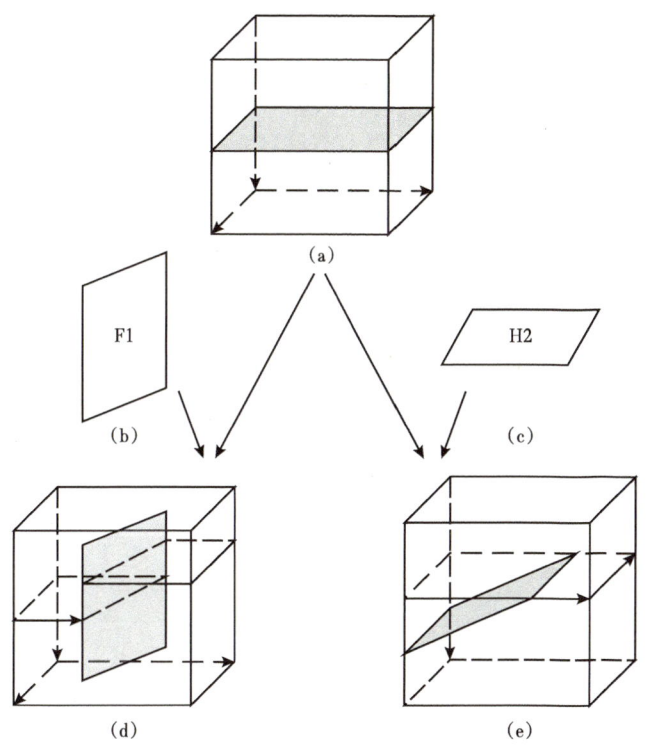

图 3-2-8　插入断层及不完整层位示意图
(a)已插入完整层位工区;(b)断层;(c)不完整层位;(d)插入断层的工区;(e)插入不完整层位的工区

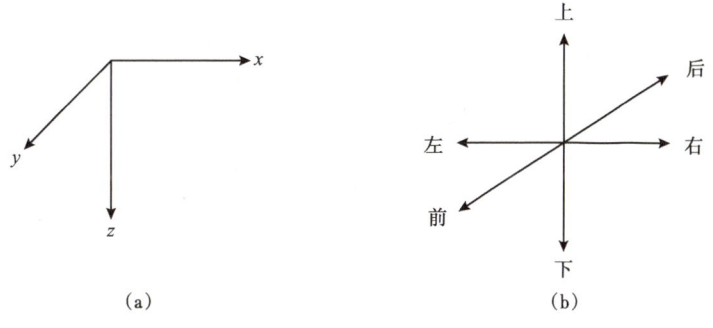

图 3-2-9　方位示意图
(a)工区坐标轴;(b)工区方位

在插入同一层位或断层时所产生的所有新的块、面、线、点实体称为同时期新增实体。同时期新增实体的编号规则如下：

规则一：对于新产生的实体，以自然数递增规律增加编号号码。

规则二：对于同时期新增实体，根据其空间位置关系在前方的实体优先编号。若两实体处于同一优先级上，则参照规则三。

规则三：对于规则二中优先级相同的实体，根据其空间位置关系在左方的实体优先编号。若两实体处于同一优先级上，则参照规则四。

规则四：对于规则三优先级相同的实体，其空间位置在上方的实体优先编号。

67

规则五：优先编号新产生的实体，再编号由已存在实体分裂出的实体。

规则六：若原实体被分裂，则原实体的编号按照规则二、三、四所规定的优先级赋予原实体中对应空间位置的实体，剩余实体依次编号。

在开始插入层位和断层之前，需遍历地震解释数据点，提取 6 个极值点，建立初始模型块，并根据上述编号规则对初识工区块中块、面、线、点实体进行编号，分析各层实体间的邻接关系和关联关系，如图 3-2-10 所示。

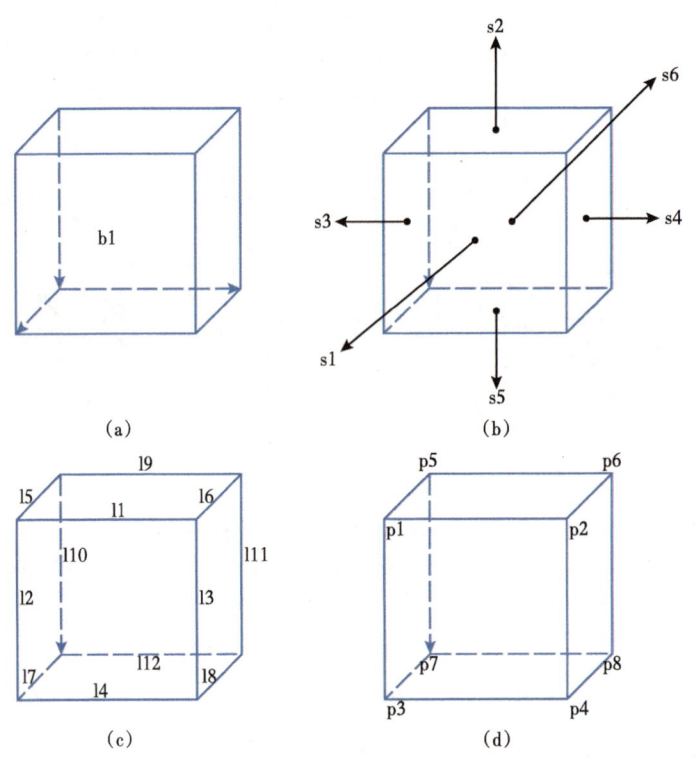

图 3-2-10 初始模型标号示意图

（a）初始模型块实体标号；（b）初始模型面实体标号；（c）初始模型线实体标号；（d）初始模型点实体标号

3.2.4 插入式几何语义实体和关系提取算法设计

本小节给出插入式几何语义实体和关系提取算法流程，如图 3-2-11 所示。

算法输入：地震解释数据（点云数据集）。

算法输出：邻接矩阵：块实体—块实体、面实体—面实体、线实体—线实体、点实体—点实体。

关联矩阵：块实体—面实体、线实体—面实体、点实体—面实体。

第一步，根据地震解释数据取 6 个空间方位极值，建立初始模型块，并根据实体标号基本准则对初始模型内点、线、面、块等实体进行标号，建立各实体间的邻接关系及关联关系。完成后进入第二步。

第二步，遍历层位，建立未处理层位队列 QH，放入所有层位信息，根据层位的空间关系判断层位沉积顺序，并按照沉积顺序的先后对 QH 进行排序。建立不完整层位队列

QU，完成后进入第三步。

第三步，取出待处理层位 H，并在未处理层位队列 QH 中删除该层位。判断层位 H 是否为该工区内的完整层位。若是，进入第四步；若不是，进入第五步。

第四步，将层位 H 插入工区中对应的封闭块体，根据层位与工区边界面的空间关系构建新的实体，并更新实体间的邻接关系及关联关系。完成后进入第六步。

第五步，将 H 按照沉积先后顺序插入 QU。完成后进入第六步。

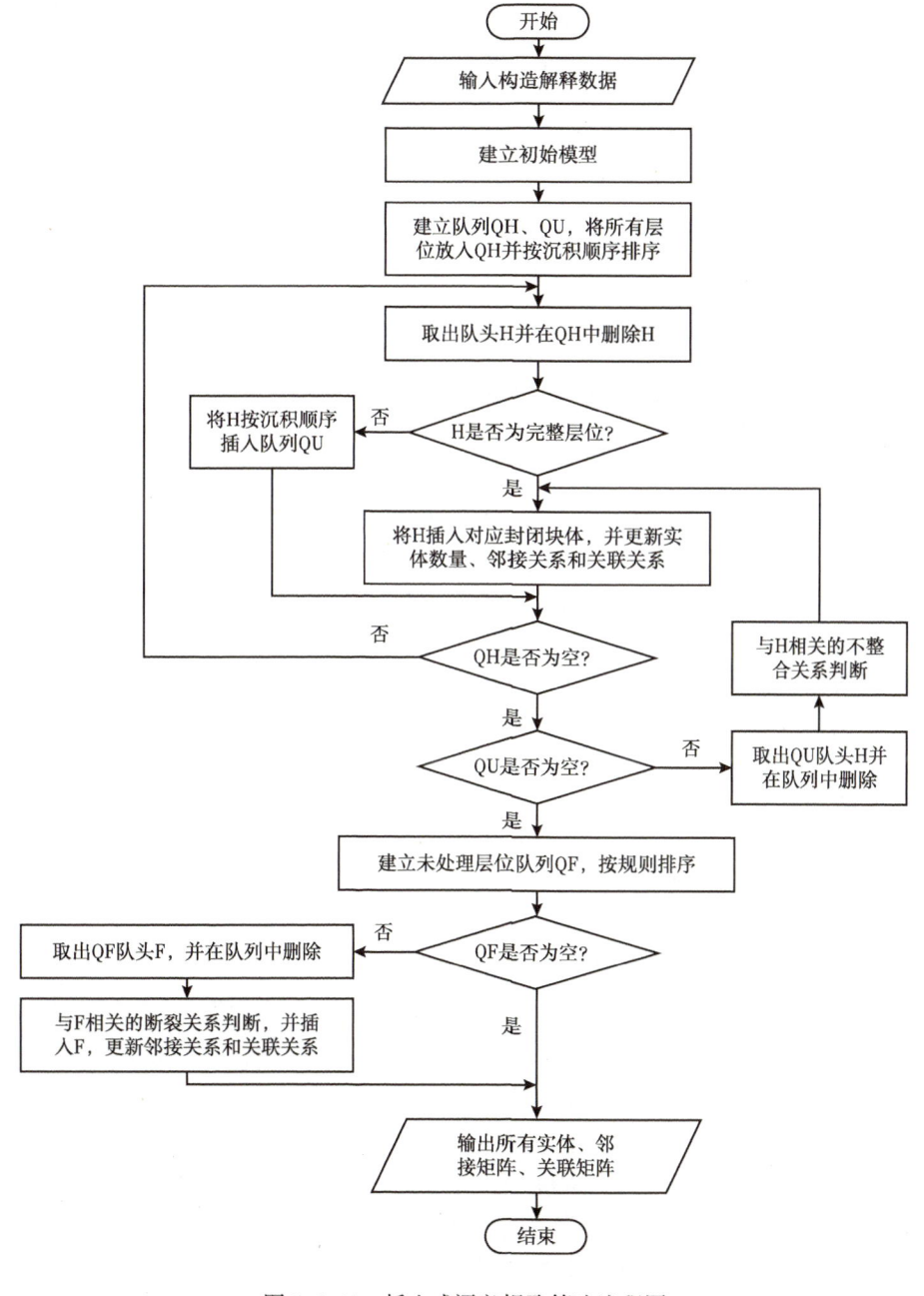

图 3-2-11　插入式语义提取算法流程图

第六步，判断未处理层位队列 QH 是否为空。若 QH 为空，则进入第七步；若 QH 不为空，则进入第三步。

第七步，判断不完整层位队列 QU 是否为空。若 QU 不为空，则进入第八步；若 QU 为空，则进入第九步。

第八步，取出待处理层位 H，并在不完整层位队列 QU 中删除该层位。遍历所有完整层位，判断该不完整层位是否与任意一个完整层位存在不整合关系。完成后进入第四步。

第九步，建立未处理断层队列 QF，并根据绝对坐标，按照先左后右、先上后下的优先级对断层进行排序。完成后进入第十步。

第十步，判断 QF 是否为空。若否，则进入第十一步；若是，进入第十二步。

第十一步，取出待处理断层 F，并在未处理断层队列 QF 中删除该断层。遍历所有层位，与断层 F 进行断裂关系判断。根据与所有层位的断裂关系分析，将该断层插入对应位置，更新拓扑关系。完成后进入第十二步。

第十二步，按格式输出块实体—块实体、面实体—面实体、线实体—线实体、点实体—点实体间的邻接矩阵和块实体—面实体、线实体—面实体、点实体—面实体间的关联矩阵。算法结束。

3.3 构造模型地质语义实体和关系抽取

前面的章节中已经介绍了构造模型几何语义实体和关系的提取方法，本节将讨论地质语义实体和关系的提取方法，同时也是构造接触知识图谱数据层的构建方法。在研究人员进行构造解释的过程中，实际上已经对地质实体和关系有了充分的认识，相比几何要素，能对应地质含义（或者说地质概念和术语）的构造要素更符合人类理解构造模型的方式，但承载解释结果的构造解释数据却没有体现这些信息。地质语义实体和关系的提取就是要从构造解释数据中将实体与关系重新挖掘出来，作为后续构造建模的输入信息。这一问题的难点在于构造解释数据本身具有不准确、不完整等不确定性特点，尤其是在地质构造背景比较复杂（例如大规模断裂带中）或背景信息缺失、地球物理相关数据获取不易的地区，人类专家具有模糊判断能力，以及一定的错误容忍度，而计算机却不具备这些条件。所以在提取地质语义实体的关系时，还需要先对原始的构造解释合理进行判断，尽量修正其中的错误。

3.3.1 地质语义实体提取

对于地质构造相对简单的区块，专家通过可视化的构造解释数据直接指出其中的地质语义实体和关系，但对于面积较大的工区或构造背景复杂区域，这种人工提取语义的难度就直线上升，且很大程度依赖于地质专家的个人能力，容易出现主观偏见。本小节将针对构造模型中最常见的两种地质构造——断层构造及不整合构造，提出地质语义实体的提取方法，并结合其地质属性作出分析和推理，并对构造解释数据作出合理性判断。

断层构造是地层中分布最普遍的地质构造形态之一，是对地质构造的认知以及构造建模中非常重要的一环。由于构造解释数据的不规则性及不连续性，某一些地层或断层的数据没有解释完整，导致在实际构造中相交的层位面和断层面在解释数据中存在一定的偏差，从而表现为不相交。由于构造解释数据的不完整性，若采用外推插值等方法对曲面是否相交进行判断，所得的结论也可能存在错误。因此，这里提出一种逻辑判断方法，对断层和层面的关系进行判断和提取，并结合地质信息对其进行合理性判断。

以断层 F 的构造解释数据为基准，提取 6 个极值，建立断层的最小包围空间 Ω。断层面与层位面不同，层位面经过若干次地壳运动，其连续性和平整性都被破坏，曲面走势较为崎岖和不可预测，但断层面相对较为平整，且产状大致一致。因此，可以将断层 F 拟合为一个空间二次平面。此时由断层 F 拟合而成的空间二次平面将断层的最小包围空间 Ω 划分为 Ω_A 及 Ω_B 两个封闭空间。若有同一地质属性的层位面 H 的数据点存在于封闭空间 Ω_A，也同时存在于封闭空间 Ω_B，则判断该层位 H 与断层 F 一定存在相交错切关系（图 3-3-1）。

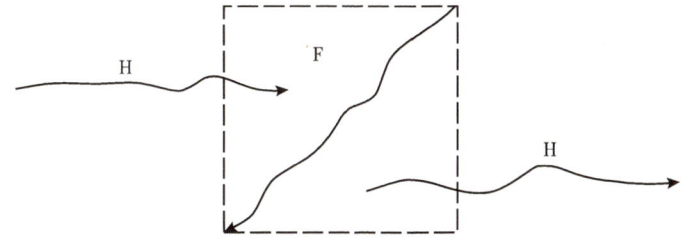

图 3-3-1　断层与层位关系示意图

确认层位 H 和断层 F 存在错切关系后，还并不能确定该层位 H 是否被断层完全切断成独立的两个子面，需要进一步对错切关系进行分类：

3.3.1.1　根据断层 F 与层位 H 产生的交线与边界面的相交情况进行分类

可以大致分为 3 类情况进行讨论：（1）断层与层面交线与两个模型边界面相交，交线与边界面存在两个交点；（2）断层与层面交线仅与一个边界相交，交线与边界面仅存在一个交点；（3）断层与层面交线未与任何边界面相交，交线与边界面不存在任何交点。

图 3-3-2（a）、图 3-3-2（b）、图 3-3-2（c）分别为断裂交线与边界两边相交、断裂交线与边界单边相交、断裂交线与边界不相交的三种断层模式示意图。为了使图示更直观，此处用地层块代替层位面，交线即为图中的交面。

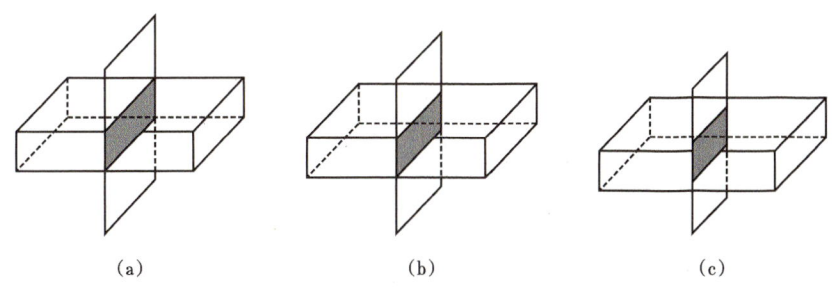

(a)　　　　　　　　(b)　　　　　　　　(c)

图 3-3-2　断层与层位错切关系分类
(a) 交线与边界两边相交；(b) 交线与边界单边相交；(c) 交线与边界不相交

图 3-3-2（a）中地层块被完全切断，原封闭的块体空间被完全分割为两个部分。在构造拓扑上，由于被分割的两个封闭块体具有相同的地质特征和属性，仍然表现为一个地层块，但其层面已经被划分为两个子面。在几何拓扑上，不论是块实体还是面实体均被分割

为多个新的实体。此时交线与边界面存在两个交点，为上述第（1）种情况。图 3-3-2（b）中断层与地层块所产生的交面于地层块后前穿透，但未穿透地层块后侧（断层穿透后侧未穿透前侧也属于同一种情况），交线与层位面有且仅有一个交点，属于上述第（2）种情况。图 3-3-2（c）中的交面（交线）没有到达任何边界，不存在交点，属于上述第（3）种情况。

3.3.1.2 根据断层的构造特征进行分类

断层根据上下盘相对运动方向被分为正断层、逆断层和平移断层，其中平移断层又根据其上下两盘的左右关系分为左行平移断层和右行平移断层。被错切层位面与断层面的空间位置关系如图 3-3-3 所示。

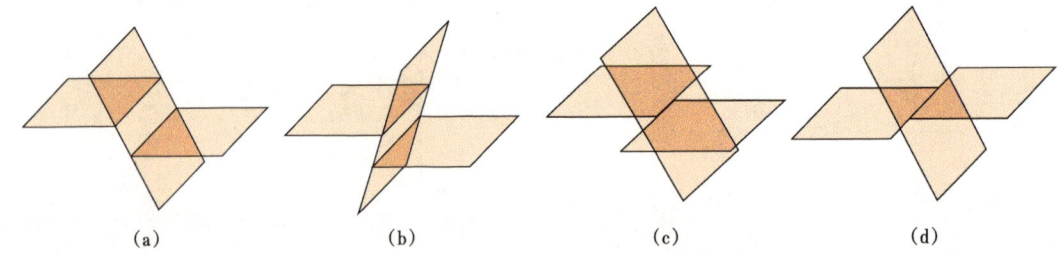

图 3-3-3　断层走势分类二维示意图

（a）正断层二维示意图；（b）逆断层二维示意图；（c）左行平移断层二维示意图；（d）右行平移断层二维示意图

如图 3-3-4 所示，在垂直于层位面所在平面的方向上作直线，若断层为正断层，则这条直线在一定会在断层封闭空间 Ω 的某个位置与断层两侧的层位面均不相交，在封闭空间 Ω_A 与 Ω_B 内均无交点；若断层为逆断层，则这条直线在一定在封闭空间 Ω 中某个位置与这两个层位均不相交，在封闭空间 Ω_A 与 Ω_B 内存在两个交点；若断层为平移断层，则这条直线在层位面区域内若有位置与层位面均只有一个交点，在封闭空间 Ω_A 与 Ω_B 其中一边出现，再根据层位的相对位移方向判断其为左行平移断层还是右行平移断层。这里将断层根据其是否完全穿过层位面以及其地质学分类将断层分为多种情况，就能根据其分类提取断层构造中隐含的地质信息。

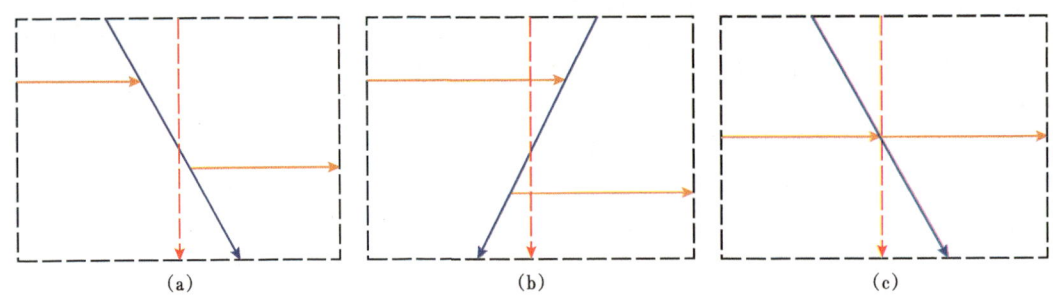

图 3-3-4　断层走势分类一维示意图

（a）正断层一维示意图；（b）逆断层一维示意图；（c）平移断层一维示意图

不整合构造是由于老地层沉积之后，新地层在沉积之前，地层受到地壳运动使已存在地层产状或倾角发生改变，新沉积的地层与老地层不再呈大致平行的状态。根据不同的产生原因，角度不整合又可分为超覆及退覆两种情况。超覆的典型情况多出现于盆地地区，在新的地层沉积时，超过了原老地层的覆盖区域，覆盖在盆地的边缘地区。退覆的情况正好与之相反，由于海平面的上升，新地层沉积时不能完全覆盖老底层。一言以蔽之，超覆即新地层的覆盖范围较老底层更为广泛，而退覆即是新地层的覆盖范围较老底层更为窄小。如图 3-3-5 所示，其中 A、B 两处表现为超覆，C、D 两处表现为退覆。

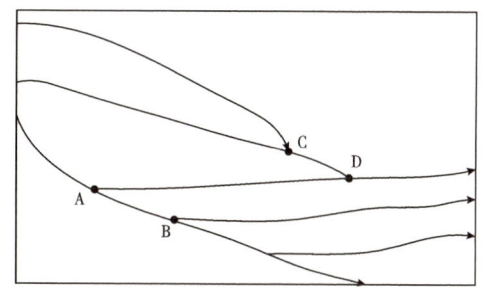

图 3-3-5　退覆、超覆结构示意图

通过观察地质特征可以发现，超覆及退覆两类不整合构造均伴随着尖灭现象。本节以尖灭结构作为地质特征对不整合构造进行提取。同样，提取不整合构造不能忽略其地质信息，否则可能会出现解释歧义，如图 3-3-6 所示，若按图 3-3-6(a)解释，则为超覆，若按照 3-3-6(b)解释，则为退覆。

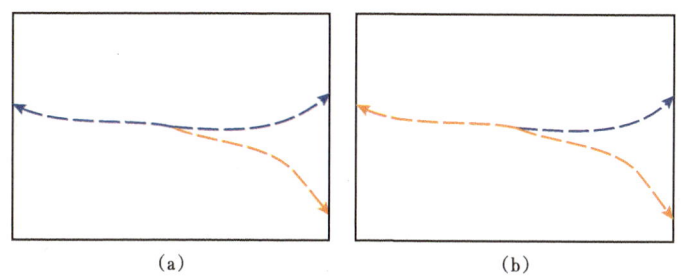

图 3-3-6　不整合构造解释歧义示意图
(a)解释为超覆；(b)解释为退覆

这里按照超覆和退覆以及层位面相交的空间位置，将常见的角度不整合构造分为如图 3-3-7 所示的 6 种类型。其中上方 3 种情况为退覆的表现，下方 3 种情况为超覆的表现。

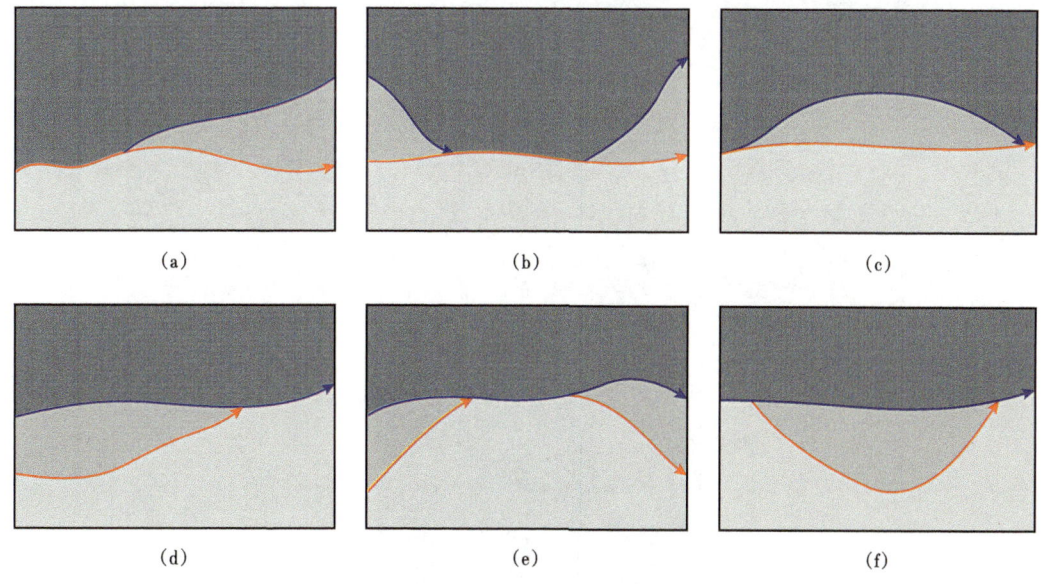

图 3-3-7　不整合构造分类
(a)~(c)为 3 种退覆情况；(d)~(f)为 3 种超覆情况

层位与层位之间不存在相互穿插的情况，即层位不会在与某一空间曲面相交后再次出现。因此层位必将终止于边界或是另一层位。由于构造解释数据的不连续性和不完整性，不能直接得知某个层位是否是该工区的完整层位。从两个方面对层位的完整性进行判断。一方面，检测该层位是否与其他各层位存在相交的情况，若该层位不与任何层位有相交的情况，则该层位必为完整层位；另一方面，当该层位与其他层位存在相交情况时，需进行进一步的判断。因为无法单独从相交情况知道该层位是终止于此，或是该层位在此处终止了其他层位。因此，需要进一步在工区边界检测是否存在该层位，若在层位往交线的延伸方向的工区边界面出检测到层位，则该层位未终止于交线，而是到达了工区边界面。此时，判断该层位为完整层位。

3.3.2 构造解释合理性检验

构造解释数据是研究人员根据地震剖面图对地下层位加以解释的人为解释数据。在构造复杂的破碎带，不同的地质研究人员可能会得出不同的解释结果，对个人能力和经验的依赖性极高，在部分情况下解释出来的数据可能存在不合理性。根据 3.3.1 节所提取的断层构造及断层的分类情况，可得出该工区地质块被分为多少个独立的空间封闭块体，且每个层位面分别被错切为几个层位子面，对照 3.2 节所介绍的插入式几何语义实体提取方法所提取出的空间块实体和面实体的个数，即可检验出该地质工区的构造解释数据是否存在构造不合理之处。图 3-3-8 为某复杂构造工区的地震构造解释剖面图，图中自由曲线为解释专家所标注的层位、断层解释线。

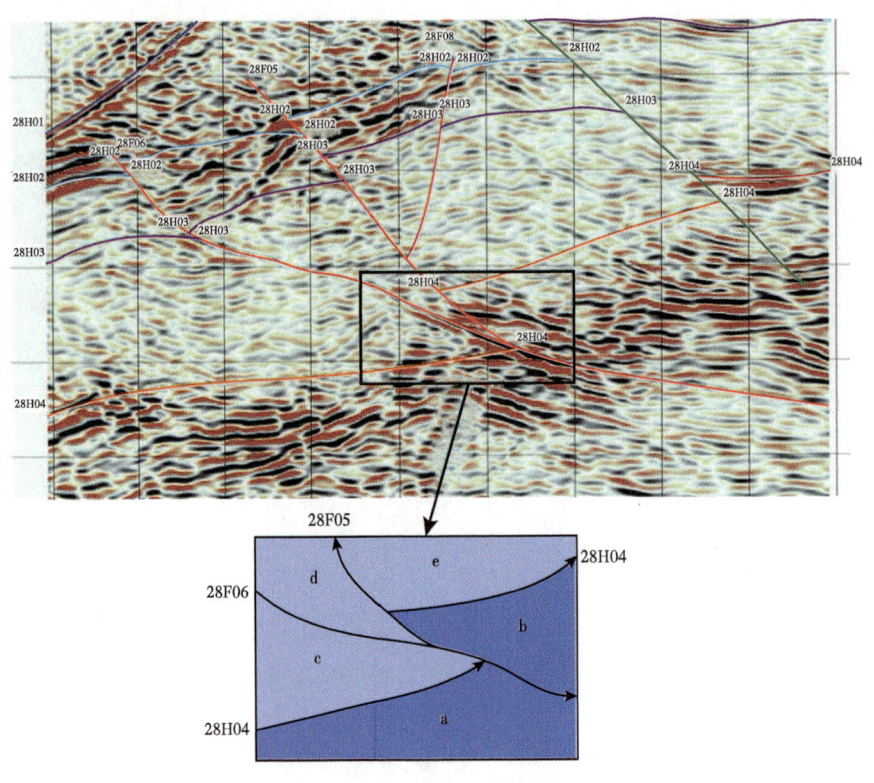

图 3-3-8　人工解释数据不合理情况示意图

如图 3-3-8 中黑框内的结构，28H04 所表示的层位面被 28F05、28F06 两个断层所分裂，a、b 所在区域为拥有同一属性的地质块，c、d、e 则是由另一地质块分裂而成。无论是 F05、F06 哪个断层面断裂在前，根据地质层位的连续性，在 d 区域内，必定有一块与 a、b 地质块属性相同的区域，否则在 F05 两侧仅存在 H04 层位被断裂后的断层上盘，而不存在断层下盘；同理，对于 F06 断层，两侧仅存在断层下盘而缺少了断层上盘。上图所示的构造解释数据未有对应的层位解释数据线，存在断层构造解释不合理的情况。因此，此处解释及时应修改为如图 3-3-9 所示的构造。

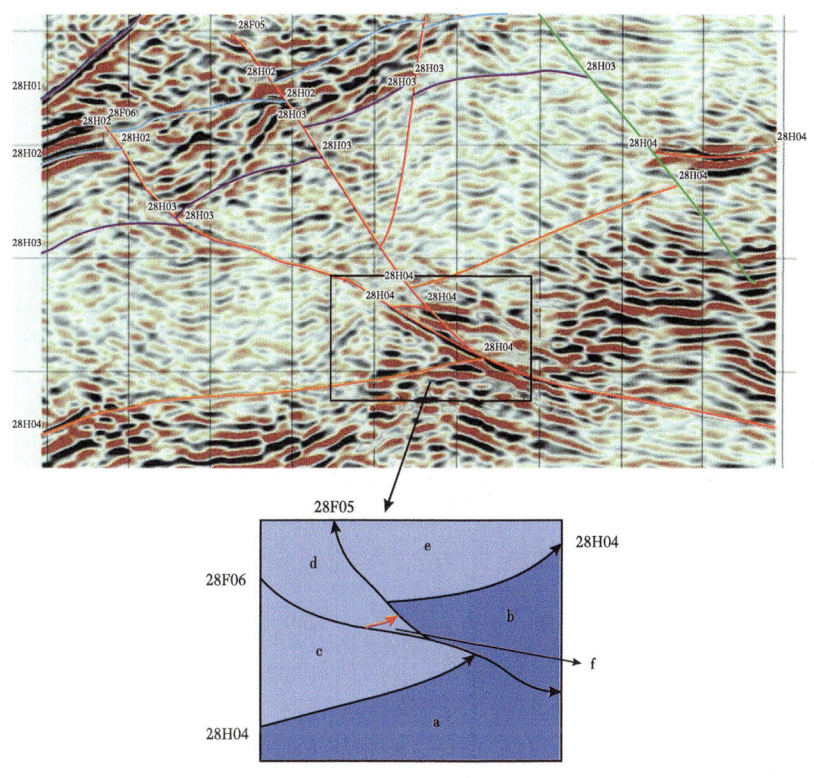

图 3-3-9　修改后的人工解释数据示意图

由于地震剖面图的可阅读性比较差，在对其进行解释的过程中，这类情况需要研究人员的丰富经验以及高度的集中力，无法完全避免错误。因此在后续的语义提取方法完善的过程中，还需加入构造合理性判断，才能更接近人为认知高度。根据合理性判断结果，对解释数据进行修改。

3.3.3　地质语义实体和关系提取算法设计

首先为断层构造的提取算法流程及步骤解释。算法流程图如图 3-3-10 所示：
算法步骤解释如下：
算法输入：某层位解释数据、某断层解释数据。
算法输出：

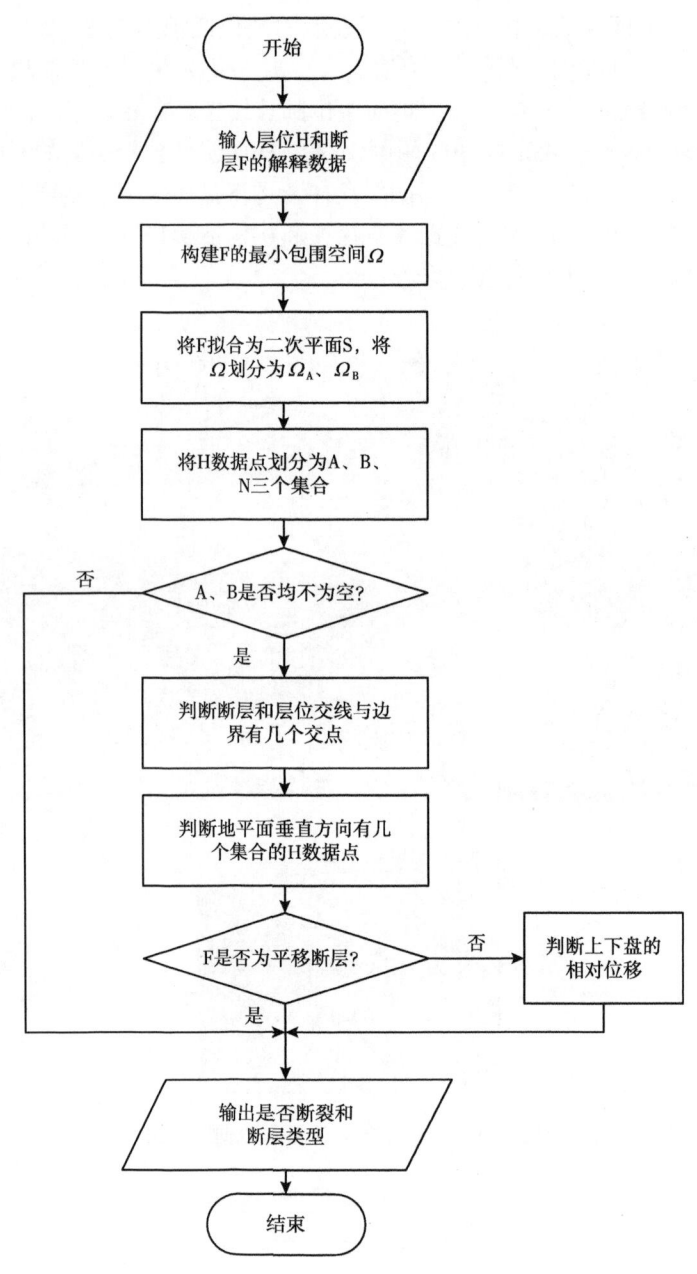

图 3-3-10 断层构造实体提取算法示意图

```
true/false
0/1/2/null
normal/reverse/left/right/null
```

输出解释：第一行输出表示输入的层位及断层是否存在断裂关系；第二行 3 个数字表示 3 种断裂情况：(1) 输出数字 0 表示断层与层位产生的交线与层位边界不存在交点；(2) 输出数字 1 表示断层与层位产生的交线与层位边界有且仅有一个交点；(3) 输出数字 2

表示断层与层位产生的交线与层位边界存在两个交点，该层位被断层完全穿透，产生两个子面。第三行的英文单词分别代表断层根据其上下两盘的相对位移方向的分类：Normal 为正断层；Reverse 为逆断层；Left 为左行平移断层；Right 为右行平移断层。若第一行输出为 false，即层位和断层不存在断裂情况，则第二行、第三行均输出 Null。

第一步，根据断层 F 的解释数据，取 x、y、z 三个方向上的 6 个极值，建立断层最小包围空间 Ω。完成后进入第二步。

第二步：拟合断层面 F 为二次平面 S，将断层包围空间 Ω 以断层面为基准划分为两个子空间 Ω_A 和 Ω_B。完成后进入第三步。

第三步：遍历层位 H 的数据点，将层位 H 数据点根据其空间坐标划分为 A、B、N 三个集合，分别对应封闭空间 Ω_A、Ω_B 以及 Ω 的补集三个空间中的位置。完成后进入第四步。

第四步，分别判断集合 A、B 是否为空。若 A、B 任意一个为空，第一行输出 False，第二、三行输出 Null，算法结束；若不是，输出 True 并换行，进入第五步。

第五步，根据 Ω 空间两侧层位 H 数据及断层 F 空间位置，求出层位 H 与断层 F 交线的延伸方向。断层 F 向该方向投影产生的投影线与投影线延伸方向上的层位边界是否有交点。若没有交点，输出 0 并换行；若有一个交点，输出 1 并换行；若有两个交点，输出 2 并换行。完成后进入第六步。

第六步：遍历断层 F 的数据点，在封闭空间 Ω 中，在该点 z 轴方向上以其 x、y 值坐标为圆心，系数 θ 为半径的圆柱形区域内搜索是否存在层位 H 的数据点，系数 θ 设置为当前工区采样间隔的 2~3 倍。若存在一个数据点，其搜索范围内未找到层位 H 的数据点，则判断为正断层，输出 Normal，算法结束；若其搜索范围内分别在 Ω_A 和 Ω_B 中均找到符合条件的层位 H 数据点，则判断为逆断层，输出 Reverse，算法结束；若其搜索范围内仅有一个区域存在层位 H 的数据点，则判断为平移断层，进入第七步。

第七步：确定断层 F 的空间倾角并判断上下盘的相对运动方向。若上盘相对向左，则为左行平移断层，输出 Left；否则为右行平移断层，输出 Right。算法结束。

接下来为不整合构造提取算法流程及步骤解释。算法流程图如图 3-3-11 所示。

算法步骤解释如下：

算法输入：已插入层位 {A} 解释数据、待插入层位 B 解释数据。

算法输出：

{UA}
{0/1/2/3/4/5}/null

输入解释：{A} 为已插入层位合集，其中包含所有的完整层位，和已确定空间关系的不完整层位。由于完整层位间不存在角度不整合，换言之，具有角度不整合构造关系的两个层位间必定有一个为不完整层位，因此在插入所有完整层位后，再开始进行不整合关系提取，且之后每插入一个不完整层位后，将该不完整层位加入已插入层位集合 {A} 中。

输出解释：输出第一行的集合 {UA} 为已插入层位集合 {A} 中与层位 B 有不整合关系的层位集合。第二行输出也是一个集合，集合中元素个数与集合 {UA} 中元素个数相同，数字分别对应集合 {UA} 中的层位与层位 B 的不整合构造类型。0~5 六个数字分别对应上图 3-3-7 中（a）~（f）中的六种不整合接触情况。若第一行的输出 {UA} 为空集，即层位集

合 {A} 中所有的层位与层位 B 均不存在不整合关系，则第二行输出为 Null。此时表明 B 不由目前已插入的层位和工区边界共同封闭，将 B 放入待插入层位队列的末尾，最后判断。

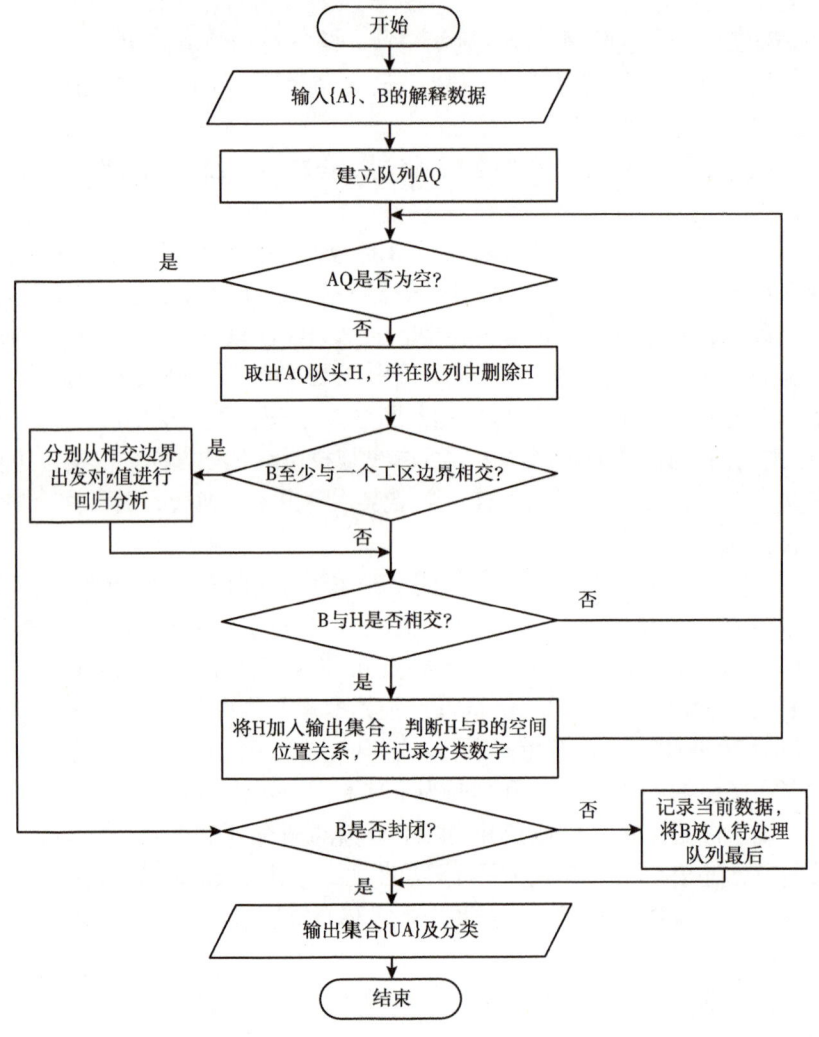

图 3-3-11　不整合构造实体提取算法

第一步，建立已插入层位队列 AQ。AQ 包含所有完整层位数据及已插入的不完整层位数据，其中完整层位按照沉积顺序排序，不完整层位按照插入顺序排序。完成后进入第二步。

第二步，判断 AQ 是否为空。若不是，进入第三步；若是，进入第八步。

第三步，从 AQ 中取出待判断层位 H，并在队列中删除 H。完成后进入第四步。

第四步，判断不完整层位 B 是否与至少一个工区边界相交。若是，进入第五步；若不是，进入第六步。

第五步，判断层位 B 在哪些方向上与工区边界相交，分别从各个相交的边界处对 H 与 B 三维空间坐标的 z 值取差值，进行回归分析。完成后进入第七步。

第六步，根据上述结果，判断层位 B 是否在某个方向上与层位 H 相交。若不是，进入第二步；若是，进入第七步；

第七步，将 H 加入输出集合 {UA}，并根据层位 H 与层位 B 的空间位置关系判断属于图 3-3-7 中（a）~（f）上何种情况，记录数据。完成后进入第二步。

第八步，判断层位 B 是否在各方向上封闭。若不是，代表层位 B 不由目前已插入的层位封闭完全，记录当前相关数据，并把 B 放入待插入层位队列末尾；若是，输出与 B 具有不整合关系的层位集合 {UA} 及对应的分类。算法结束。

3.4 地质事件抽取

在构造解释的过程中，厘清该区域过去发生了哪些地质事件及其年代学信息，对于认识地下构造的分布和组合形式至关重要。地质事件的发生顺序称为事件序列解释。事件序列描述了构造演化过程，因为构造解释和构造建模具有合理性的最基本条件是能够对应一个合理的物理过程，所以对事件序列的认知是构造解释和构造建模的前提。因此，事件序列解释也是构造认知中很重要的部分，其认知结果对应着构造模型知识图谱中的事件序列知识图谱。事件序列解释是一个多解的问题，需要通过大量的专家知识对各种资料进行综合分析，现阶段无论是在构造解释还是构造建模中都还没有一种完全自动化的事件序列解释方法。

然而，由于问题本身的多解性，完全依靠地质专家人工进行事件序列解释可能会引入认知偏差，并且在构造复杂的区域厘清三维空间的情况也很困难，从而影响构造解释的可信度。因此，本节提出了一种基于知识的在构造解释数据中进行事件序列解释方法，同时也是事件序列知识图谱的构建方法。

本节首先提出了一个层次认知模型作为地质事件抽取的流程，然后定义了知识表示元模型用于形式化表征地质事件的先验知识。元模型的每个实例都称为一个事件模式，描述了地质事件的发生与构造元素（地质曲面和地质体）的几何结构之间的关联。地质事件的时间顺序信息则来源于构造要素的空间拓扑关系。本节提出的方法可以从构造解释数据中快速推断出可能发生的地质事件及其时间顺序，作为构造解释的参考。

3.4.1 事件序列解释的认知模型

认知模型是人类对真实世界进行认知的过程的建模。它模拟了以下认知过程：首先，代理（Agent）首先接收原始输入数据，然后感知并从实体中提取其基本特征；其次，代理通过基于知识的推理，从基本特征层次上获取具有高级语义的高级特征；最后，高级特征被组织成认知结果。

对于构造模型中的事件序列解释的认知模型，可以将其描述为 3 层结构。如图 3-4-1 所示，第一层对输入的原始构造解释数据进行实体感知，该层的结果是代表地质曲面和地质体等构造要素的实体。在第二层中，有两个分支分别获取每个构造要素的构造特征以及它们之间的空间关系。在第一个分支中，首先感知每个元素的基本几何特征，然后将这些基本特征结合起来形成构造特征。基于事件对构造元素的影响相对应的形态学表示的知识，可以将构造特征映射为指示事件发生的事件特征。在第二个分支中，首先提取两个构造元素之间的几何拓扑关系。根据构造要素的性质，这些几何拓扑关系可以进一步解释为构造接触关系。具体的构造解释关系已经在 3.1.2 节定义。事件的相对时间顺序作为构造接触关系隐含在模型中。因为构造解释的对象是地质曲面,所以地质曲面的构造接触关系与时间关系的对应如图 3-4-2 所示。基于构造接触关系和时间关系之间的对应关系,构造接触关系可以被解释为表示构造要素形成顺序的时间关系。在第三层,事件按时间顺序排序,最终输出的就是地质事件序列。

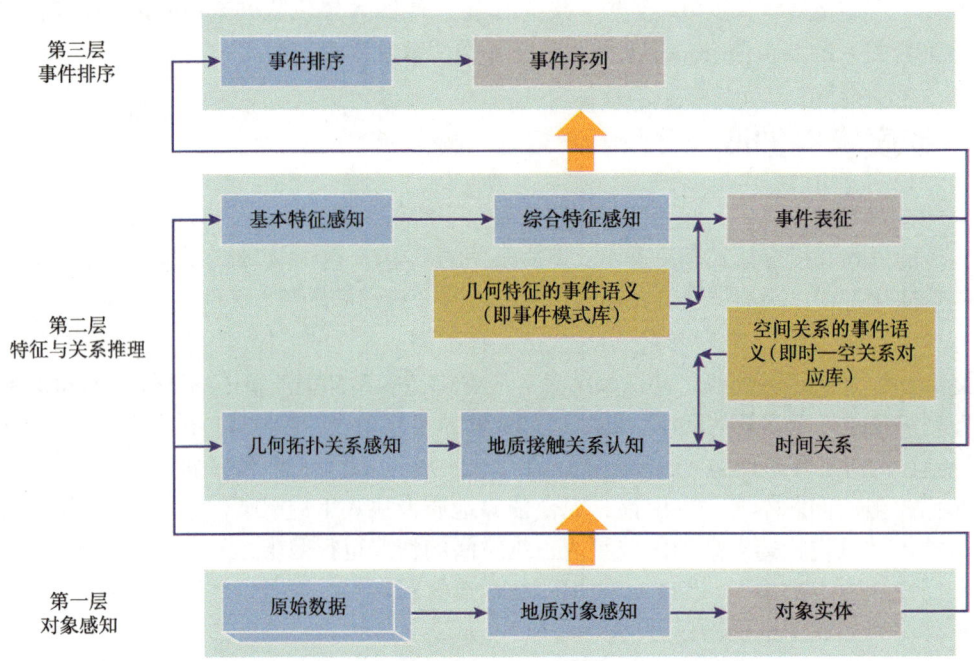

图 3-4-1 构造模型中事件序列解释的认知模型

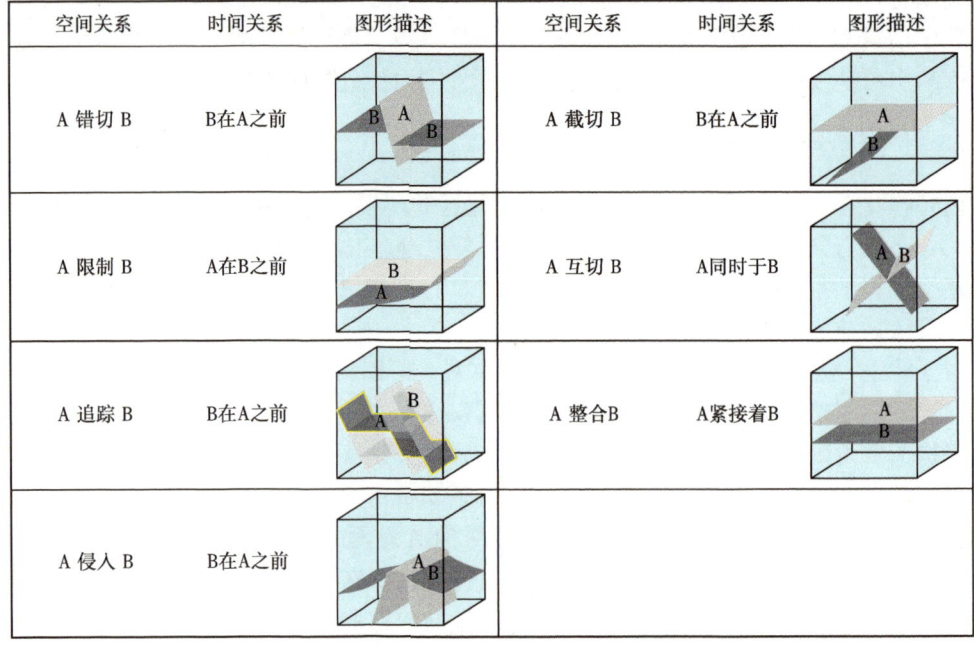

图 3-4-2 地质曲面的构造接触关系与时间关系的对应

3.4.2 事件模式

本小节像通过知识的计算机表征方法来形式化表征地质事件与地质构造的关联知识，作为从地质构造中识别发生的事件的先验，这样的关联知识称为事件模式（Event Pattern，EP）。具体来说，想在事件模式中表达的知识是构造元素的几何形态和性质与地质事件之间的相关性。换句话说，事件模式需要清楚地指示地质事件在构造元素上的表现。每个事件模式的内容都是根据领域本体提供的概念指定的，例如 H. A. Babaie 等（2006）提出的构造地质本体[13]。

事件模式中的成分被定义为事件模式元素。每个事件模式对应于一个事件，该事件可以通过一组地质特征在当前结构模型中感知。图 3-4-3 显示了事件模式的主要元素及其关系和作用。事件知识表征模型的整体结构以 UML 类图的方式描述，如图 3-4-4 所示。事件模式将两种不同类型的语义（事件和物理对象）组织为一个知识单元。它为描述地质事件提供了一个新的视角，为地质事件知识建模提供了一个易于重用、基础良好的框架。事件模式通过特征层次（综合和基本）和特征之间的逻辑关系，近似于事件序列解释任务中人类专家对事件的识别过程。事件模式模型还可以指导事件序列解释的知识获取，因为它规定了可用于此类任务的知识类型。

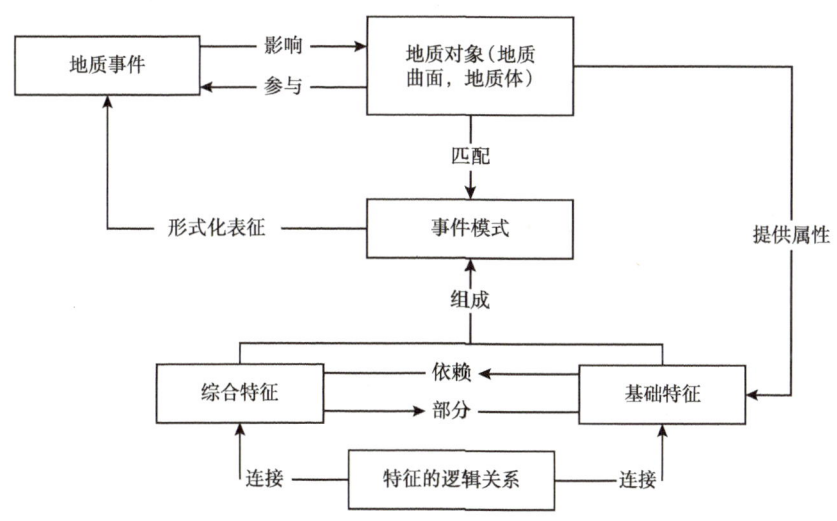

图 3-4-3　事件模式、地质对象和地质事件的关联

3.4.3 事件识别

本小节将介绍通过模式匹配技术进行事件识别的方法。但在某些情况下，很难捕捉到地质事件的完整序列，因为它们发生的证据可能会被后来的事件完全掩盖，例如被完全侵蚀的地层，从而导致这部分事件发生的痕迹在当前的构造状态下无法找到。此外，还需要先确定事件序列解释任务中需要关注哪些地质事件。地质事件这一概念涵盖的范围是非常广泛的，泛指能够在地层中留下被识别的标志的地质过程或一系列地质过程的组合。在 3.1.1 节中已经谈到了根据对岩体的影响，地质事件可分为四种类型：岩体生成、岩体破

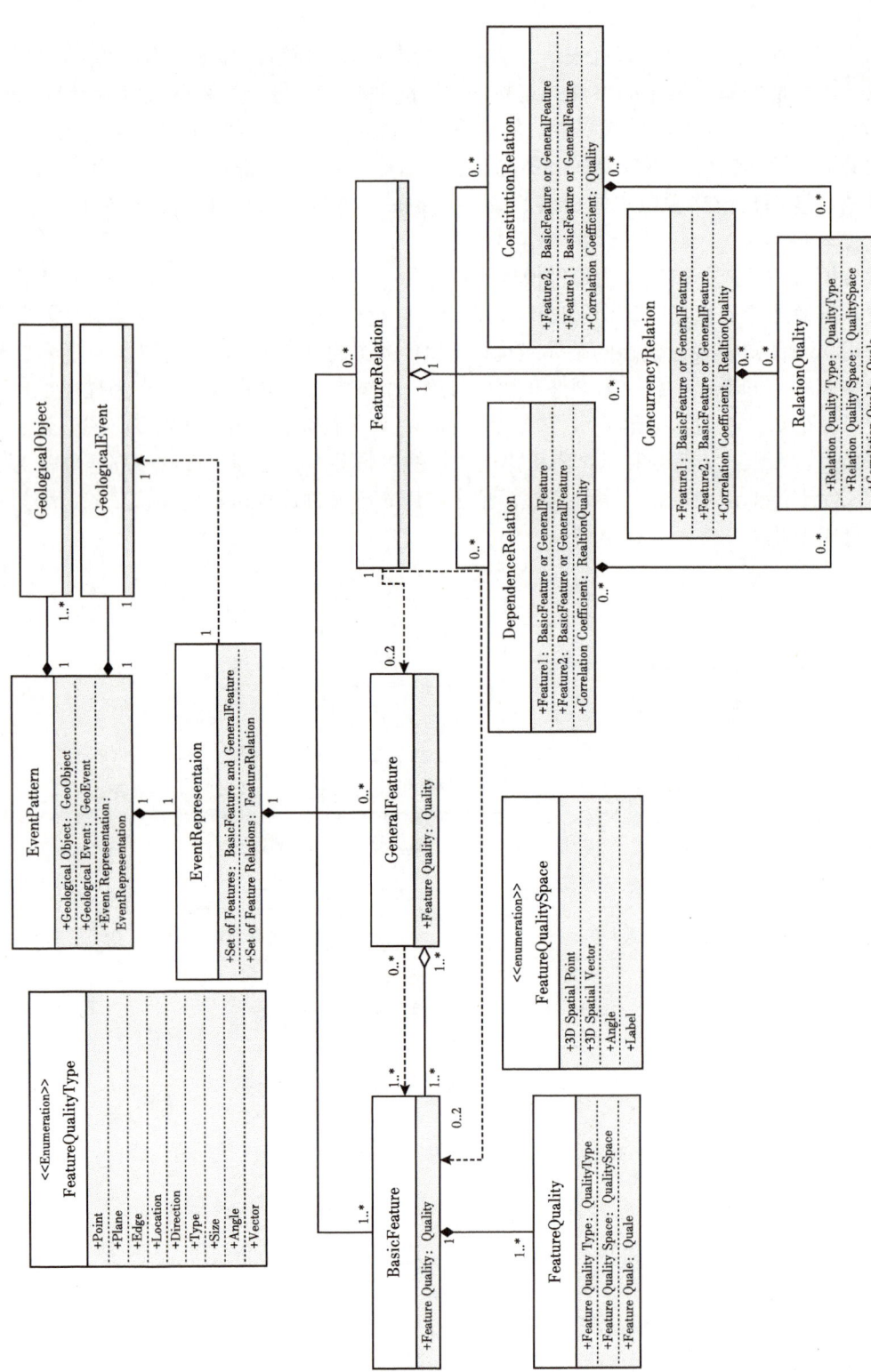

图 3-4-4　用UML描述的地质事件知识表示的元模型

坏、岩体变形和岩体转化（图 3-1-4），这里不再赘述这些事件的含义和更具体的类型。但总的来说，人们只关注在构造解释中可能被标识的，也就是可以在构造建模中呈现的事件。例如，变质作用生成的变质岩体通常就不会在构造解释时被当作独立的地质块体，所以事件序列解释时不考虑变质作用；地球物探的深度一般也达不到出现岩浆熔化围岩的范围（15km 以上），所以不考虑熔化事件。

在研究识别地质事件留下的标识的计算机方法时，必须结合人类在构造解释的过程中识别事件的过程。认知心理学中，有两种最常用的模型来解释人类的认知过程：一种是模板（Template）匹配模型，另一种是原型（ProtoType）匹配模型。模板匹配模型表示外部模型的副本（称为模板）存储在知识库中，所有模板都与外部模型一一对应。原型匹配模型指出，原型是一类对象的内部表示，即一类对象的所有个体的一般表示。模板匹配模型要求输入对象必须与要识别的模板高度一致。这是一个很严格的条件，不适合事件序列解释等认知任务。

显然，地质事件没有固定的几何表示，但是有固定的表示框架，这就是事件模式的核心：事件表示。事件表示由多个特征（基本特征和综合特征）组成，因此事件表示允许使用复杂原型对事件模式进行建模。所有单独的特征也可以用原型来描述。因此，事件模式的匹配涉及多个原型的匹配，称为联合原型匹配。关节原型匹配基于这样一个概念：人类对复杂形状的认知可以基于形状的一部分，对某些重要部分的识别可能决定对整个形状的识别。也就是说，对复杂物体的认知可能会受到物体局部部分的影响（甚至直接决定最终的认知结果）。一个部分的认知受到与之逻辑相关的其他部分的认知的影响。因此，对复杂对象（如事件模式）的认知可以简化为对关键特征的认知。不同的特征对事件模式匹配的影响程度差异很大。这涉及确定哪些特征可以导致匹配的事件模式。

构成事件表示的特征分为三类（这种分类仅用于联合原型匹配，不用于本体层面）：排他特征（EF）、强特征（SF）和一般特征（CF）。排他特征是仅存在于某个特定事件模式中的特征，可以直接确定与该事件模式的匹配。强特征只出现在少数相似的事件模式中，强特征的匹配可以大大缩小事件模式的搜索范围。而一般特征可以在多个事件模式中找到，通常是基本特征，事件模式的匹配还需要识别其他特征。特征对事件模式的影响以及特征之间的相互作用可以通过贝叶斯网络建模，以确定事件模式是否匹配。图 3-4-5 中给出了以褶皱事件为例的贝叶斯网络。贝叶斯网络的边来自事件模式的逻辑关系（依赖、构成和并发关系）。每个边都可以有一个条件概率，具体的概率数值可以来自：（1）由用户指定；（2）通过跟踪事件模式中的相关系数计算得到；（3）通过梯度下降对网络进行训练得到。给定的条件概率必须满足规则：$P(EP|EF)=1$，$1 > P(EP|SP) \gg P(EP|CF) > 0$。事件模式匹配还与用户指定的概率阈值相关联，该阈值指示事件模式匹配的概率要求。

需要强调的是，并不是事件模式中的所有特征都是事件模式匹配所必需的。计算机也可能无法从原始数据中自动获取所有基本特征（如机构类型）。这些概念的存在是为了完整地描述地质事件。至于单个原型的匹配，实际地质特征与原型的匹配就像图形与符号模型的匹配。从输入的地质对象中提取的基本地质特征是特定的"图"，而存储在事件模式中的特征就是原型。同构的概念定义了两个图的等价性，但同构是一个强条件，因为原型只是外部模型的推广[14]。这里以在层位数据识别褶皱事件为例，图 3-4-6（a）中提取了基本特征，即层位数据中的极值点；图 3-4-6（b）中这些基本极值点匹配了褶皱的脊线和槽线特征。

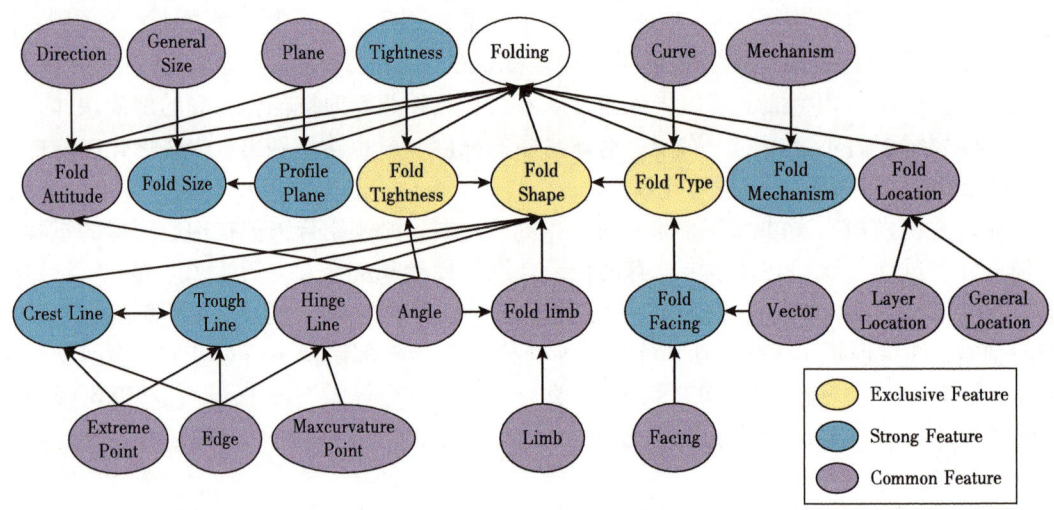

图 3-4-5 褶皱事件的贝叶斯网络示例

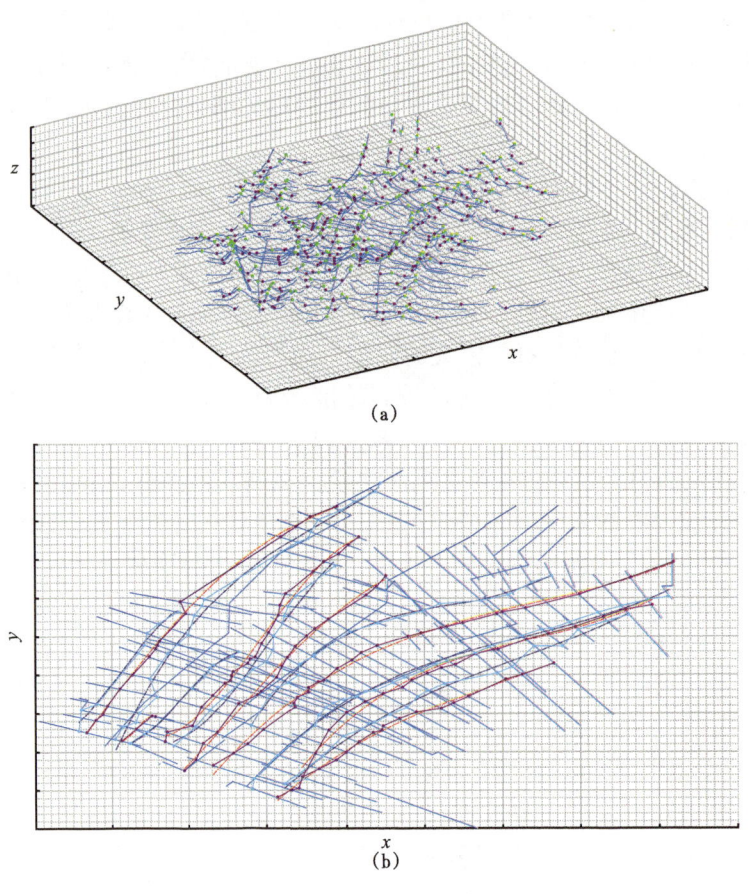

图 3-4-6 褶皱事件识别示例

（a）提取的层位基本特征（极值点），极大值点用绿色表示，极小值点用粉红色表示；（b）褶皱的匹配脊线和槽线，脊线用粉红色表示，槽线用蓝色表示。虚线平滑地连接线上的特征点

3.4.4 事件排序

最后需要把已经识别到的地质事件排序,也就是生成事件序列。当将已识别的地质事件组合成一个序列时,总体思路是首先确定沉积序列,也就是地层的形成序列。沉积是最基本的地质事件,直观地说,其他地质事件是在地层沉积形成的基础上发生的。沉积序列是一个没有分支的线性序列,因为构造模型中的地层序列可以由其年龄唯一确定。因此,只要确定其他地质事件和沉积之间的关系,就可以确定其他事件的顺序。对事件进行排序的步骤如下,用一个理论模型展示在了图 3-4-7 中:

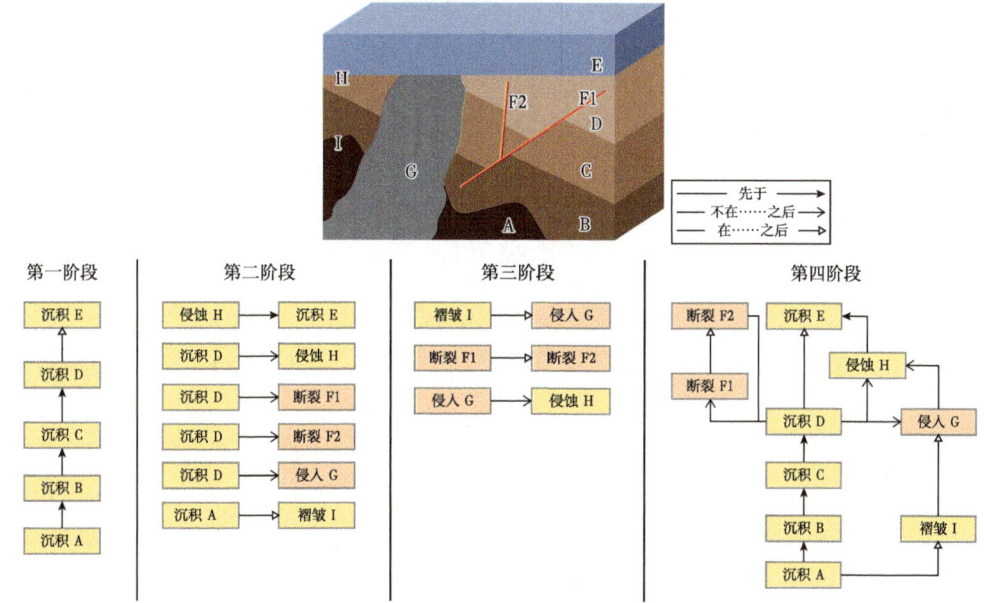

图 3-4-7 事件排序过程示例

(1)根据各地层的地质年龄(通常在原始解释数据中提供)获得沉积序列。

(2)找到与地层面相关的其他构造(不整合面、断层、侵入体等),确定层位面和其他构造的代表曲面之间的两两构造接触拓扑关系,并将其转换为事件的时间关系,得到沉积事件和其他事件之间的两两时间关系。

(3)找到除层位面以外的其他相互关联的构造要素,确定这些要素之间的两两构造接触拓扑关系,并同样将其转换为事件的时间关系,得到除沉积事件以外的其他时间之间的两两时间关系。

(4)根据步骤(2)和(3)的结果,在沉积事件序列中插入其他地质事件。首先插入与沉积事件直接相关的事件,再插入与沉积事件不直接相关但与已插入的其他事件相关的事件。若判断两个事件间的时间关系,则在事件序列中形成分支结构。

本书提出的事件序列自动解释方法可以在短时间内提供构造解释对应的可能的事件序列,这对于大面积和复杂构造的工区的构造解释中更有优势。根本原因在于人类只能通过二维介质(如计算机屏幕)观察实际上是三维的构造解释数据,而计算机具有三维视觉,在计算和存储方面也具有优势。但是,由于现阶段专家知识和经验的形式化表示有限,计算机的认知能力远未达到人类水平。因此，本书提出的事件序列自动解释方法在构造解释中只能起到辅助而非替代的作用。

3.5 知识图谱的计算机表征

要说明什么是知识图谱的计算机表征，就要先说明知识表征的含义。在认知心理学和人工智能两大范畴中，知识表征均有着不同的含义。在认知心理学范畴，知识是指个体通过和其所处环境之间发生相互作用所获得的信息和组织，也就是说把知识看成是个体大脑中的一种状态。知识表征就是指知识在长时记忆和工作记忆中的加工和存储。不同表征形式被称为编码，它们所代表的共同信息被称为表征的内容。人们接收、加工、处理信息的过程就是对知识的认知理解过程。而知识表征在人工智能范畴是指知识的表示和描述，与知识表达对应的是数据结构和相应的算法，即知识在计算机中的存储形式和运算机制，也被称为知识的计算机表征。因此高效人工智能系统的关键在于知识的有效表达与管理。所以，知识图谱的计算机表征就要讨论一种适合知识图谱的存储、计算、管理的数据结构，使得知识图谱可以得到高效应用，同时也能够方便地被可视化，便于人机知识交互。在前面的内容中，已经分别建立了构造模型知识图谱的模式层和数据层，提取了构造模型的三类语义实体（几何对象，地质对象和地质事件）和语义关系，因此本节的目的是要将知识图谱表征为一种人和计算机都能够识别的形式，为接下来知识图谱引导下的地下复杂构造智能建模方法研究奠定基础。

3.5.1 知识图谱的表征形式

首先讨论最基础的空间拓扑知识图谱的表征形式。从3.1节中定义的具体的语义实体和语义关系可以看出：构造模型的几何对象实体可以分为多个层次，低层实体决定或构成了高层实体，其本质是高层实体的一部分，在同一层的实体间用邻接关系连接，不同层的实体间用"组成"关系连接，例如点构成线，线构成面，面构成体。因此，基于以上知识图谱构成体系的特征，提出了一个分层异构的语义网络作为几何拓扑知识图谱的计算机表征。语义网络是通过实体及其语义关系来表达对象的语义描述的网络图，节点用来表示各种概念、事物、状态等，弧的方向用来体现节点间的主次关系，而其上的标注则表示被连接的两个节点间的某种语义关系。三元组〈节点1，弧，节点2〉构成一个基本网元，用于表示节点1和2间具有语义关系。网络中的节点是构造实体的抽象，同一层网络中的节点表示同一种类实体，上层实体由下层实体决定。具体的网络结构如图3-5-1所示，同层次实体间连线表达其邻接关系，不同层次实体间连线表达其组成关

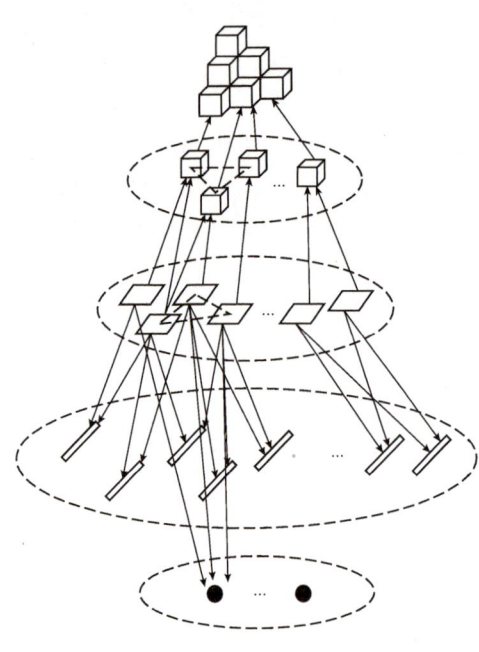

图3-5-1　几何拓扑知识图谱的计算机表征形式

系，并且忽略了部分不能对应具体地质含义的实体。网络中的顶点表示几何对象实体。不同层次之间的边是指不同维度几何对象之间的组合关系，同一层次上的边是指相同维度几何对象之间的拓扑关系。由层次网络表示的知识图谱不仅可以揭示语义实体两两之间的关系，还可以发现没有直接关联的对象之间的逻辑关联，例如同一个断层面与不同的层位面的交线之间的关系。该表示法提供了构造模型拓扑的总体描述，可以在建模过程中提供全局约束，而不仅仅是局部的拓扑约束。

类似地，构造接触的知识图也由一个异构网络表示，该网络根据三种地质构造类型分为 3 个级别（图 3-5-2）。顶点表示地质构造，边表示构造接触。事件序列的知识图谱可以直接由事件序列表示，事件序列可以将地质事件与其时间关系联系起来（图 3-5-3）。

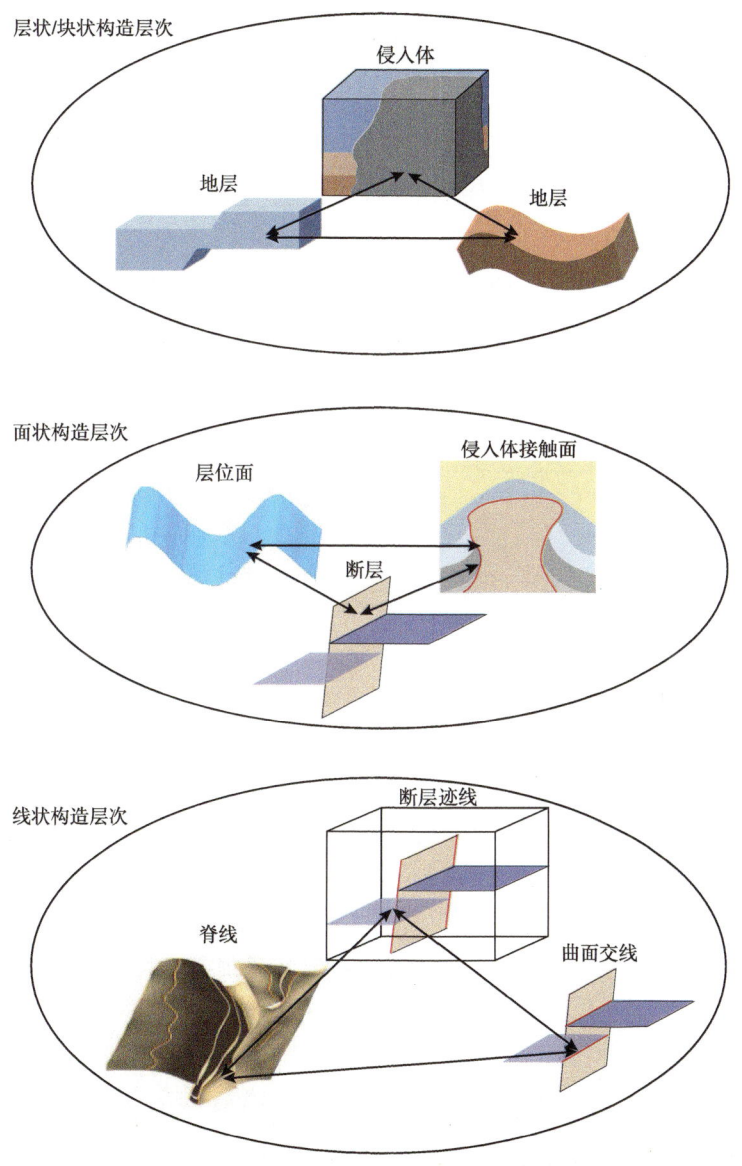

图 3-5-2　构造接触知识图谱表征形式

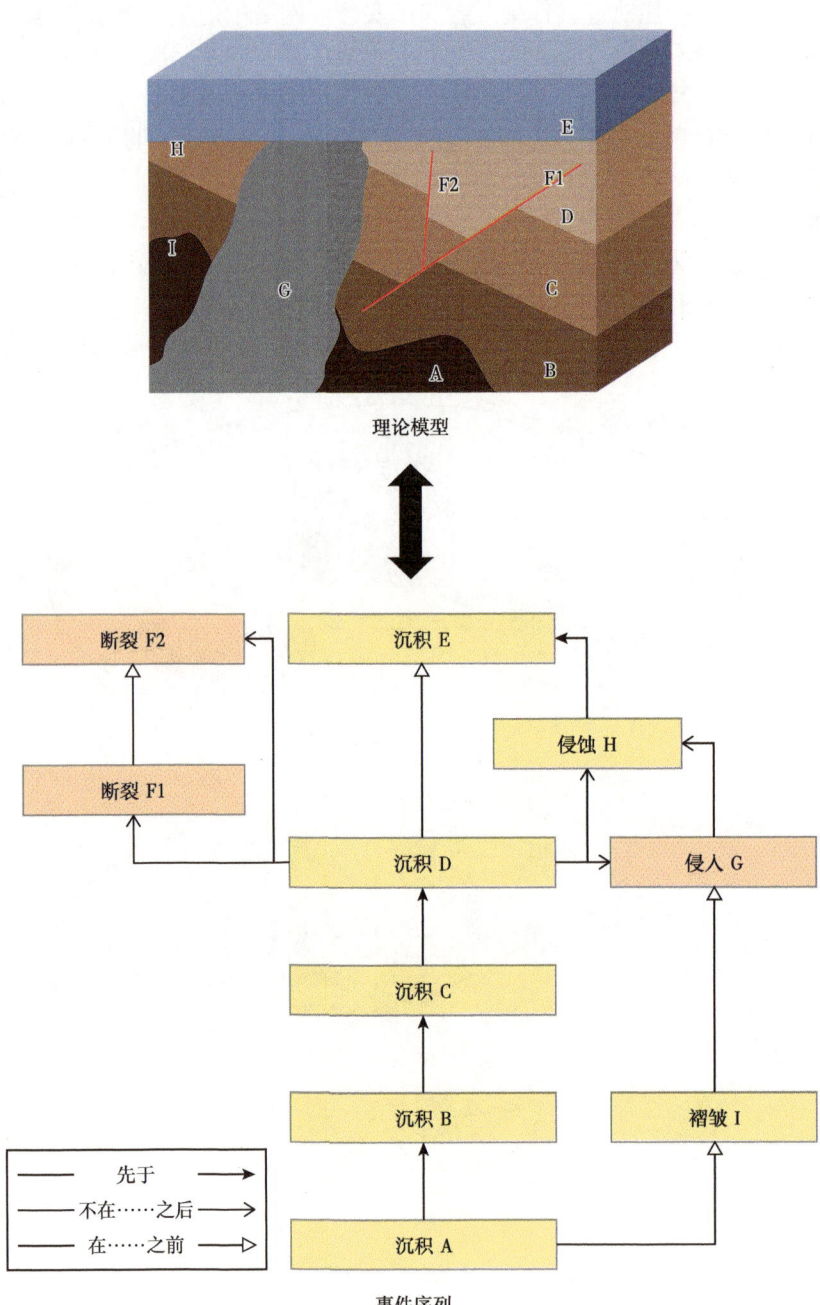

图 3-5-3 事件序列知识图谱表征形式

3.5.2 知识图谱的可视化

知识图谱是将复杂的信息通过计算处理成能够结构化表示的知识，所表示的知识可以通过图形绘制而展现出来，为人们的学习提供有价值的参考，为信息的检索提供便利。所以知识图谱建立后还需要被可视化才能被人类直观的观察，从而形成人机交互的基础。现现在有很多软件工具可以实现知识图谱可视化，例如在 2.2.3 节中介绍的图数据库 Neo4j 就可以直接可视化二维知识图谱（图 3-5-4）。但构造模型知识图谱具有层次结构，如果采用常见的二维图布局则无法表现这种层次性，并且不同类型的实体不能被区分开，所以使用复杂网络分析软件 Gephi 对知识图谱进行三维可视化。

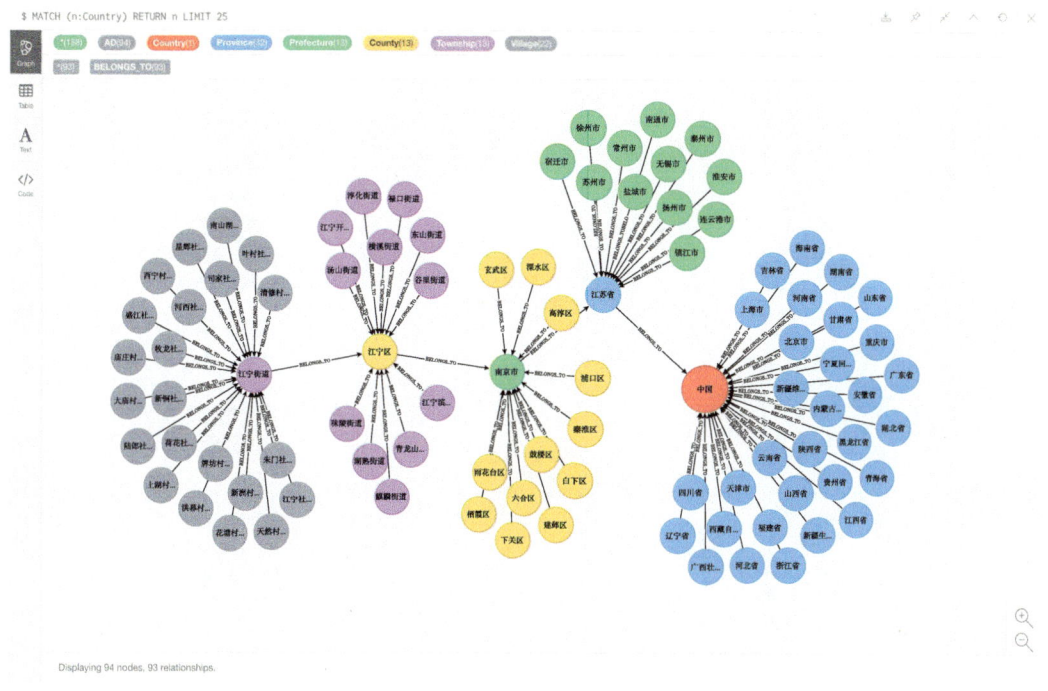

图 3-5-4 Neo4j 可视化的知识图谱示例

  Gephi 是一款开源免费跨平台基于 JVM 的复杂网络分析软件，主要用于各种网络和复杂系统动态和分层图的交互可视化与探测开源工具。Gephi 是在 Netbeans 平台上开发，语言是 JAVA，并且使用 OpenGL 作为它的可视化引擎。依赖于它的应用程序编程接口（Application Programming Interface，API），开发者可以编写自己感兴趣的插件，创建新的功能。Gephi 的输入数据一般为以 CSV 格式的文件，一个完整网络分为边文件和节点文件，因此在构建知识图谱是也可以以这种格式存储。节点文件第一列为节点 Id，第二列为节点标签，第三列为节点的种类［图 3-5-5（a）］；边文件第一列为边的源节点，第二列为边的目标节点，第三列为边的类别（有向或无向），第四列为边的种类［图 3-5-5（b）］。分别输入节点和边文件后就可以得到如图 3-5-6 所示的 Gephi 初步可视化结果，在此基础上还进一步调整节点、边和标签的大小、颜色、权重等。Gephi 提供了 12 个布局算法选项，直接调用算法就可以完成自动布局。这些布局基本上可以分成两种，一种是力引导的布局，能够模仿物理世界的引力和斥力。力引导布局建立在物理学的基础之后是之上，能够将图中的节点模拟成原子，通过模拟原子之间的力场来计算节点之间的关系。力布局的方法包括 Force Altas、Force Atlas 2、Fruchterman Reingold、OpenOrd、Yifan Hu 比例。这些算法还可以手动调整参数，使网络布局更接近理想的状态（图 3-5-7）。

	A	B	C	D
1	Id	Label	Modularity Class	
2	b1	b1	1	
3	b2	b2	1	
4	b3	b3	1	
5	b4	b4	1	
6	b5	b5	1	
7	b6	b6	1	
8	b7	b7	1	
9	b8	b8	1	
10	b9	b9	1	
11	b10	b10	1	
12	b11	b11	1	
13	b12	b12	1	
14	b13	b13	1	
15	b14	b14	1	
16	b15	b15	1	
17	s1	s1	2	
18	s2	s2	2	
19	s3	s3	2	
20	s4	s4	2	
21	s5	s5	2	
22	s6	s6	2	
23	s7	s7	2	
24	s8	s8	2	
25	s9	s9	2	
26	s10	s10	2	
27	s11	s11	2	
28	s12	s12	2	
29	s13	s13	2	

zbn-node2

(a)

	A	B	C	D
1	Source	Target	Type	class
2	b1	b2	Undirecte	3
3	b1	b3	Undirecte	3
4	b1	b4	Undirecte	3
5	b2	b3	Undirecte	4
6	b2	b5	Undirecte	3
7	b2	b5	Undirecte	4
8	b2	b6	Undirecte	3
9	b2	b7	Undirecte	3
10	b2	b7	Undirecte	4
11	b2	b12	Undirecte	4
12	b3	b4	Undirecte	4
13	b3	b7	Undirecte	4
14	b3	b8	Undirecte	3
15	b4	b8	Undirecte	4
16	b4	b9	Undirecte	3
17	b4	b9	Undirecte	4
18	b4	b14	Undirecte	4
19	b5	b6	Undirecte	4
20	b5	b10	Undirecte	3
21	b6	b10	Undirecte	4
22	b6	b11	Undirecte	3
23	b6	b12	Undirecte	4
24	b6	b15	Undirecte	4
25	b6	b15	Undirecte	4
26	b6	b15	Undirecte	3
27	b7	b8	Undirecte	4
28	b7	b12	Undirecte	3
29	b8	b9	Undirecte	4

zbn-edge2

(b)

图 3-5-5　csv 文件示例

（a）csv 节点文件；（b）csv 边文件

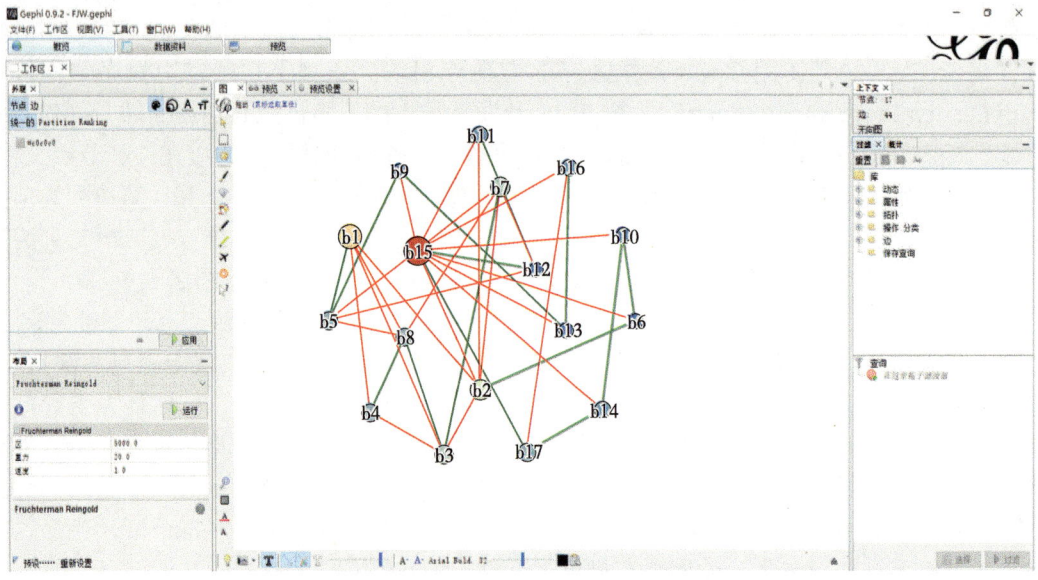

图 3-5-6　Gephi 的初始界面

图 3-5-7 Gephi 提供的布局算法的参数调整界面（以 Force Atlas 算法为例）

在 Gephi 中对知识图谱进行布局时，就可以直接调动软件内置的布局算法。一个实际构造模型的知识图谱的可视化结果如图 3-5-8 所示，包含 258 个节点和 1077 条边。在这个例子中，使用的是 Fruchterman Reingold（FR）算法。FR 算法将所有的结点看作是电子，每个结点收到两个力的作用：其他结点的库仑力（斥力）$f_a(d)=\dfrac{d^2}{k}$ 和边对点的胡克力（引力）$f_r(d)=\dfrac{-k^2}{d}$。该算法遵循两个简单的原则：有边连接的节点应该互相靠近；节点间不能离得太近。FR 算法建立在粒子物理理论的基础上，将图中的节点模拟成原子，通过模拟原子间的力场来计算节点间的位置关系。算法通过考虑原子间引力和斥力的互相作用，计算得到节点的速度和加速度。依照类似原子或者行星的运动规律，系统最终进入一种动态平衡状态。

Gephi 还可以通过对节点进行属性编辑来直接指定节点在三维空间的坐标（图 3-5-9），所以在构造模型知识图谱可视化的例子中，通过设置节点坐标的 z 值将不同类型的节点分布在不同的层次中，同一类节点具有相同的 z 值。将节点分开后，就可以在三维空间中实现层次化的知识图谱布局，三维知识图谱的可视化结果如图 3-5-10 所示。

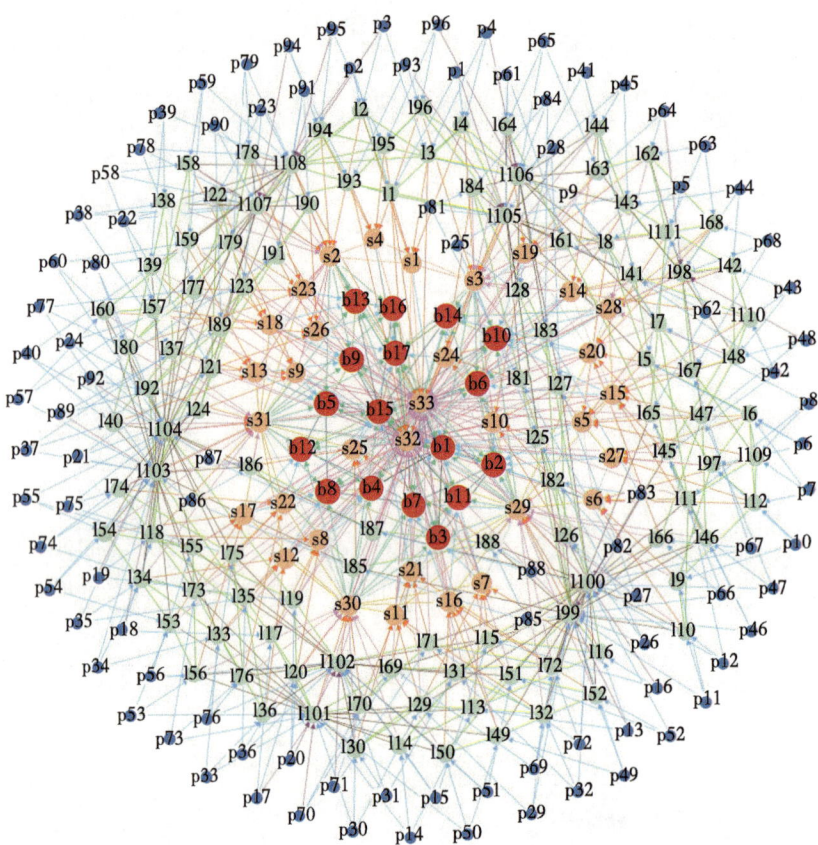

图 3-5-8　使用 Fruchterman Reingold 算法布局的实际空间拓扑知识图谱

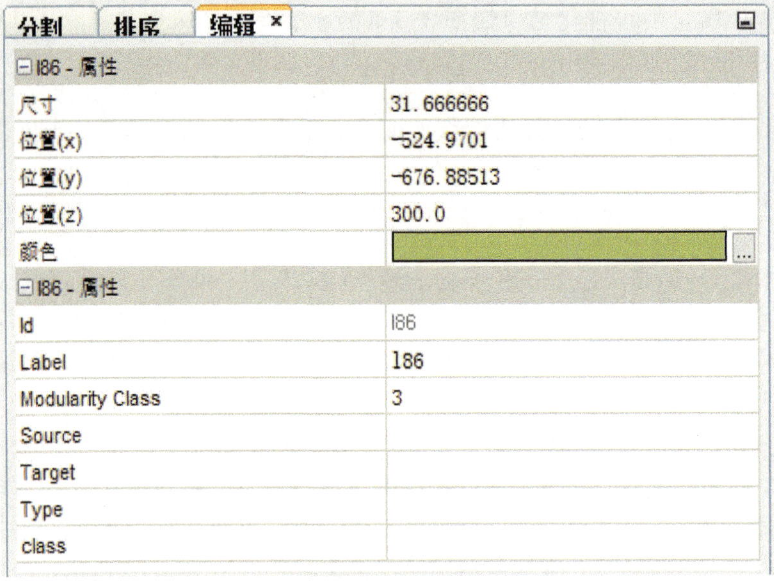

图 3-5-9　节点属性编辑界面

3 构造模型知识图谱的构建与分析

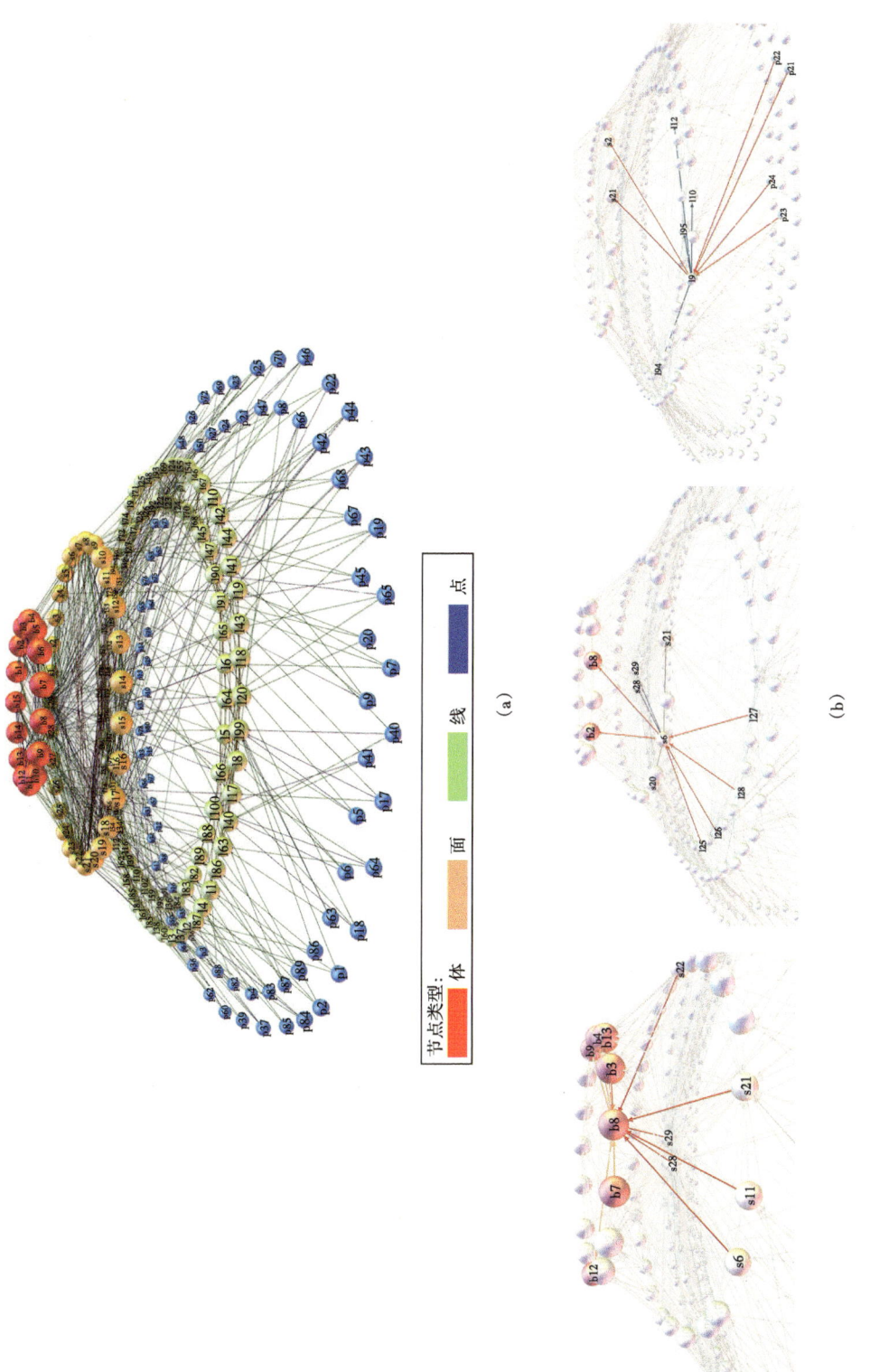

图 3-5-10 一个实际构造模型的空间拓扑知识图谱示例
(a) 完整的层次化知识图谱；(b) 知识图谱中的一些细节

参 考 文 献

[1] Wu Q, Xu H. An approach to computer modeling and visualization of geological faults in 3D[J]. Computers & Geosciences, 2003, 29（4）: 503-509.

[2] Breunig M. An approach to the integration of spacial data and systems for a 3D geo-information system[J]. Computers & Geosciences, 1999, 25（1）: 39-48.

[3] Kreuseler M. Visualization of geographically related multidimensional data in virtual 3D scenes[J]. Computers & Geosciences, 2000, 26（1）: 101-108.

[4] Turner A K. Three-Dimensional Modeling with Geoscientific Information Systems[J]. Nato Asi, 1992: 354.

[5] 姬广军, 朱吉祥. 三维地质建模技术研究现状[J]. 科技风, 2019（10）: 109-110.

[6] Thiele S, Jessell M W, Lindsay M, et al. The topology of geology 1: Topological analysis[J]. Journal of Structural Geology, 2016, 91: 27-38.

[7] 何撼东. 区域地质构造语义解析与对象建模研究[D]. 南京: 南京师范大学, 2014.

[8] Egenhofer M J, Franzosa R D. Point-set topological relations[J]. Geographical Information Systems, 1991, 5（2）: 161-174.

[9] Zlatanova S. On 3D Topological Relationships[C]// International Workshop on Database & Expert Systems Applications. IEEE, 2000.

[10] Cox S J D, Richard S M. A geologic timescale ontology and service[J]. Earth Science Informatics, 2015, 8（1）: 5-19.

[11] Dhelim S, Ning H, Zhu T. STLF: Spatial-temporal-logical knowledge representation and object mapping framework[C]//2016 IEEE International Conference on Systems, Man, and Cybernetics（SMC）. IEEE, 2016: 1550-1554.

[12] Perrin M, Mastella L S, Morel O, et al. Geological time formalization: an improved formal model for describing time successions and their correlation[J]. Earth Science Informatics, 2011, 4（2）: 81-96.

[13] Babaie H A, Oldow J S, Babaei A, et al. Designing a modular architecture for the structural geology ontology[J]. Special Papers-Geological Society of America, 2006, 397: 269.

[14] Biasotti S, Marini S, Mortara M, et al. 3D shape matching through topological structures[C]//International conference on discrete geometry for computer imagery. Springer, Berlin, Heidelberg, 2003: 194-203.

4 层位和断层的智能识别

4.1 基于 U-Net 网络的断层识别

断层是地下的岩石在长期的地壳运动中受到挤压或拉张，岩石破裂而形成的裂缝构造[1]。断层的识别是地震构造解释和构造建模的核心与基础，它对认识地壳发育以及石油、天然气的开采具有重要的影响[2]。传统方法通过计算测量地震反射的连续性（相似系数[3]、相干体[4-6]）或者反射不连续性（方差体[7]）的属性来检测断层。然而这些方法对地层特征和噪声非常敏感，这限制了它们在地下断层识别上的效果[8]。由于深度学习技术擅长挖掘高维数据中的复杂结构与特征，具有处理大规模数据的能力，因此近年来该技术已经在断层识别问题中得到了广泛的应用。其中伍新明等人将深度学习模型 U-Net 引入断层识别任务中并取得了很好的效果[9]。本节将详细介绍使用 U-Net 网络进行地下断层识别的整体流程。

4.1.1 断层识别的训练数据集制作

深度学习模型的训练通常需要大量含有标签的训练数据。通过手动标记或者解释三维地震数据中的断层来制作训练数据集需要消耗大量的时间成本。此外，人工解释断层数据容易出现真实断层标注遗漏与非断层数据被错误标注为断层等问题，不准确的人工断层解释数据可能会对深度学习模型的训练带来负面影响。为了避免上述问题，本书介绍了一种有效且高效的方法来创建合成地震数据与相应的断层标签从而得到样本数目充足、标签正确的训练数据集，为深度学习模型的训练提供了保障。

如图 4-1-1（a）所示，首先生成一维的水平反射系数模型 $r(x,y,z)$，其中包含了一系列 $[-1,1]$ 范围内的随机值。然后通过对反射系数模型 $r(x,y,z)$ 进行垂直剪切操作来添加褶皱构造 [图 4-1-1（b）]，使用以下函数来定义褶皱构造：

$$s_1(x,y,z) = a_0 + \frac{1.5z}{z_{\max}} \sum_{k=1}^{k=N} b_k e^{\frac{(x-c_k)^2+(y-d_k)^2}{2\sigma_k^2}} \qquad (4\text{-}1\text{-}1)$$

式（4-1-1）结合了多个二维高斯函数以及一个一维线性比例函数 $\frac{1.5z}{z_{\max}}$。通过二维高斯函数的组合来生成横向变化的褶皱构造，同时利用线性比例函数来从下至上垂直地控制褶皱构造。通过在预定义范围内随机选择参数 a_0、b_k、c_k、d_k、σ_k，能够构建大量具有独特褶皱构造的反射系数模型。为了进一步增加反射系数模型的复杂性，对模型进行了平面剪切操作，定义如下：

$$s_2(x, y, z)=e_0+fx+gy \qquad (4-1-2)$$

参数 e_0、f、g 也是从预定义范围内中随机选择得到的。如图 4-1-1（c）所示，通过将平面剪切操作 $s_2(x,y,z)$ 应用到之前的反射系数模型中，获得了新的反射系数模型 $r(x,y,z+s_1+s_2)$。

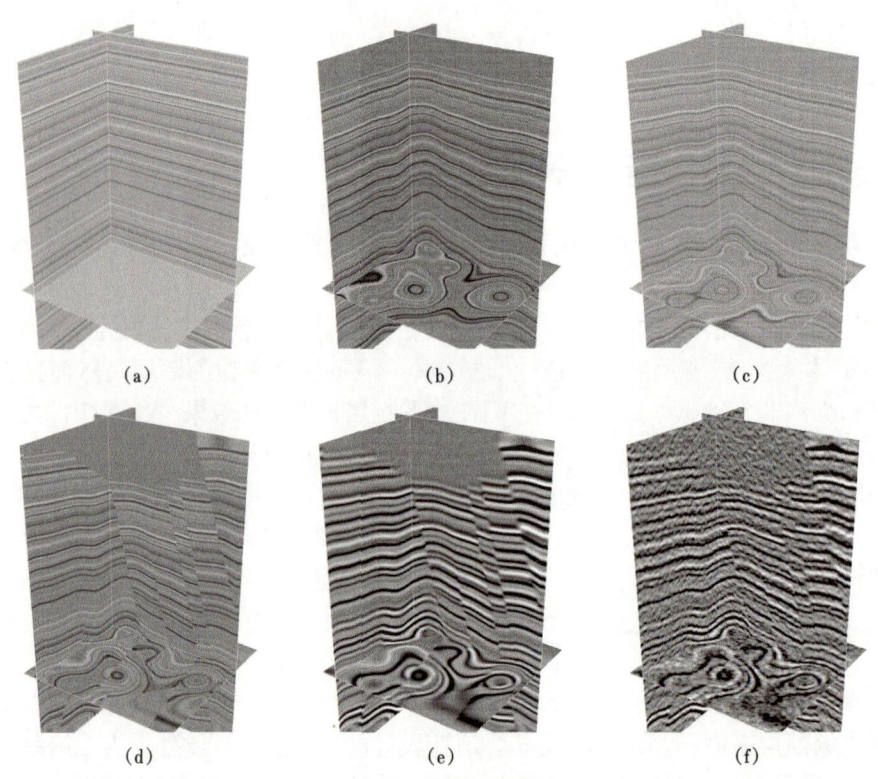

图 4-1-1　三维合成训练数据集的构建流程[9]

（a）生成水平反射系数模型；（b）通过垂直剪切在模型中添加褶积构造；（c）添加平面剪切以增加褶积构造的复杂性；（d）进一步添加断层构造；（e）将反射系数模型与雷克子波进行卷积以获得合成地震数据；（f）添加随机噪声得到最终的合成地震数据

在获得具有褶皱构造的反射系数模型后，在模型中添加具有不同倾角、方位角以及断距的断层结构［图 4-1-1（d）］，将断层的断距分布定义为高斯分布或线性函数。然后将该模型与雷克子波进行卷积从而获得合成地震数据［图 4-1-1（e）］，其中雷克子波的主频也是在预定义范围内随机生成。进一步地，在地震数据中添加随机噪声来提高合成地震数据与真实地震数据之间的相似性［图 4-1-1（f）］。最后，从中裁剪出尺寸大小为 128×128×128 的最终训练地震数据［图 4-1-2（a）］并得到其对应的断层标签数据［图 4-1-2（b）］。

4.1.2　训练数据集的预处理

该阶段主要针对地震数据训练集进行预处理，从而达到更好地训练深度学习网络模型的目的，主要包含异常数据清洗、数据归一化以及数据扩充等操作。

4 层位和断层的智能识别

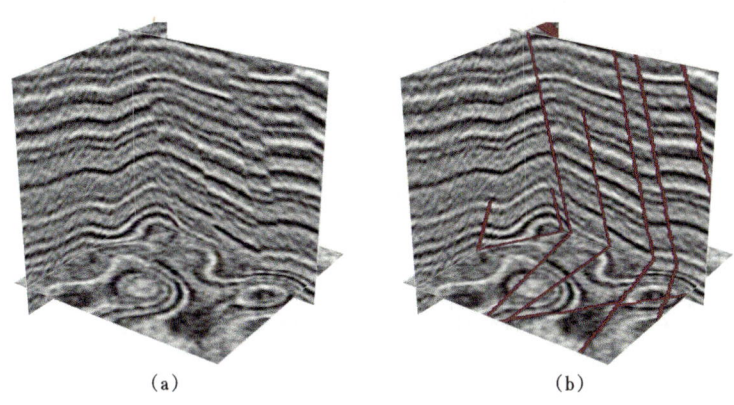

图 4-1-2 合成地震数据以及对应的断层标签[9]

(a)对图 4-1-1(f)进行裁剪后得到的最终合成地震数据;(b)合成地震数据对应的断层标签

异常数据清洗的目的在于保证原始数据的正确性,主要包括删除原始数据集中的无关数据、重复数据,处理异常数据等。通过异常数据清洗来进一步保证合成地震训练数据集的质量。

不同原始振幅数据存在较大差异,直接将未经过归一化操作的地震数据输入至网络进行训练难以得到泛化性以及准确性较高的网络模型。本书所采用的归一化方式如下:

$$x^* = \frac{x - x_{\text{mean}}}{x_{\text{max}} - x_{\text{min}}} \tag{4-1-3}$$

式中,x_{max} 为样本数据的最大值;x_{min} 为样本数据的最小值;x_{mean} 为样本数据的平均值。归一化后的振幅值介于 -1 到 1 之间。

数据扩充是为了解决训练样本数目不足的问题,由于断层是由地震数据同相轴错动形成的地质构造,因此难以使用插值、扭曲等复杂的数据扩充方法处理地震数据,以免造成原本地震振幅属性值改变或断层位置分布错乱等问题。本节采用垂直翻转与围绕时间或深度轴进行旋转的操作来扩充数据,仅仅对训练数据集进行 90°、180° 以及 270° 的旋转,这样可以避免数据插值操作,此外不会围绕 Inline(主测线)以及 Crossline(联络测线)方向对地震数据进行旋转,因为这在地质上是不现实的。

4.1.3 U-Net 网络模型的构建

U-Net 卷积神经网络的基本结构主要由三部分组成,即编码层、跳跃连接层以及解码层。编码层重复使用卷积和下采样来获取图像的浅层次特征信息。解码层则是通过卷积和上采样获取地下次的特征。U-Net 网络的优势在于能够通过跳跃连接层对高层次的特征和低层次的特征进行拼接,达到不同层次的特征融合,通过多次反卷积和卷积将特征图恢复到原输入数据的分辨率。结合断层识别的实际工作需求,本书使用的 U-Net 网络构造如图 4-1-3 所示。网络的输入为 128×128×128 大小的地震数据;大小为 3×3×3 的卷积层借助多个不同的卷积滤波器来与上一层数据执行卷积操作从而得到断层相关的特征图,该层采用的激活函数为 ReLU 函数;大小为 2×2×2 的池化层用于下采样,池化层有效地缩小了特征向量的尺寸来减少相关参数,同时也起到了防止过拟合的作用;大小为 2×2×2 的上采样层用于上采样。网络的输出为地震数据的断层概率体,输出层由大小为1×1×1的卷积层构成,激活函数为Sigmoid函数。

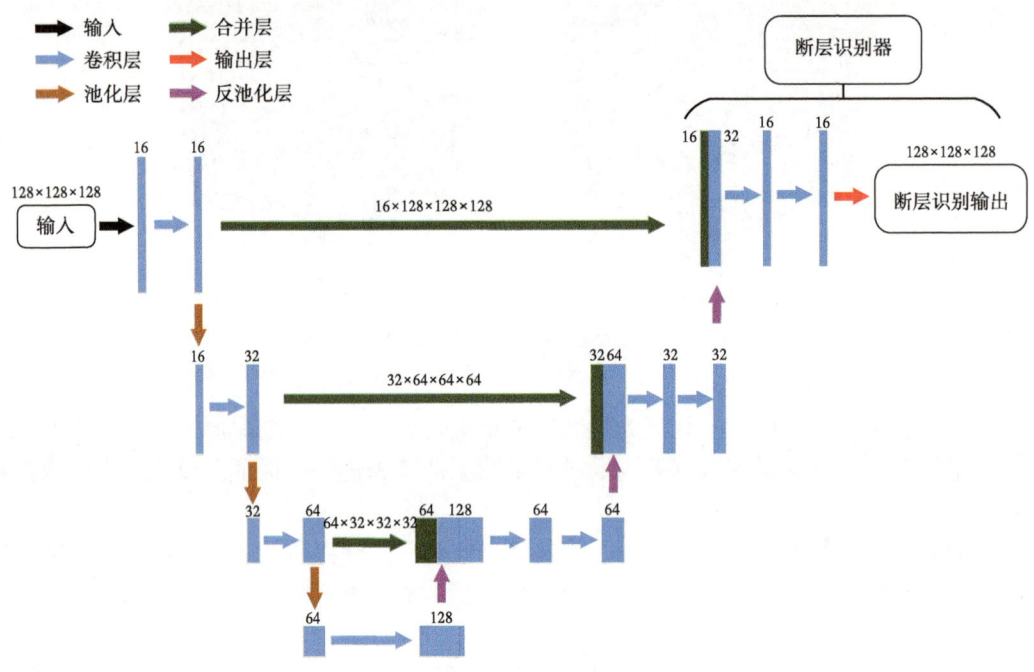

图4-1-3 U-Net网络结构示意图

4.1.4 U-Net网络模型的训练

在构建完深度学习模型后,需要将训练数据输入至模型中进行训练,从而使得深度学习模型能够应用于实际断层识别工作中:使用断层(标记为1)或非断层(标记为0)作为断层类别标签y,网络的断层类别输出为地震数据体中每个体素属于断层、非断层的概率。合成地震数据x、断层类别标签y共同组成训练集。由于在实际情况下断层与非断层数据的比例悬殊,数据不平衡会严重影响学习算法的性能,训练出的深度学习模型难以正确地表示数据的分布特征[10]。为了训练模型更好地学习到断层相关特征,使用带有权重的交叉熵目标损失函数,通过调整断层、非断层数据对应的训练权重来减小数据不平衡带来的影响。

$$L = -\left(a \sum_{i=0}^{i=N_0} Y_0 \lg P_0 + b \sum_{i=0}^{i=N_1} Y_1 \lg P_1 \right) \quad (4-1-4)$$

式中,a、b分别代表断层、非断层数据的训练权重;N_0、N_1分别代表训练地震数据中断层点、非断层点的数目;Y_0、Y_1表示真实的断层类别标签;P_0、P_1分别表示神经网络预测为断层、非断层的概率。

此处选择Adam方法来优化网络参数,并将学习率设置为0.0001。训练过程的迭代次数设置为20。

4.1.5 基于 U-Net 网络模型的断层识别

在使用合成地震数据训练集成功训练完深度学习模型 U-Net 以后，将需要进行断层识别的实际地震数据进行数据归一化等预处理操作，输入至 U-Net 网络中从而得到最终的断层识别结果。如图 4-1-4 所示，首先使用合成地震数据来验证利用该模型识别断层的有效性。通过对比图 4-1-4（b）与图 4-1-4（c）可以发现，基于 U-Net 网络的深度学习模型能够基本准确地预测出断层并取得了 93.5% 的准确率，这说明 U-Net 网络经过训练后成功地提取到了断层特征。然后将待识别的实际地震数据输入 U-Net 网络中进行预测并得到图 4-1-4（e）所示的结果，该结果表明使用合成数据训练得到的 U-Net 网络在真实数据上也能取得理想的断层识别效果。

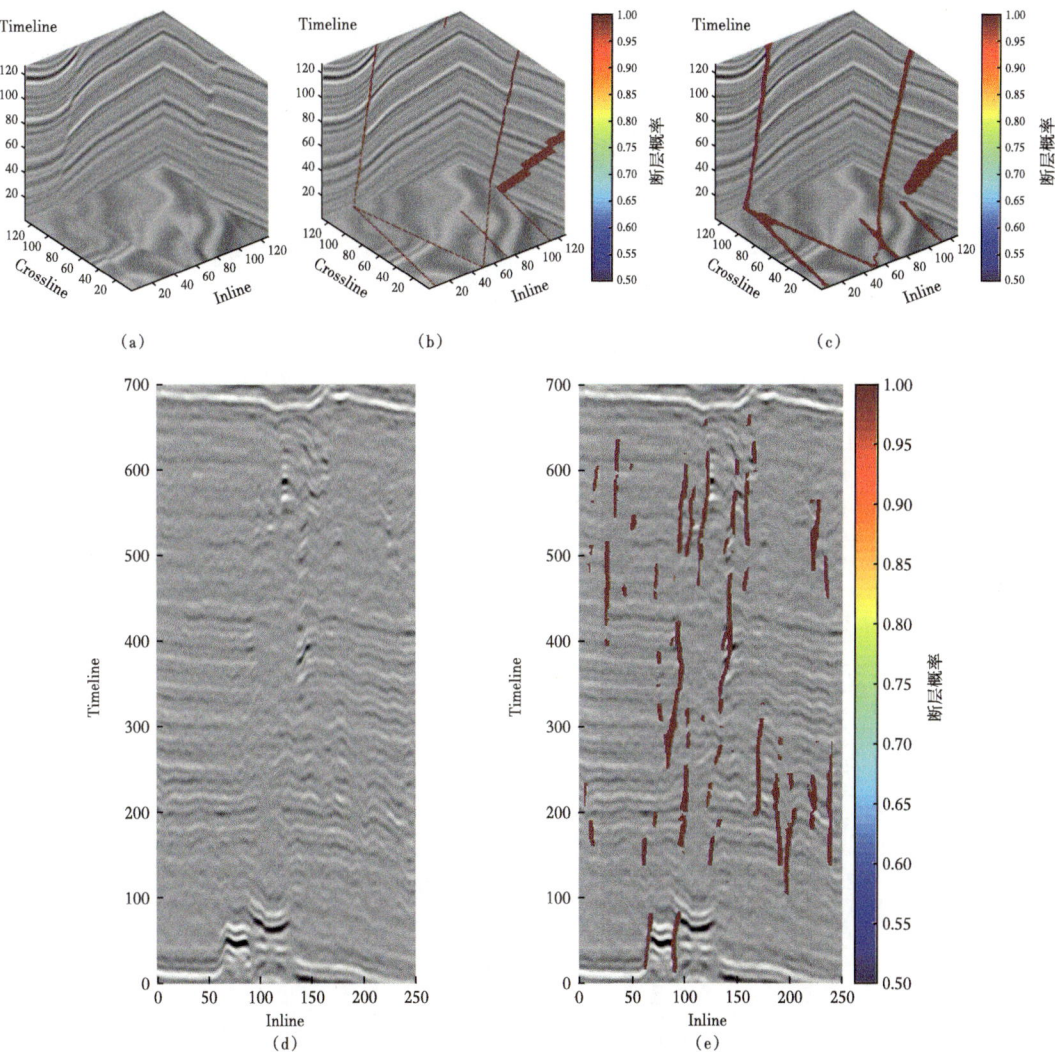

图 4-1-4 基于 U-Net 的深度学习断层识别效果

（a）合成地震数据；（b）合成地震数据的断层标签；（c）合成地震数据的断层识别结果；（d）真实地震数据切片；
（e）真实地震数据的断层识别结果

4.2 基于迁移学习的断层识别

深度学习方法在断层识别问题中已经得到了广泛的应用。但是，由于真实地震数据断层标签的获取需要较高的人力、时间等成本，并且在地层深部地震数据质量不高的情况下这一问题尤为突出，所以难以利用真实的地下地震数据得到高质量的含有断层标签的训练数据库。而 4.1 节已经介绍了含有断层标签的合成地震数据的制作方法，这为获得样本数量充足、解释精度高的训练数据库提供了一种途径。但是，利用合成数据作为标签的前提是训练数据（合成地震数据）与预测数据（真实地震数据）存在相同的数据分布规律。如图 4-2-1 所示，实际地下地质情况的复杂性导致两种数据在受噪声扰动程度、地震信号频率、断层倾角、断层方位角、断层类型等方面存在明显差异，即两种数据的数据分布规律存在差异，该差异会影响断层智能识别效果。针对该问题，本节介绍基于迁移学习的断层识别工作来挖掘真实地震数据与合成地震数据之间公共特征[11]，减小两种数据之间差异带来的影响，使得深度学习模型能够更加适用于真实地下地震数据，从而达到提高断层识别效果的目的。

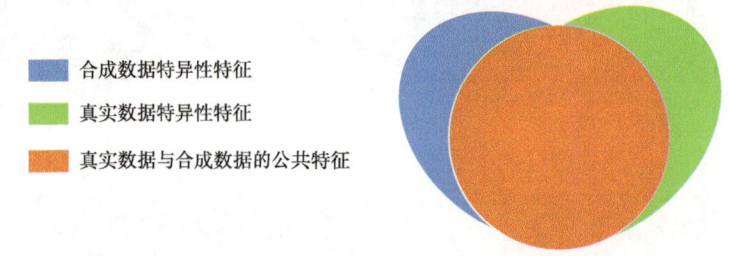

图 4-2-1 合成数据与真实数据特征之间的关系

4.2.1 迁移学习原理

如图 4-2-2 所示，迁移学习注重于挖掘不同任务之间的关系以及共同知识，并利用源域任务的知识来帮助目标域任务的学习[12]。

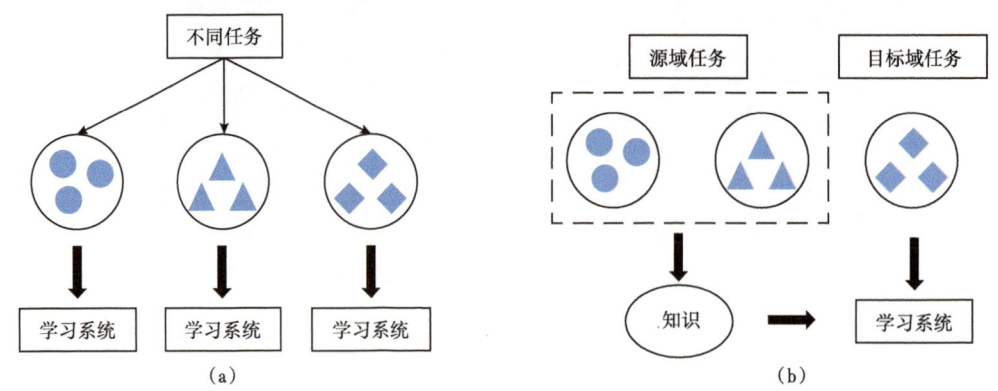

图 4-2-2 不同的机器学习模式
（a）传统机器学习模式；（b）迁移学习模式

根据迁移知识的种类差异，迁移学习主要可以分为基于参数的迁移学习、基于特征的迁移学习、基于样本的迁移学习以及基于关系的迁移学习4种模式。其中，基于参数的迁移学习假设源域任务与目标域任务共享一些模型超参数等信息，通过将源域参数信息迁移到目标域任务中从而完成迁移工作，其中代表性的工作有Finetune方法[13]：使用源域数据训练得到初始深度学习模型，该模型已经捕获了许多有用信息，这些信息具有通用性并可以被用于学习更精确的目标任务模型。然后使用目标域数据对该模型进行进一步训练，从而完成迁移工作。基于特征的迁移是指通过特征变化的方式将源域与目标域的数据映射到一个新的特征空间中来减小源域与目标域之间的差异，从而可以重新使用源域任务中的有标签的数据来训练目标域任务的模型。基于样本的迁移主要是通过对源域任务中的数据进行重新加权后再应用于目标域任务的模型训练，其中与目标域任务相似度高的数据赋予高权重，而相似度较低的数据赋予低权重，这要求源域任务与目标域任务之间具有较多重叠的特征。基于关系的迁移学习方法通过挖掘与使用不同任务之间关系的相似性来进行迁移。

4.2.2 基于迁移学习的断层识别方法原理

将基于合成地震数据的断层识别问题视为源域任务，将基于真实地震数据的断层识别问题视为目标域任务。如图4-2-3所示，采取基于特征的迁移方法来减小合成地震数据与真实地震数据差异带来的影响：将两种数据映射到公共的特征空间中，从而使得任务之间的差异性减小，然后使用在新的公共特征空间中的特征表示来训练断层检测器。该方法能够在没有真实数据断层标签的情况下完成知识迁移，这也能很好地适用于真实地震数据难以获得断层标签的应用情形。由于一个好的特征表示能够使得深度学习模型无法分别输入数据来源于源域任务还是目标域任务[14]，即在断层识别问题中，如果模型无法分别输入数据是合成地震数据还是真实地震数据，模型就学到了两种数据的公共特征表示，使用这种公共特征能够取得更好的断层识别效果。考虑到提取公共特征的能力以及从真实数据中获得断层标签的困难，选择Domain Adversarial Neural Network（DANN）作为迁移学习方法并与传统U-Net网络相结合得到最终的深度迁移学习模型。

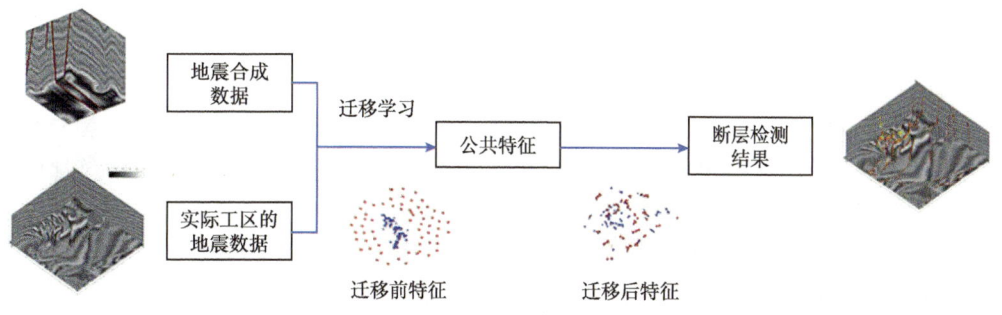

图4-2-3 基于迁移学习的断层识别框架图

首先给出使用迁移学习进行断层识别任务的数学描述：源域任务（基于合成地震数据的断层检测）的训练集合为$D_s=\{(x_0,y_0),\cdots,(x_i,y_i)\}$，目标域的训练数据集合为$D_t=\{(x_{i+1}),\cdots,(x_{i+m})\}$。其中，$x\in R^{M\times N\times O}$为真实地震数据或者合成地震数据，$y\in R^{M\times N\times O}$是对应的断层识别标签。$y_{i-abc}=0$表示坐标为$(a,b,c)$的第$i$个点为非断层，反之则为断层。

假设合成地震数据与真实地震数据具有相同的输出空间 $Y_s=Y_t$（$Y\in\{0,1\}$）。由于两种数据之间存在差异，数据之间的特征空间以及两个任务的边缘分布不同[$X_s \neq X_t$, $P_s(x_s) \neq P_t(x_t)$]，进而两者之间的条件概率分布也存在差异 $Q_s(y_s|x_s) \neq Q_t(y_t|x_t)$。研究的目的是使用合成地震数据集合 D_s 以及不含断层标签的真实地震数据 D_t 来学习深度迁移模型 f 从而预测在目标域的断层标签 $y_t \in Y_t$。

引入 DANN 来同时学习合成地震数据与真实地震数据之间的公共特征以及训练断层检测器，如图 4-2-4 所示，DANN 由特征提取器、断层检测器以及领域鉴别器组成。特征提取器的输入为合成地震数据或真实地震数据，主要功能为提取两者之间的公共特征，然后将公共特征作为断层检测器以及领域鉴别器的输入。领域鉴别器用于鉴别输入特征的领域来源，即判断特征来自真实地震数据还是合成地震数据。使用合成地震数据（1）或者真实地震数据（0）作为输入的领域鉴别器标签 d。领域鉴别器的输出为输入地震数据属于合成地震数据、真实地震数据的概率。断层检测器用于判断特征属于断层还是非断层。具体使用领域对抗机制来训练 DANN 从而获取两种数据之间的公共特征：训练领域鉴别器来提高模型鉴别特征来源的能力。同时，训练特征提取器来产生公共特征从而混淆领域鉴别器。经过充分的训练后，如果经过训练的领域鉴别器无法区分特征来源时，这表示特征提取器已经挖掘到了两个数据之间的公共特征，使用公共特征能够帮助更好地完成目标域的断层识别任务。

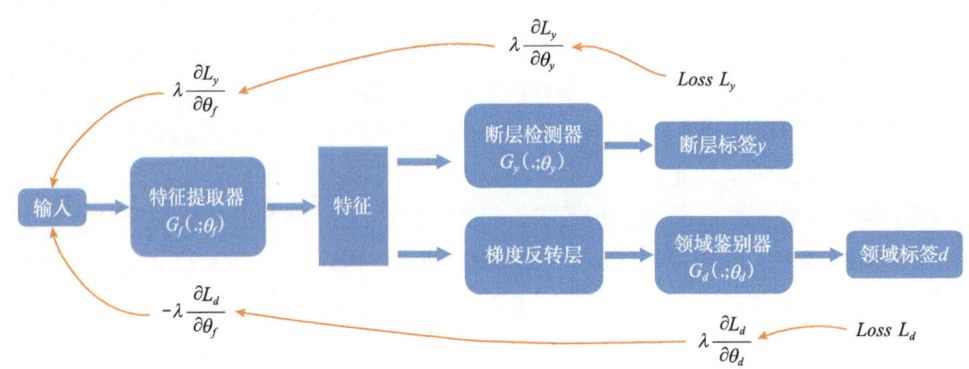

图 4-2-4　用于断层识别的 DANN 网络框架

使用梯度反转层（GRL）来实现 DANN 模型中的对抗思想。GRL 没有相关参数需要在深度学习网络的训练过程中进行学习调整。如图 4-2-4 所示，在损失前向传播的过程中，GRL 直接传递损失。然而在反向传播的过程中，GRL 从随后的网络中取梯度并改变其符号（乘以-1）然后继续传递损失，分别使用两个公式来描述 GRL 在前向传播与反向传播中作用：

$$R(x)=x \tag{4-2-1}$$

$$\frac{dR}{dx}=-\boldsymbol{I} \tag{4-2-2}$$

式中，$\boldsymbol{I}$ 表示单位矩阵。

使用 $G_f(.;\theta_f)$ 表示特征提取器，参数为 θ_f；$G_y(.;\theta_y)$ 表示断层检测器，参数为 θ_y；当

处理一个输入 x 时，使用领域鉴别器 $G_d(.;\theta_d)$ 来判断 $G_f(x;\theta_f)$ 是合成地震数据还是真实地震数据。这等价于判断输入 x 属于合成地震数据还是真实地震数据。

断层检测的损失如下：

$$L_y^i(\theta_f;\theta_y) = L_y(G_y(G_f(x_i;\theta_f);\theta_y), y_i) \quad (4\text{-}2\text{-}3)$$

领域鉴别的损失如下：

$$L_d^i(\theta_f;\theta_d) = L_d(G_d(G_f(x_i;\theta_f);\theta_d), d_i) \quad (4\text{-}2\text{-}4)$$

整个 DANN 网络的损失如下：

$$L(\theta_f, \theta_y, \theta_d) = \frac{1}{n}\sum_{i=1}^{n} L_y^i(\theta_f;\theta_y) + \lambda\left(\frac{1}{n}\sum_{i=1}^{n} L_d^i(\theta_f;\theta_d) + \frac{1}{m}\sum_{i=n+1}^{n+m} L_d^i(\theta_f;\theta_d)\right) \quad (4\text{-}2\text{-}5)$$

式中，n 为训练样本集合中合成地震数据的数目；m 为训练样本集合中真实地震数据的数目；λ 是一个正权重，用于确定数据领域来源分类任务与断层鉴别任务的相对重要程度。

U-Net 深度学习模型已经成功地应用于断层识别任务中。为了得到更好的断层识别效果，将 DANN 与 U-Net 网络相结合，基于 DANN 的 U-Net 网络架构如图 4-2-5 所示。采用 3×3 的卷积层来提取断层相关特征；采用 2×2 的池化层进行下采样；反卷积层用于上采样；全连接层用于构建领域鉴别器；Dropout 层连接于全连接层之后，用于降低网络过拟合的风险；GRL 层用于提取合成地震数据与真实地震数据之间的公共特征。另外，本节的训练超参数与 4.1 节相同：选择 Adam 方法来优化网络参数，并将学习率设置为 0.0001。训练过程的迭代次数设置为 20。

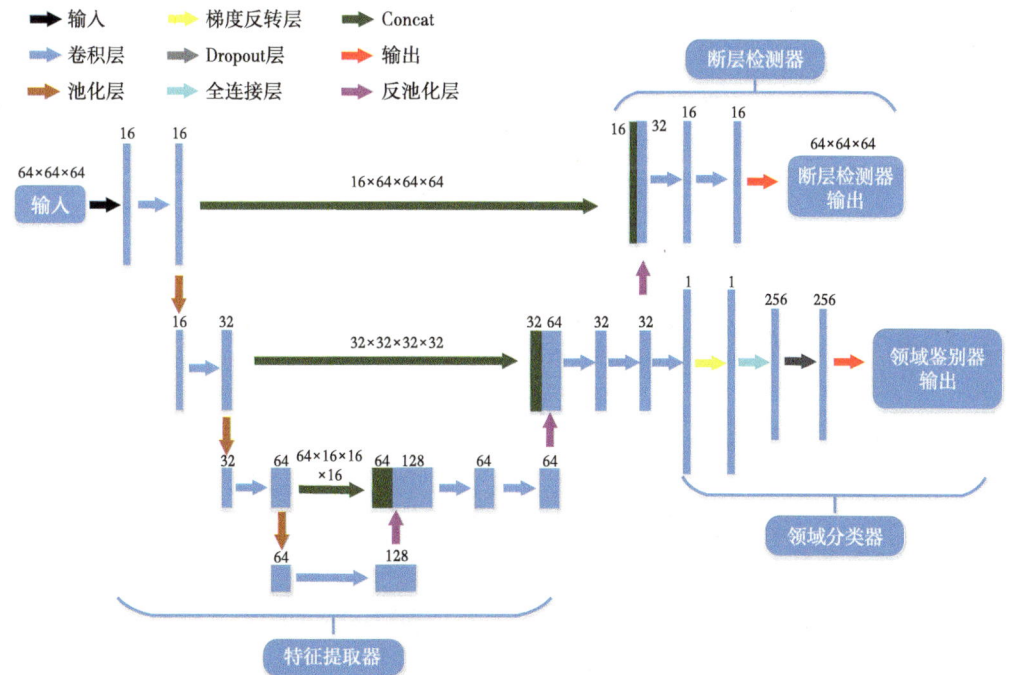

图 4-2-5　基于 U-Net 的领域对抗网络结构图

4.2.3 基于迁移学习的断层识别效果分析

如图 4-2-6 所示，选择 10Hz 合成地震数据作为训练数据集，然后在 9Hz 的真实地震数据上完成断层识别任务。如图 4-2-7 所示，首先对比了有、无 GRL 层两种情况下领域鉴别器的准确率：纵坐标为领域鉴别器预测输入数据领域来源的准确率，横坐标为领域鉴别器的训练次数。蓝线为不含梯度反转层的普通领域鉴别器，黄线为含有梯度反转层的领域对抗鉴别器。由蓝线可知，随着训练次数的增加，领域鉴别器能够明显地区分出数据来源是合成地震数据还是真实地震数据，说明两种数据之间存在明显的差异性，该差异性可能会对真实地震数据的断层识别过程产生负面影响。由黄线可知，随着训练次数的增加，领域对抗鉴别器的准确率稳定于 0.5 左右，这表明领域对抗鉴别器已经难以分辨出输入数据来源，即特征提取器学习到的特征已经成功地包含了两种数据的公共特征。

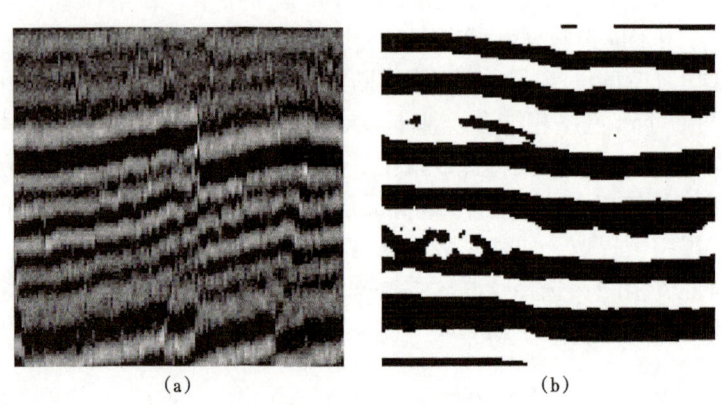

图 4-2-6 地震数据切片
（a）10Hz 合成地震数据；（b）9Hz 真实地震数据

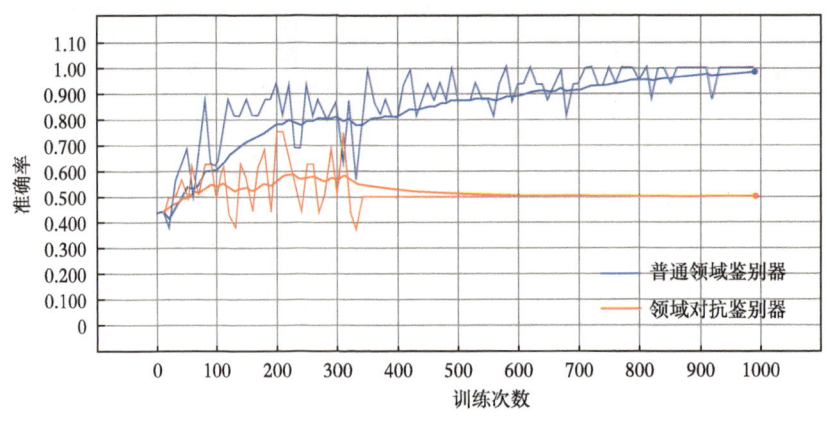

图 4-2-7 领域鉴别器准确率与训练次数的关系

另外，使用 t-SNE 算法来可视化特征的分布[15]，从而从另外一个角度来验证深度学习模型是否学习到了公共特征。如图 4-2-8 所示，将特征提取器提取的特征可视化，其中蓝色点代表真实地震数据对应的特征,红色点代表合成地震数据对应的特征。通过分析真实地震数据与合成地震数据特征的聚集与分离程度,可以很容易地验证是否提取到了两种数据的公共特征。最后如图4-2-9所示,展示了基于迁移学习的断层识别效果,发现该方法识别出的断层具有较强的连续性,挖掘到了很多断层细节。

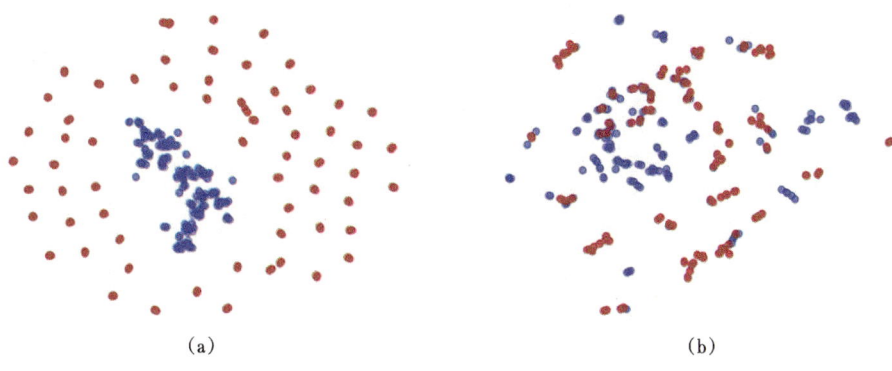

图 4-2-8 利用 t-SNE 算法对特征提取器生成特征的可视化
(a)不含有 GRL 层的传统领域鉴别器的特征可视化结果;(b)含有 GRL 层的领域鉴别器的特征可视化结果

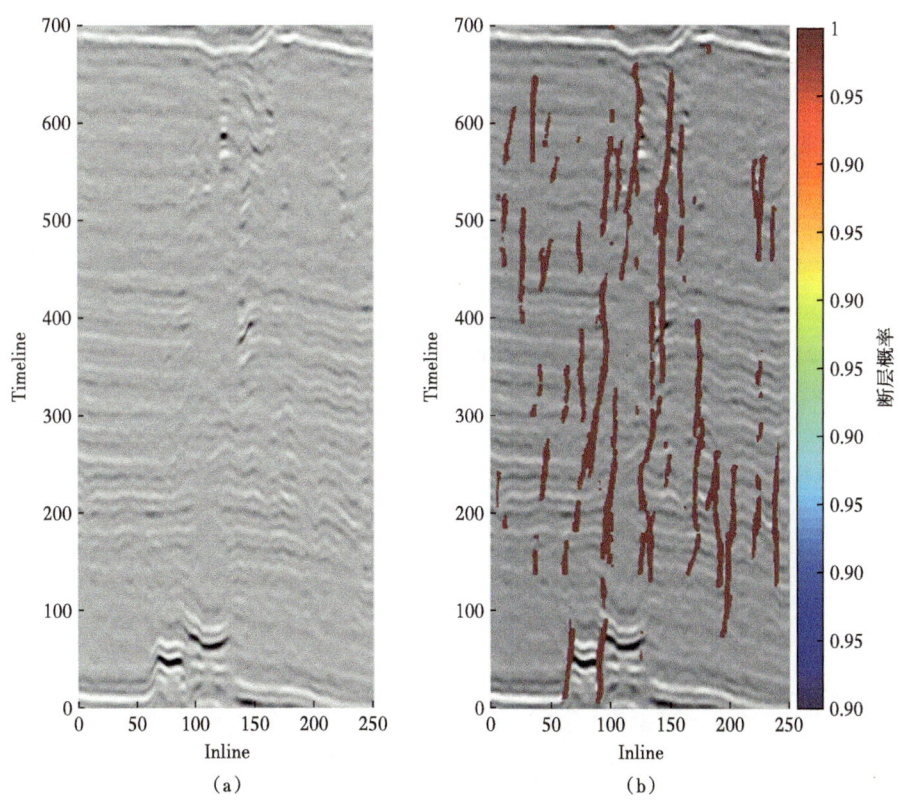

图 4-2-9 基于迁移学习的深度学习断层识别效果
(a)真实地震数据切片;(b)真实地震数据的断层识别结果

通过对比领域鉴别器效果、可视化后的特征以及真实的断层识别效果，可以得出结论：通过基于迁移学习的断层识别方法能够成功地提取到合成地震数据与真实地震数据之间的公共特征，从而使得深度学习模型学习到的断层特征更适合处理真实地震数据。

4.3 基于特征金字塔网络的频率自适应断层识别

在深度学习应用于断层识别任务时，由于合成地震数据与真实地震数据之间的频带不可避免地存在差异，该差异会导致深度学习模型难以在真实地震数据上取得较为理想的断层检测结果。而迁移学习在数据频带差异较大的情况下也难以得到较为理想的结果[11]。为了解决该问题，本节将介绍基于特征金字塔网络的频率自适应断层识别技术：首先引入特征金字塔网络来构建多尺度特征金字塔，特征金字塔的多尺度构造能够降低地震数据频带差异对断层检测的影响；然后结合特征金字塔网络来构建自编码器，从而将真实地震数据与合成训练数据在同一特征空间中表征，建立了合成训练数据特征与真实地震数据特征之间的联系，从而提高深度学习模型在真实地震数据上频率自适应性。进一步地，使用注意力机制来自适应地学习特征金字塔中不同尺度特征对断层检测任务以及自编码器任务的影响权重，筛选出多尺度特征中针对当前预测数据最相关的断层特征，从而进一步提高该方法的频率适应性。

4.3.1 特征金字塔网络

为了降低合成数据与真实地震数据之间频带差异的影响，如图 4-3-1 所示，Cunha A 等在对真实地震数据进行断层检测时，通过对训练数据进行适当的缩放来改变频带，从而提高训练数据与预测数据之间的相似性，达到更好地预测断层的目的[16]，即可以对真实地震数据进行不同比例的缩放来构建多尺度数据金字塔，然后从中选择出合适缩放比例的数据进行断层预测，从而降低频带差异的影响。但是直接对地震数据进行缩放不仅需要消耗时间与计算资源，更会带来信息上的损失（下采样）或者放大噪声（上采样）。

多尺度数据金字塔并不是降低频带对断层检测影响的唯一方法，也可以利用深度学习模型内部的网络特征金字塔来完成频率自适应的断层检测，从而避免数据金字塔的资源消耗与信息损失。如图 4-3-2 所示，深度学习模型 CNN 逐层计算得到特征的层次结构，然后下采样层使得该特征层次结构具有多尺度金字塔形状。但是在进行断层检测时，CNN 只使用了语义信息丰富但分辨率低的顶层特征，仅使用一种固定尺度的特征难以完成频率自适应的断层检测任务。为了解决该问题，如图 4-3-3 所示，引入了特征金字塔网络（FPN）[17]。特征金字塔网络将单尺度的地震数据作为输入，输出不同尺度特征组成的特征金字塔。该网络由自下而上的通道、自上而下的通道以及横向连接构成。自下而上的通道计算出由多尺度特征图组成的特征层次结构，其中特征缩放的步长为 2：低层特征具有更高的分辨率，并包含更详细的空间信息，因为这些特征通过的池化层次数较少；高层特征具有更丰富的断层相关语义信息。自上而下的通道通过对空间信息更粗糙但是语义信息更强的特征进行上采样来生成更高分辨率的特征。然后通过横向连接来组合增强两种不同通道得到的特征。

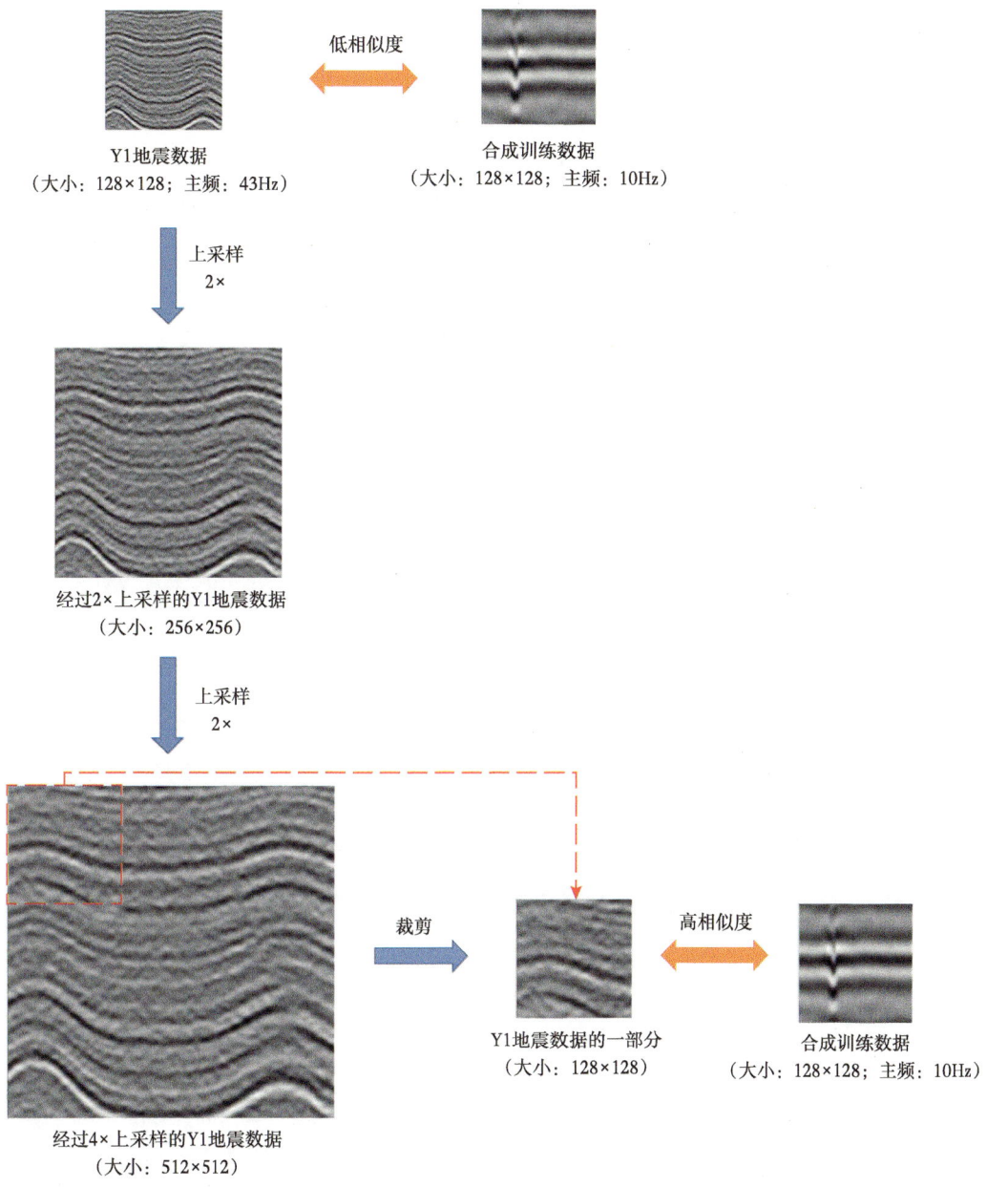

图 4-3-1　多尺度数字金字塔

在特征金字塔网络的基础上，构建了自编码器。自编码器由编码器与解码器构成，其中特征金字塔网络作为编码器。自编码器的输入与学习目标相同，在训练过程中使得模型的输出与输入相近，从而提高编码器提取的特征的稳健性。利用自编码器将合成地震数据与真实地震数据映射到公共特征空间中进行表示，建立起两种数据之间的联系，使得仅含有合成数据断层特征的网络能够更好地应用在真实数据中，从而降低数据频带差异带来的影响。

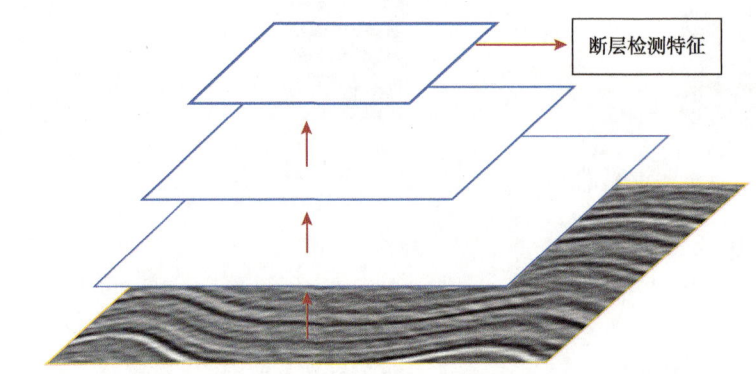

图 4-3-2　CNN 的网络框架图

特征图由蓝色轮廓表示，特征的轮廓越粗，语义信息越强

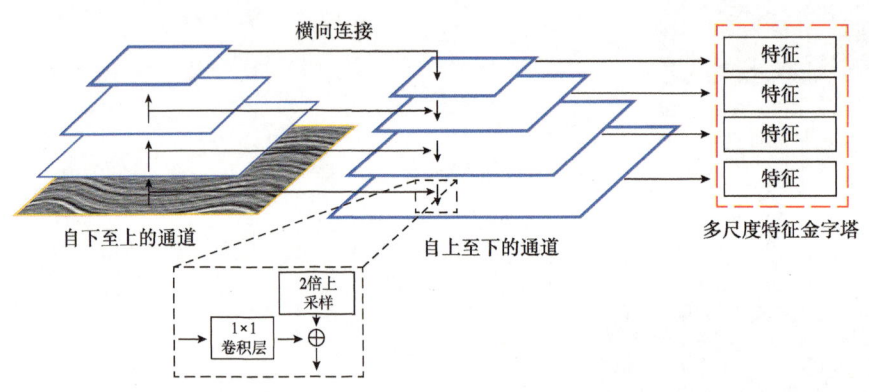

图 4-3-3　特征金字塔网络框架图

4.3.2　注意力机制

利用特征金字塔网络可以得到断层相关的多尺度特征金字塔，但是将多尺度特征直接叠加整合而不考虑它们的重要程度则难以有效地利用这些特征。实际上，在处理某个特定真实地震数据时，多尺度特征中冗余的信息可能会对目标任务产生负面影响。由于注意力机制可以从冗余信息中选择出对目标任务更重要的信息，因此如图 4-3-4 所示，引入注意力机制来自适应地学习特征金字塔中每个尺度特征的权重[18]，从而完成断层检测任务以及自编码器任务：使用压缩与激发模块来实现注意力机制从而自适应地学习多尺度特征的权重信息。如图 4-3-5 所示，使用全局平均池化层来将多尺度特征压缩到一个通道描述符中：该层的输入 I 是大小为 $M \times N \times C$ 的多尺度特征。输出特征 Z 的大小为 C。Z 是通过将输入 I 在空间维度 $M \times N$ 上压缩得到，即 Z 的第 c 个元素的计算：

$$Z_c = \frac{1}{M \times N} \sum_{i=1}^{M} \sum_{j=1}^{N} I_c(i,j) \qquad (4\text{-}3\text{-}1)$$

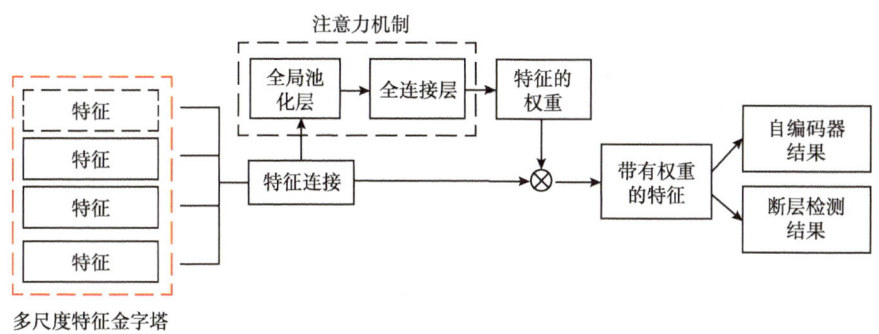

图 4-3-4　注意力机制框架图

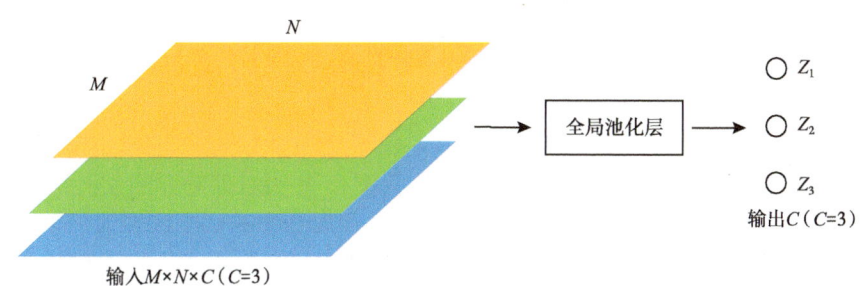

图 4-3-5　全局池化层

4.3.3　网络训练

最终构建的特征金字塔网络如图 4-3-6 所示，网络的输入为 128×128×128 大小的地震数据，网络的输出为 128×128×128 大小的断层预测概率体以及大小为 128×128×128 的地震数据体；3×3×3 大小的卷积层用于提取断层以及地震数据的特征；1×1×1 大小的卷积层用于降低特征维度以便于不同尺度特征的融合；2×2×2 大小的池化层用于下采样；连接层与相加层用于特征的融合。

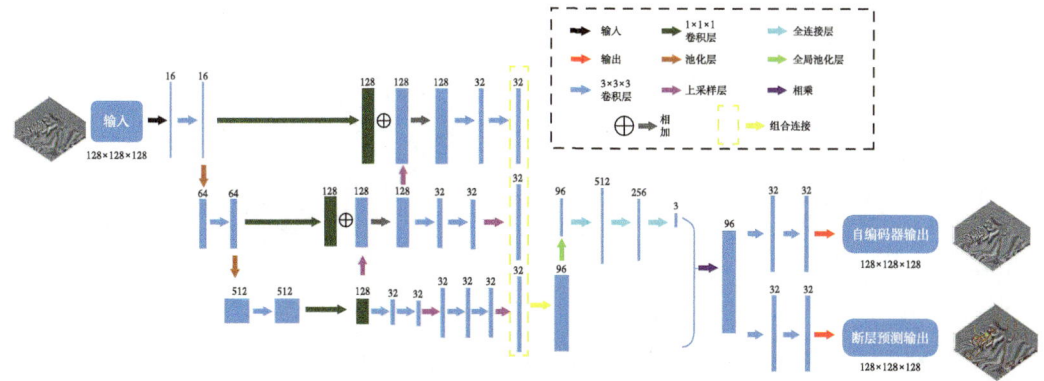

图 4-3-6　注意力机制引导的特征金字塔网络结构图

关于网络的损失函数选择，针对断层检测任务，由于断层数据与非断层数据之间的数目差异巨大，选择带权重的交叉熵函数来减少训练数据不同种类样本数目差异带来的影响，则断层检测损失函数为：

$$L_{\text{fault}} = -a\sum_{i=1}^{i=N_0} y_i \lg p_i - b\sum_{i=1}^{i=N_1}(1-y_i)\lg(1-p_i) \qquad (4\text{-}3\text{-}2)$$

式中，a 与 b 分别代表断层与非断层数据的训练权重；N_0 与 N_1 分别代表训练数据中断层与非断层样本的数目；y_i 代表数据的真实标签；p_i 代表为预测为断层的概率。

针对自编码器，选择均方差作为损失函数：

$$L_{\text{autoencoder}} = -\frac{1}{M}\sum_{i=1}^{M}\left|X_i - \tilde{X}_i\right|^2 \qquad (4\text{-}3\text{-}3)$$

所以特征金字塔网络的总损失为：

$$L_{\text{total}} = L_{\text{fault}} + \lambda L_{\text{autoencoder}} \qquad (4\text{-}3\text{-}4)$$

式中，M 表示训练样本的总数目；X 为原始地震数据；$\tilde{X}$ 为自编码器的预测结果。

选择 Adam 方法来优化网络参数，将学习率设置为 0.0001，不同损失之间的权重比 λ 设置为 1，训练数据的迭代次数往往设置为 20。此外，通过在水平方向上旋转样本来增加样本的数量，从而进一步提高深度学习模型的泛化能力。

4.3.4 断层识别效果分析

如图 4-3-7 所示，选择公开数据 F3（512×384×128）来对比基于特征金字塔网络的频率自适应断层识别效果与传统深度学习方法 U-Net 的断层检测效果，通过对比发现，本节的方法挖掘出了更多断层细节，明显地提高了断层的连续性。U-Net 网络与特征金字塔网络的断层识别准确率分别为 0.9063、0.9440，准确率的提升也充分说明了该方法的有效性。

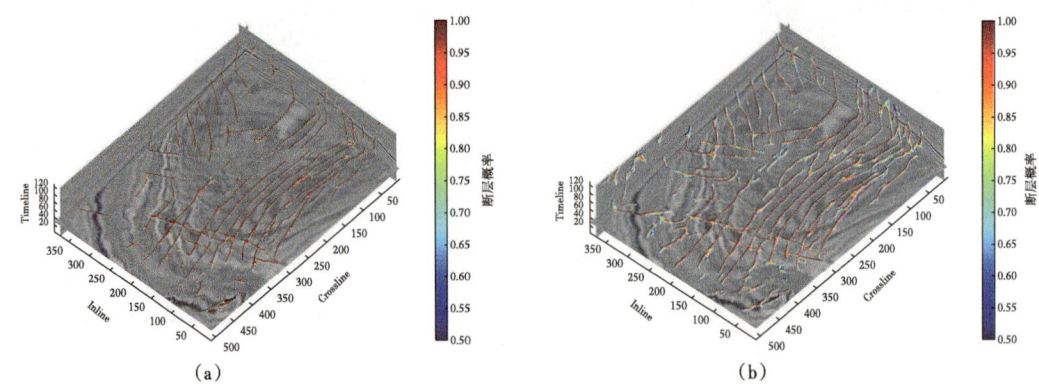

图 4-3-7 不同深度学习方法在 F3 数据上的断层检测效果
（a）U-Net 网络的断层识别效果；（b）特征金字塔网络的断层识别效果

4.4 先验知识驱动的断层增强识别

以卷积神经网络（CNN）为代表的深度学习技术已被广泛地用于地震解释。然而，大多数深度学习方法都是纯数据驱动方法，没有像解释人员那样考虑到重要的地质先验。这导致在地震数据质量不高以及没有丰富的训练样本时，利用深度学习进行断层自动解释难以得到令人满意的结果。本节将以走滑断层为例，提出通过引入地质先验知识来实现断层的增强识别。该方法的关键是对知识图谱的使用。知识图谱既用于表征走滑断层的检测结果，也用于表示先验知识，达到了先验知识和断层识别结果形式上的统一。这就使得先验知识可以用于评估断层检测结果的地质合理性，评估结果再指导断层识别神经网络的注意机制，从而先验知识可以指导断层检测。知识图谱将先验知识传递给计算机，帮助实现人机知识融合。通过对合成数据和真实三维地震数据集的应用，展示了机器学习与先验知识相结合能够提供更可靠的断层解释，更好地协助油藏勘探。

4.4.1 断层增强识别方法流程

走滑断层是指断层两盘沿走向相对滑动的断层类型，其中克拉通内走滑断层对于油气储层发育与油气成藏具有重要的控制作用。纯数据驱动的断层识别方法在地震数据质量高、有丰富的训练样本时能取得很好的效果。但走滑断层通常具有断距小（地震特征不明显）、埋深大（地震数据质量不高）的特点。由于其构造特征复杂，也难以通过正演生成大量与真实情况相似的训练样本。所以纯数据驱动方法得到的走滑断层的识别结果可能具有较大的不确定性。

减少走滑断层识别结果不确定性的关键在于使计算机模仿有经验的地震解释人员的智能，其难点在于如何使计算机获得专家知识和理解走滑断层数据。本节将知识图谱这一新颖的知识表征工具引入走滑断层识别，提出先验知识驱动的走滑断层增强识别方法。一方面，通过知识图谱对走滑断层初始识别结果进行形式化表征，使计算机可以理解断层识别结果。另一方面，专家知识也可以方便地表征为作用于知识图谱的规则，从而对走滑断层初步识别结果进行地质层面的合理性评价，以指导断层属性体的修正。

先验知识驱动的走滑断层增强识别的流程如图 4-4-1 所示，可以分为两个阶段。在第一个阶段建立表征走滑断层识别结果的知识图谱。这里知识图谱的节点表示断层片，边表示断层片的拓扑关系。首先通过基于迁移学习的断层识别方法得到初步的走滑断层属性体，再在初步属性体中筛选位于断层面上的点，并将它们融合为多个表示断层片的断层点集，也就获得了知识图谱的节点。然后判断断层片间的拓扑关系，也就是将知识图谱中的节点用边连接起来。在第二阶段得到断层的增强识别结果。首先将先验知识转化为作用于知识图谱的评价规则，用于在知识图谱中发现初步的走滑断层识别结果中合理和不合理的部分。然后将评估结果与具有注意机制的 U-Net 网络相结合，重新生成新的断层识别结果。新的结果中被评价为合理部分的故障似然值倾向于增加，而被评价为不合理部分的故障似然值倾向于降低，最终得到断层增强识别的结果。

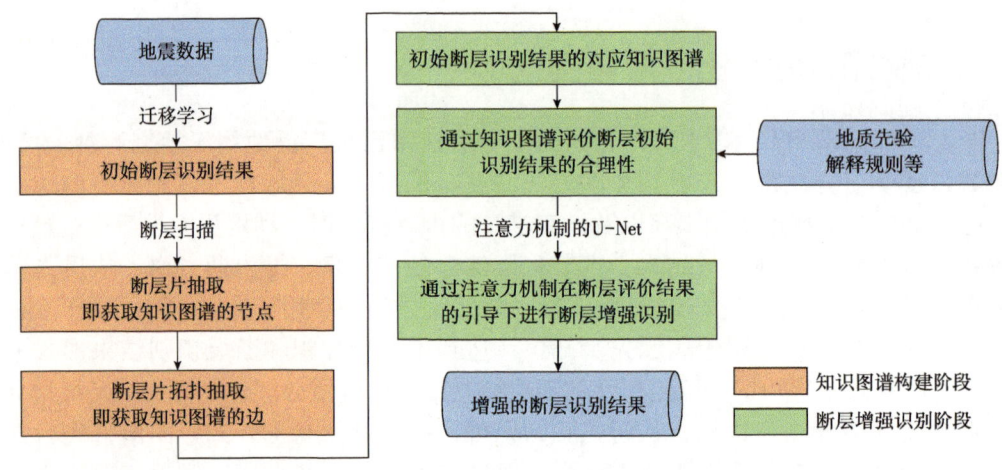

图 4-4-1　基于知识图谱的断层增强识别流程

在本书中强调在断层识别中通过知识图谱引入了先验知识，实现数据—知识双驱动的断层识别。知识图谱的优势在于可以表征地质要素间复杂的关系。知识图谱一方面对走滑断层识别结果进行了表征，显式描述了走滑断层属性体的语义，使得计算机可以从拓扑视角理解识别结果。同时，知识图谱也是人机知识交互的窗口，专家知识可以方便地转化为作用于图的规则，然后对走滑断层识别结果的合理性进行评价，从而指导断层的增强识别。通过知识图谱，进行了人机知识融合，使得先验知识引导深度学习得到增强的断层是可行的。引入专家知识的做法相比于纯数据驱动的深度学习更准确地解释了地下地质情况，同时还限制了人工解释带来的主观不确定性。

4.4.2　表征走滑断层的知识图谱框架

本节将定义走滑断层的知识图谱，用于表征走滑断层识别结果中的语义信息，使得计算机可以理解识别结果并将其与专家知识进行对比，这将大幅度降低走滑断层自动解释的不确定性。

知识图谱中的节点就表示一个走滑断层点集。在走滑断层初步识别后，得到了断层属性体。断层属性体本质是点云，每一点的属性包括该点的断层概率、走向和倾角。断层概率大于阈值的点是断层面上的点，而空间相邻且走向和倾角接近的断层点应该属于同一个断层，据此将断层属性体中的离散点进行融合，得到多个断层点集。这些断层点集可以近似于断层面或完整断层面的一部分，即断层片。具体获得断层属性和断层片的方法将在第4.5 节中详细介绍。

知识图谱中的边则为走滑断层间的拓扑关系。走滑断层破碎带内往往有着复杂的空间拓扑关系（图 4-4-2）。一个典型的走滑断层主位移带通常由一系列里德尔剪切面构成，表现为辫状或网状组合的破裂面，在平面上大致呈线性延伸。在位移带的末端，走滑位移分散到一系列次级分支断层上。这些分支断层与主走滑带斜交成马尾构造或扇形断层构造。走滑过程中，在两条走滑断层相互重叠的阶状区域或者一条走滑断层的弯曲带部位常发展走滑双重构造。走滑断层在离散型重叠区或弯曲带处，表现为张性分量，岩体受拉伸形成正断层、伸展走滑双重构造和拉分盆地，在剖面上表现为负花构造；在聚敛型重叠区，出现压性分量，岩体受挤压和缩短形成逆断层、褶皱、收缩走滑双重构造和隆起，在剖面上表现为正花构造。

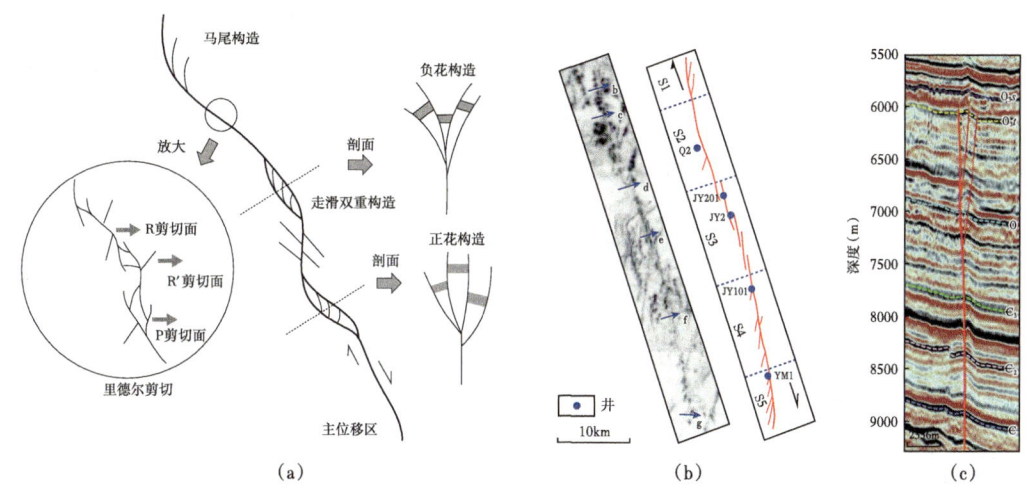

图 4-4-2 走滑构造带与走滑断层

(a)走滑构造带理论模型;(b)典型的走滑构造带平面图;(c)典型的走滑断层地震剖面图

以上总结了走滑断层和走滑构造带的破裂面之间的拓扑关系。任何两个相互作用的断层和裂缝之间可能存在以下关系：

(1)线性：两个断裂面端点接近、走向基本一致且没有重叠区域，可以认为它们属于同一个更大的断层［图 4-4-3(a)］。

(2)接近：两个断裂面端点接近、有重叠区域而互不接触。在主位移区内的走滑断层重叠部分和成雁列排列的小断层都属于这种情况［图 4-4-3(b)］。平行的断裂面虽然没有几何关联，但它们可以通过位移相互作用或是在同一变形事件中形成的，即有动力学层次上的关联。

(3)交叉：两个断裂面相互交叉切割，以 X 型相交［图 4-4-3(c)］。它们可能是同步发育的。两个断裂面的交角通常不大于60°。

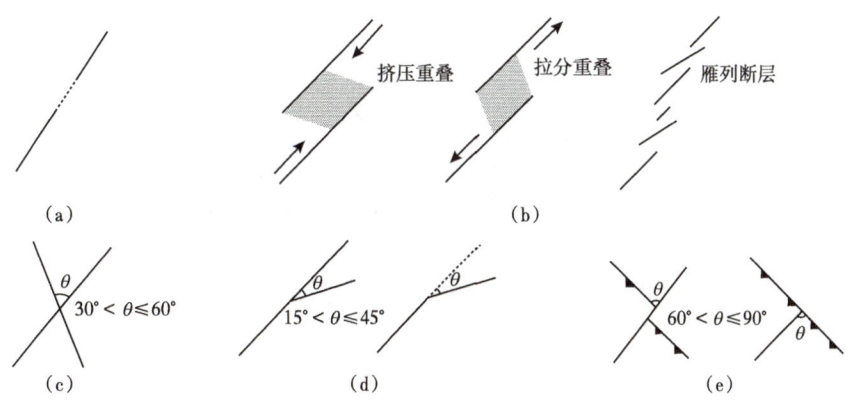

图 4-4-3 走滑断层断层片的 5 种拓扑关系的示意图

(a)线性;(b)接近;(c)交叉;(d)分支;(e)正交

113

（4）分支：大断裂面的周围和末端经常发育分支小断裂面，以 Y 型相交［图 4-4-3（d）］。两个断裂面通常以低角度（＜60°）相交。走滑断层的羽状段、马尾段均属于这种情况。

（5）正交：正交的破裂面多发育在走滑断层与逆冲断层的构造转换部位，以 X 型或 T 型相交［图 4-4-3（e）］。正交破裂面具有调节应力作用。两个断裂面的通常以大角度（＞60°）相交。

4.4.3 知识图谱提取

知识图谱的构建可以分为 4 个步骤：（1）断层属性体获取；（2）断层片生成，即知识图谱的节点生成；（3）断层关系提取，即知识图谱的边生成；（4）断层片融合，即知识图谱节点优化，将由"线性"关系连接的断层片融合为一个更大的断层片，再生成新的知识图谱。本小节设计了一个如图 4-4-4（a）所示的合成数据集，模拟了走滑断层中典型的负花构造。向合成的地震数据中加入了信噪比 0.1 的高斯噪声［图 4-4-4（b）］，再用基于迁移学习的断层识别方法得到断层的概率属性体［图 4-4-4（c）］。迁移学习能在没有实际断层标签的情况下较好地完成断层识别，很适合走滑断层识别任务。

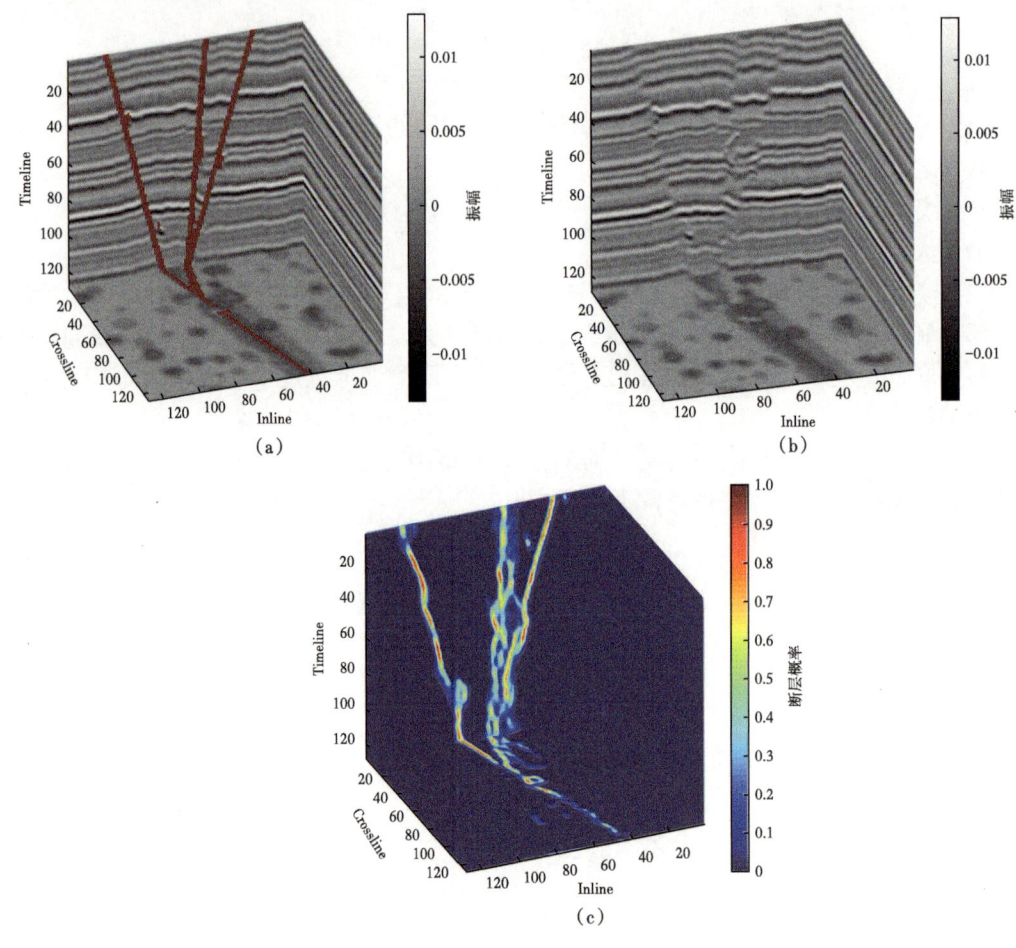

图 4-4-4 迁移学习过程示意图
（a）合成数据的标签；（b）合成地震数据；（c）迁移学习得到的断层概率属性体

接下来使用断层扫描方法从断层初始属性中计算断层点的倾角和走向。这个方法假设断层面在局部是平面的，提出了一个由所有可能的走向和倾角组合定义的平滑滤波器。每个断层点的走向和倾角即为平滑滤波器达到最大平滑响应时的走向倾角。具体方法将在4.5节中介绍。合成数据的走向和倾角如图4-4-5所示。

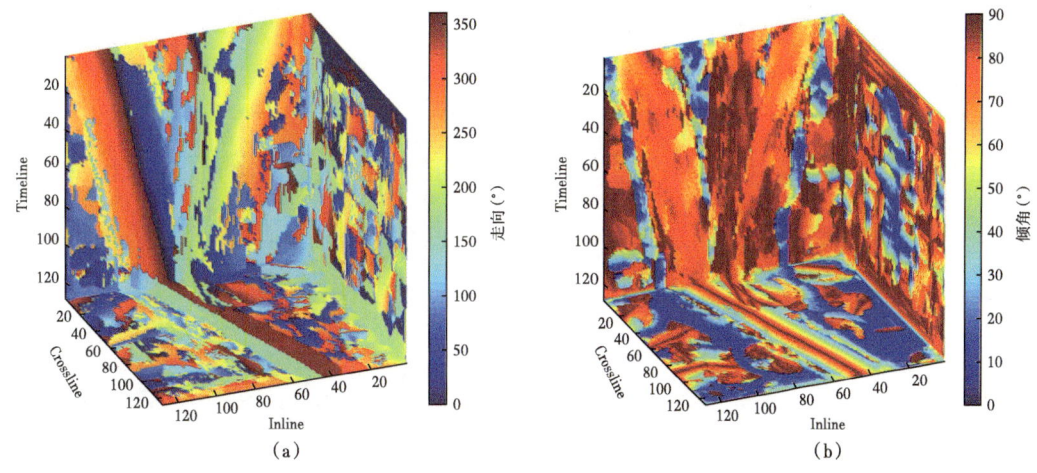

图4-4-5　合成数据的走向属性体（a）与倾角属性体（b）

得到断层属性体后，还需要对它进行过滤来选择断层点。最简单的策略是设置一个断层概率阈值，大于该阈值的点就是断层点。这里阈值为0.5。断层点可以根据方向和空间位置融合为点集，以此达到在一个断层属性体中区分多个断层的目的。几何相邻的断层点可能属于同一个断层，也可能属于两个断层，比如交叉的断层，而断层点的方向信息可以用来区分这两种情况[54]。可以借鉴区域增长法的思想，将走向和倾角相似的相邻断层点聚集起来。在区域增长的过程中，也结合了断层建模中常用的断层细化思想[31]，即只保留断层属性体中断层脊的属性值，并把其他地方属性置为空值。这样使得提取的断层片不会像断层属性体中所示的那样厚，能更清晰地描述断层和方便解释。这样得到的断层点集就是断层片（图4-4-6）。

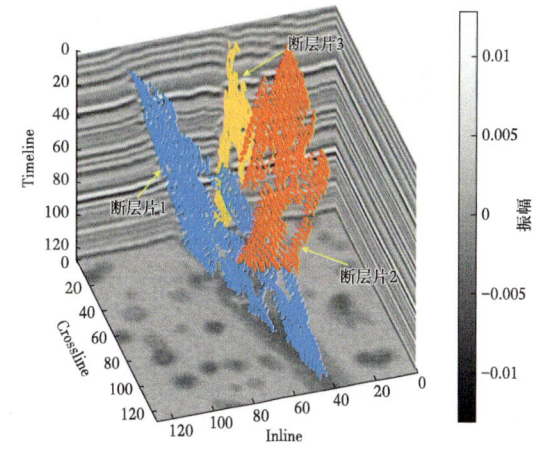

图4-4-6　断层片示意图

得到断层片后可以将断层片按照规模进行分级。这有助于下一步判断断层片间的拓扑关系。例如，若两个断层间的关系为"分支"，那么主断层应该比次级断层在规模上至少高一个级别。这里将断层进行分级的依据是断层片在水平方向和垂直方向延伸的范围。相比于直接将断层点集包含的点数作为分类依据，该分类方法更符合地质认知。水平延伸范围为断层片水平投影中相距最远两点的欧氏距离，即 $d_H = \sqrt{(x_{\min} - x_{\max})^2 + (y_{\min} - y_{\max})^2}$，垂直延伸范

围为 $d_V = |z_{max} - z_{min}|$。这样将断层片分为 5 级，1 级最大，5 级最小。在合成数据中，$d_H >$ 80 且 $d_V > 80$ 的断层片为 1 级，$80 \geq d_H > 50$ 且 $80 \geq d_V > 50$ 的断层片为 2 级，以此类推。合成数据断层片的分类结果如图 4-4-7 所示。

这样就得到了知识图谱中的节点，每个节点代表一个断层片，节点的属性包括断层片的等级、断层片的走向（包含的所有断层点走向的均值）、断层片的倾角（包含的所有断层点倾角的均值）。

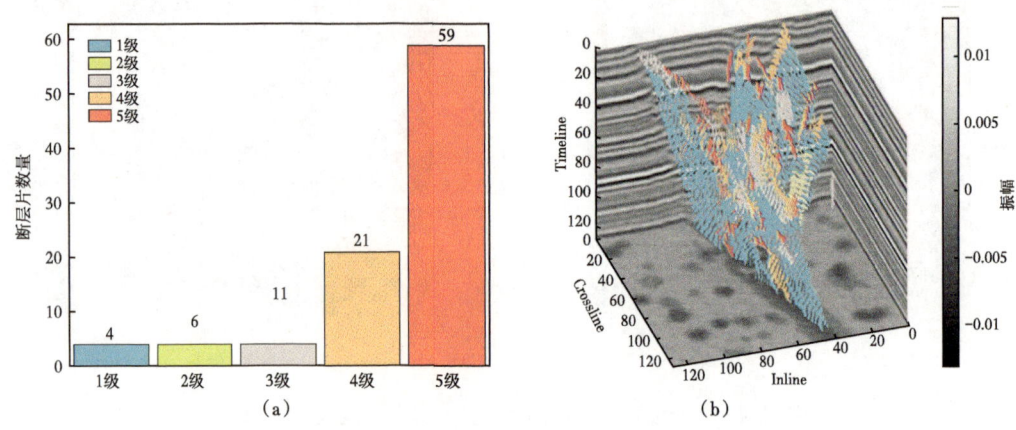

图 4-4-7　合成数据断层片的分类结果
（a）每个级别的断层片数量；（b）合成数据中的所有断层片，颜色代表断层片的等级并且与（a）对应

两个断层片之间的拓扑关系则是由它们的距离、走向差、倾角差和断层级别差判断的，分别记为 d、Δs、Δd 和 Δl。断层片的距离定义为两个断层点集中相距最近的两个断层点的欧氏距离。这里设置两个距离阈值：$d_{t1}=5$ 和 $d_{t2}=15$；两个走向差阈值：$\Delta s_{t1}=15°$ 和 $\Delta s_{t2}=60°$；倾角差阈值：$\Delta d_t=30°$。当 $d < d_{t1}$ 时，认为两个断层片相交；当 $d > d_{t2}$ 时，认为两个断层片是相互独立的。当 $\Delta s < \Delta s_{t1}$ 时，认为两个断层片是平行的；当 $\Delta s > \Delta s_{t2}$ 时，认为两个断层片是近似正交的。所以计算断层片两两之间的距离、走向差、倾角差和断层级别差之后，就可以判断知识图谱的两个节点间是否连边。至此，一个走滑断层知识图谱的初步构建就完成了。

4.4.4　断层增强识别

本节将介绍如何利用知识图谱进行走滑断层的增强识别。地质先验、解释偏好、专家知识等都可以转化为用作知识图谱的规则。初步走滑断层识别结果转化为知识图谱后，利用这些规则对其进行评价，即确定初始识别结果中合理和不合理的部分。再将评价结果作为注意力机制引入用于断层识别的 U-Net 网络，得到更合理的断层增强识别结果。

4.4.4.1　断层初步识别结果的评估

首先将先验转化为作用于图的评价规则。某一工区的先验可以分为两类，一类描述该工区的断层关系和分布应该具有的特征，另一类描述该工区的断层不应该出现或应该很少出现的特征。那么评价规则也可以分为两类：（1）正向评价规则——找到初步识别结果中与应该具有的特征相符的部分，这部分在后续属性优化时需要增强；（2）负向评价规则——找到初步识别结果中与不应该具有的特征相符的部分，这部分在后续属性优化时需要减弱。

这里通过合成数据举一个简单的例子。由于缺乏具体的地质背景，因此简单设置正向评价规则为"大断层是相对可靠的"。这里的"大断层"不仅仅是指规模大的单个断层片，还包括了大断层片周围的小断层片，以及虽然没有融合但关联紧密的一组小断层片。这个正向评价规则表达为作用于图的形式包括：（1）2级及以上的大节点；（2）大节点的线性、接近邻居节点；（3）线性和接近关系组成的小节点（4级和5级节点）的大连通分量。而不与大断层片邻接、离散的小断层片（5级节点）则很可能是数据噪声造成的，就是负向评价规则。根据以上规则，得到了合成数据中需要增强和减弱的断层片（图4-4-8）。

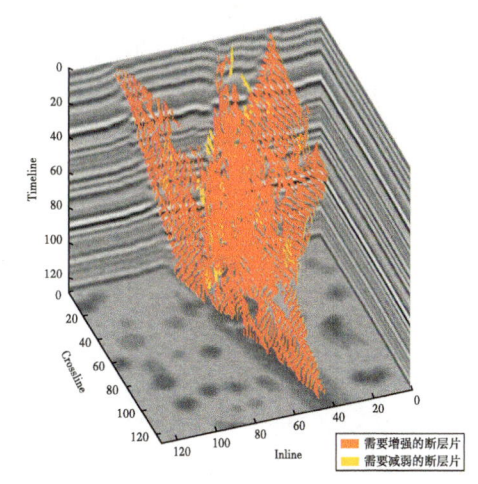

图4-4-8 基于知识图谱对合成数据的评价结果

4.4.4.2 基于评价结果的断层增强识别

获得走滑断层初步识别结果的评价后，使用该断层评价来指导含有注意力机制的U-Net网络的训练，从而得到了新的断层识别结果。该网络的定义如下：

$$F_{enhance} = f([S, F_{evaluation}])$$

式中，f表示深度学习模型；S表示原始地震数据体；$F_{evaluation}$表示走滑断层初步识别结果的评价，S与$F_{evaluation}$共同组成U-Net网络的输入。

值得一提的是，$F_{evaluation}$用于与注意力机制模块结合，引导神经网络重点关注深度特征中有助于走滑断层识别的关键信息。$F_{enhance}$为U-Net网络的输出，表示经过增强后的走滑断层识别结果。

含有注意力机制的U-Net网络框架如图4-4-9所示。对大小为128×128×128的原始地震数据体，使用卷积核大小为3×3×3的卷积层提取深度特征，选择Relu函数作为卷积层的激

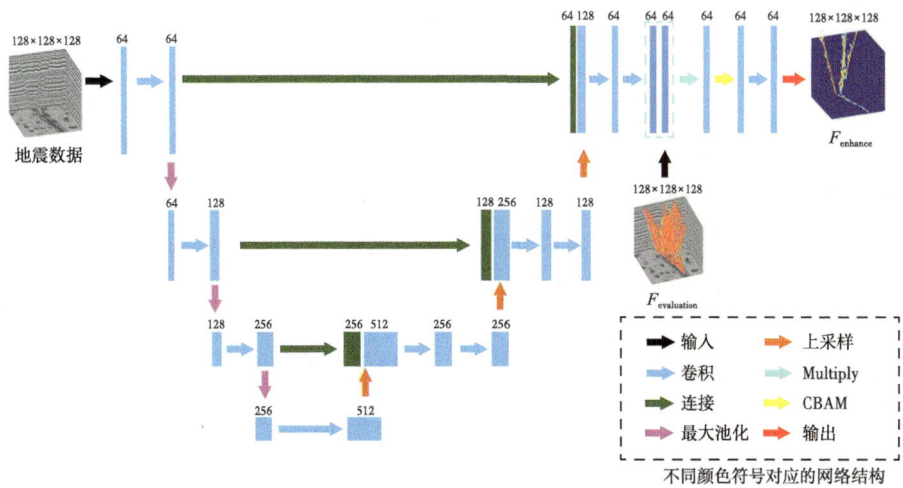

图4-4-9 U-Net网络的具体架构图

活函数。大小为 2×2×2 的池化层用于下采样操作。另外使用注意力机制来自适应地学习深度特征中对目标任务更关键的信息：首先使用大小为 128×128×128 的评价结果与深度特征进行相乘操作得到新的深度特征，从而完成评价结果的引导操作，然后再融合卷积块注意力模块（CBAM）[56]自适应地学习新的深度特征中的重点信息，如图 4-4-10 所示。卷积注意力模块由通道注意力模块以及空间注意力模块组成，通过以上两个模块完成在空间以及通道两个维度的池化操作从而学习注意力权重，将该注意力权重与深度特征相乘来实现自适应的特征优化。最终得到的网络输出为 128×128×128 大小的断层识别概率体。

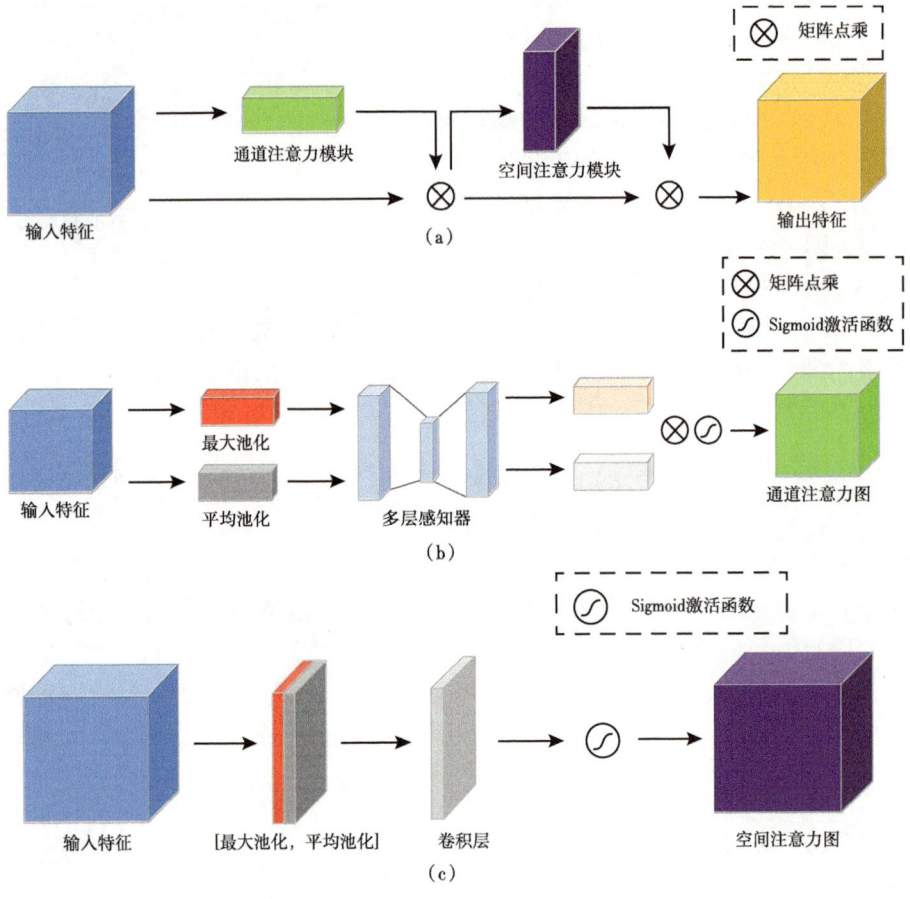

图 4-4-10　注意力模块示意图
(a)网络总体结构；(b)通道注意力模块网络结构；(c)空间注意力模块网络结构

为了训练 U-Net 网络使其能够完成断层增强识别，使用断层（1）和非断层（0）作为地震数据中体素的断层类别标签 y。原始地震数据体 S 以及断层评价结果 $F_{evaluation}$、断层类别标签 y 共同组成训练集。由于在实际情况下断层与非断层点的比例悬殊，数据不平衡会严重影响学习算法的性能，训练出的模型难以正确地表示数据的分布特征，所以使用带有权重的交叉熵目标损失函数，通过调整断层、非断层对应的训练权重来减小数据不平衡带来的影响：

$$L = -\left(a\sum_{i=1}^{i=N_0} Y_0 \lg P_0 + b\sum_{i=1}^{i=N_1} Y_1 \lg P_1 \right)$$

式中，a、b 代表断层、非断层的训练权重；N_0、N_1 分别代表训练数据中断层点、非断层点的数目；Y_i 代表真实的断层类别标签；P_0、P_1 分别表示神经网络预测为断层、非断层的概率。

在训练 U-Net 网络的过程中，按照 Wu 提供的工作流程生成 200 组大小为 128×128×128 的三维合成地震数据以及相应的断层标签[10]。随后获取正演数据的断层初始预测结果的断层评价结果，从而完成了训练数据集合的制作。另外，按照相同方式制作了 50 组大小为 128×128×128 的验证数据集，用于评估深度学习模型的性能。这里选择 Adam 优化器来优化网络，初始学习率设置为 0.0001，训练的 Batchsize 为 2，Epoch 为 25。为了方便观察，分别在 Timeline 剖面和 Crossline 剖面上展示了断层识别的效果（图 4-4-11）。

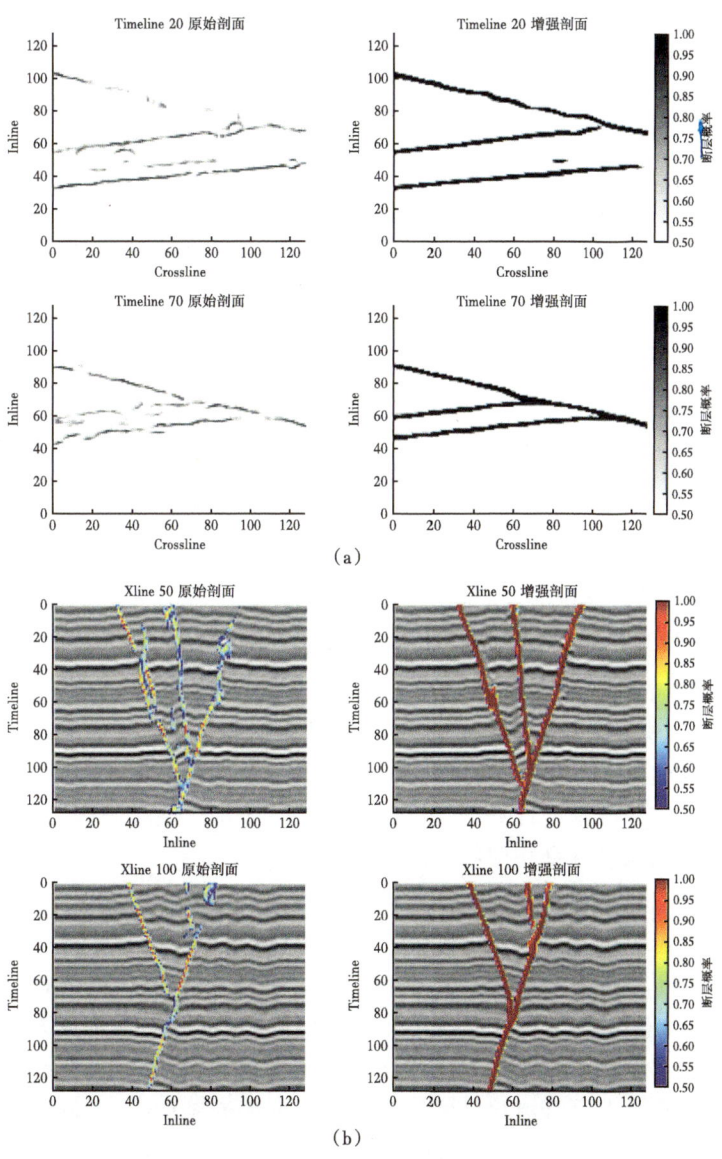

图 4-4-11　断层识别效果

（a）合成数据断层识别在 Timeline 剖面上的对比效果；（b）合成数据断层识别在 Crossline 剖面上的对比效果。第一列为初始断层识别结果，第二列为断层增强识别结果。断层概率阈值都为 0.5

4.5 基于计算拓扑的断层面抽取

4.1 至 4.4 节介绍了如何从地震数据中识别断层构造，更进一步，本节讨论如何从断层属性（即断层检测结果）中抽取出完整断层面。从断层属性中进行断层面抽取存在有两个重要挑战，一是保证断层面的完整性，二是对于复杂断层情况的断层面抽取。为了解决这两个问题，本节提出一种基于计算拓扑的断层面抽取方法，能够保证抽取断层面的完整性，同时对于交叉断层等复杂断层情况具有很好的效果。本节从目标断层中的一个点开始，搜索目标断层上的点，进一步得到断层边界，并在边界约束下使用计算拓扑中的坍缩从断层属性数据中抽取目标断层。坍缩保持拓扑的特性能够保证断层面的完整性。同时由于搜索过程允许有一定的距离，可以将被切割的断层重新组合起来，对交叉断层有很好的效果。

4.5.1 搜索断层控制点

选择一个断层上的点，称为种子点。从该点出发搜索得到同属于一个断层面上的点，称为断层控制点（包括种子点），用它们来大致表征该断层在空间中的大致形态。考虑到同一个断层面上临近区域的点具有相似的走向信息，搜索过程除了需要属性数据的参与外，还需要在断层走向信息的约束下完成。因此，在搜索之前使用扫描的方式[8,19]从断层属性数据中获得断层的走向信息，包括倾角数据和方位数据。本节应用一个由所有可能的走向和倾角组合定义的平滑滤波器来处理断层属性数据，每个断层点的走向和倾角由产生最大平滑响应的平滑滤波器给出：

$$(\varphi,\theta) = \underset{(\varphi,\theta)\in\varphi_{set}\times\theta_{set}}{\mathrm{argmax}} f * g_{\varphi,\theta} \qquad (4\text{-}5\text{-}1)$$

式中，× 表示笛卡儿积；* 表示卷积；f 表示基础断层属性数据；φ_{set} 和 θ_{set} 分别是扫描得到的断层走向和倾角集合；$g_{\varphi,\theta}$ 表示由走向 φ 和倾角 θ 定义的平滑滤波器。

这里选择 F3 数据集的一部分来展示断层扫描的结果，如图 4-5-1 所示。图 4-5-1（a）是原始地震数据；图 4-5-1（b）是由基于迁移学习的断层检测得到的断层属性数据。断层扫描得到的相应走向和倾角属性如图 4-5-1（c）(d)所示。通过观察可以发现，属于同一断层的点在相邻区域似乎具有相似的走向和倾角。

结合已有的断层属性数据、方位角数据和倾角数据，确定搜索过程如下：将种子点作为搜索中心点，根据其方位角和倾角确定一个平面，将该平面分为 6 个区域（也可以使用 4、8 等邻域，经过实验，发现 6 邻域已经满足需求），如图 4-5-2（a）所示。通过设置搜索的最短距离、最长距离以及偏离平面的角度，可以在每个邻域确定搜索区域[图 4-5-2（b）]，并在其中根据控制点搜索策略确定至多一个满足条件的断层控制点；将新确定的控制点作为搜索中心点使用相同的方式进行处理，直至没有新的控制点产生为止。其中，控制点搜索策略包含两种情况：（1）如果搜索区域中已经存在有断层控制点，则该点即为所需要的点；（2）如果搜索区域中没有已经确定的断层控制点，找出候选区域中和搜索中心具有相似倾角和方位角的点，并确定其中断层属性值最大的点，若属性值大于设定的属性阈值，则该点即为新的断层控制点，否则，则不存在新的断层控制点。

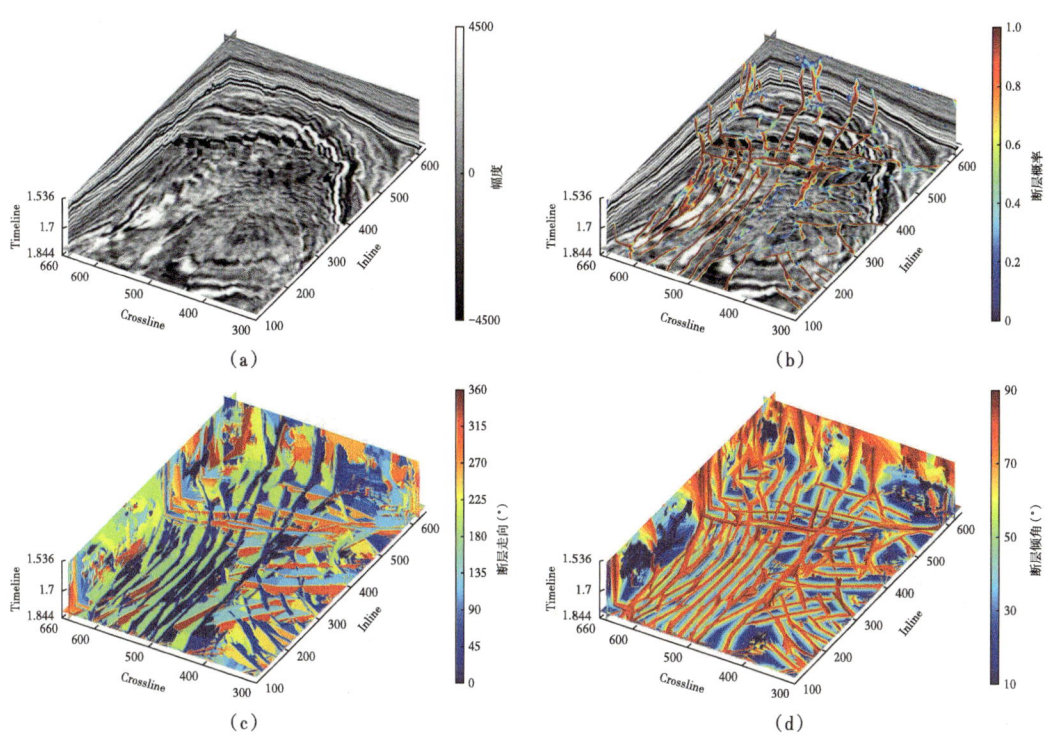

图 4-5-1 通过断层扫描得到的断层走向与倾角

(a)原始地震数据;(b)断层检测得到的断层属性数据;(c)断层走向;(d)断层倾角

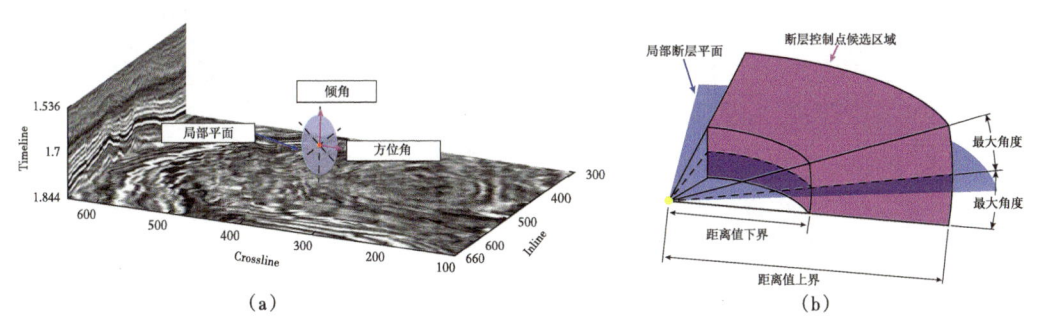

图 4-5-2 搜索断层控制点

(a)根据种子点的方位角和倾角确定局部平面,并分为 6 个区域;(b)在每个区域中确定搜索区域

图 4-5-3(a)显示的为断层点搜索的结果。可以看出,这些点基本组成了一个完整断层面的形态,并且图中有些区域的断层控制点较为密集,有些区域的断层控制点较为稀疏。有些区域可能由于噪声或是数据缺失导致该区域断层特征并不明显,断层属性对断层的刻画不足,从而导致断层控制点较为稀疏。

4.5.2 断层面抽取

受 Surfcut 方法[20]的启发,在断层控制点的约束下抽取断层面的方法包括 3 步:(1)获得目标断层边界;(2)断层属性处理;(3)抽取断层面。

地下复杂构造智能建模

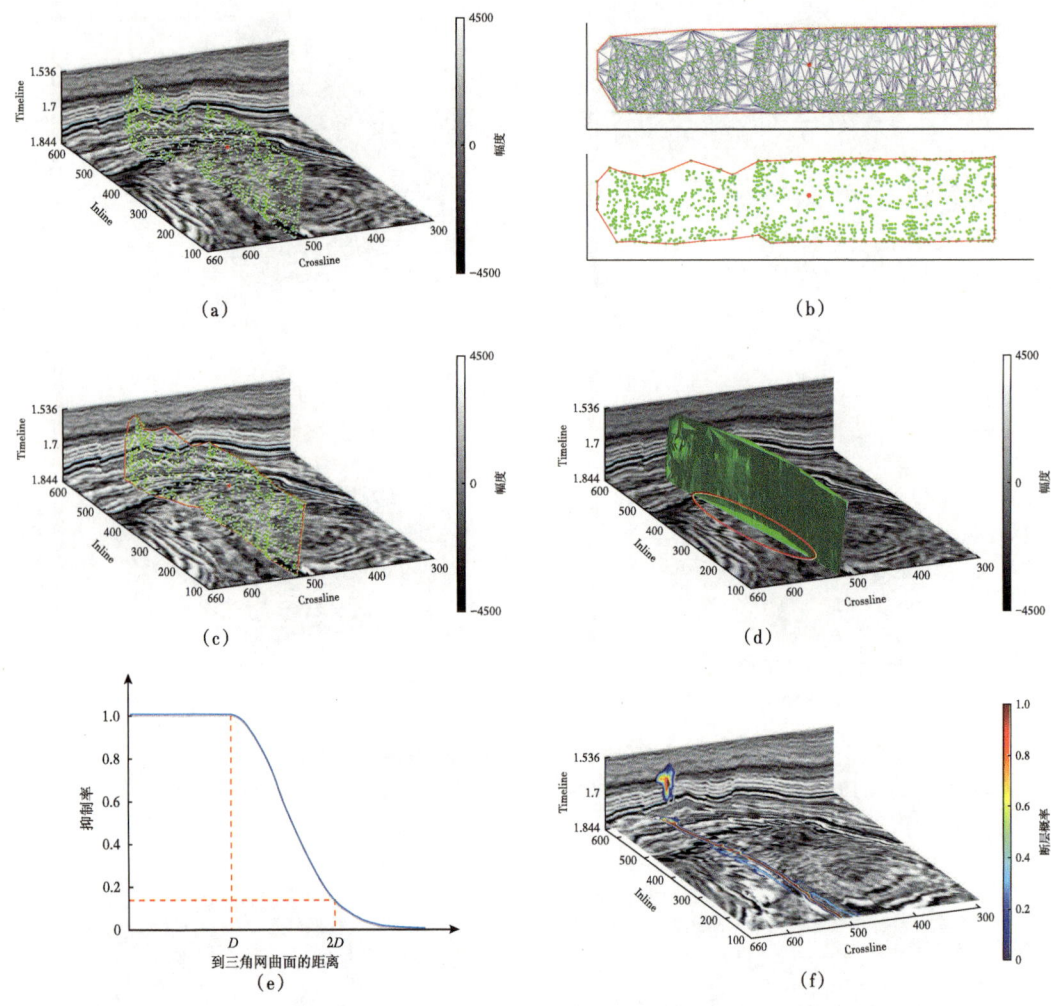

图 4-5-3　断层点搜索与断层面抽取

（a）从种子点（红色点表示）搜索得到的属于该断层面的控制点（绿色点）；（b）对三维断层控制点进行降维，并获取边界（①中红色边界线为凸包络，蓝色线为三角网格；②中红色边界线为抽取的断层边界线）；（c）将降维后确定的断层边界映射回三维空间中；（d）将降维后得到的三角网映射回三维空间中得到空间三角网曲面；（e）用于处理断层属性的距离相关变换函数的函数图像；（f）处理后的断层属性

4.5.2.1　获取目标断层边界

直接在三维空间中获得点集的边界线并不容易，考虑到断层控制点集的空间分布特征，可以采用流形学习的思路先对它们进行降维。"流形"是在局部与欧氏空间同胚的空间，它在局部具有欧氏空间的性质[21]。常用的流形学习算法包括 ISOMAP[22]、LLE[23]、LPP[24] 等。此处的情况具有特殊性，是将三维数据降维成二维数据，并不是任意维度的降维。因此，可以用一种更简单高效的思路进行降维：将每一个控制点的方位角方向和倾角方向的方向向量作为该点映射到的二维空间的基向量。具体做法如下：将控制点搜索过程中的邻居关系作为这些点之间的邻接关系。将种子点作为降维后二维空间中的原点，将其邻居点垂直投影到种子点作为原点、其方位角方向和倾角方向为基向量的平面上，计算得到邻居点在该平面上的坐标，也就是该邻居点在降维后的二维平面上相对于种子点的相对

坐标。如此，也就完成了种子点的邻居点的降维。对于种子点的邻居点，使用相同的方式进行处理，直至所有的点都完成降维。

图 4-5-3（b）展示的即为控制点降维到二维空间中的结果，通过比较三维空间和二维空间中点集的空间分布，可以发现降维前后点集的空间形态基本相同。计算凸包是获得二维点集边界的常用方法，图 4-5-3（b）①中红色边界线即为计算的凸包，它们是三角剖分 [图 4-5-3（b）①中蓝色线组成的三角网] 的包络。然而，凸包并不适合作为断层的边界，图中黑色箭头所示区域明显应该排除于断层之外，而凸包却将其包括在内。在这些点之间连边，将长度小于搜索控制点时的最长搜索距离的边保留下来，将这些边所构成的网格的包络提取出来，作为点集的边界，如图 4-5-3（b）②所示。显然，这比凸包络更加合适。将该边界映射回三维空间中，作为目标断层的边界，如图 4-5-3（c）所示。

4.5.2.2 断层属性处理

获取目标断层边之后，需要对断层属性进行处理，使得其中只包含目标断层，便于后面的抽取断层面。当然，可以直接构建三角网曲面，通过将降维后的点构成的三角网映射回三维空间实现 [图 4-5-3（d）]。可以看到，这个曲面比较粗糙，甚至有些地方出现错误 [图 4-5-3（d）中红色椭圆中区域]，但是基本位于断层真实位置附近，可以视为断层面的近似。使用一个和距离相关的变换函数将远离该曲面的位置上的断层属性值进行抑制，使得在属性数据中只包含有目标断层，其他断层的属性值为零或是接近于零。采用的变换函数如下：

$$s = \begin{cases} 1 & , \quad d < D \\ e^{-\frac{2(d-D)^2}{D^2}} & , \quad d \geq D \end{cases} \tag{4-5-2}$$

式中，d 为到三角网曲面的距离；D 是与属性保留区域宽度有关的参数。

该变换函数图像如图 4-5-3（e）所示。图 4-5-3（f）为处理后的断层属性，可以看到，只有目标断层处的属性值得到了保留。

4.5.2.3 断层面抽取

断层面抽取方法是一种计算拓扑方法。首先需要介绍与之相关的立方复形理论（Cubical Complex Theory）。

立方复形理论定义了离散数据的拓扑。设 $\mathbb{Z}$ 为整数集，在此基础上定义两个集合 $\mathbb{F}_0^1$ 和 $\mathbb{F}_1^1$，其中 $\mathbb{F}_0^1 = \{\{a\} | a \in \mathbb{Z}\}$，$\mathbb{F}_1^1 = \{\{a, a+1\} | a \in \mathbb{Z}\}$。一个 m-面（m-Face）f 就是 $\mathbb{Z}^n$ 的一个子集，有：

$$f = \boldsymbol{X}_1 \times \cdots \times \boldsymbol{X}_m \times \boldsymbol{Y}_1 \times \cdots \times \boldsymbol{Y}_{n-m} \tag{4-5-3}$$

其中 $\boldsymbol{X}_i \in \mathbb{F}_1^1, i = 1, \cdots, m, \boldsymbol{Y}_j \in \mathbb{F}_0^1, j = 1, \cdots, n-m$

式中，m 是 f 的维度：$\dim(f) = m$。

一个点就是一个 0-面 [图 4-5-4（a）]，长度为 1 的边是 1-面 [图 4-5-4（b）]，边长为 1 的正方形是 2-面 [图 4-5-4（c）]，边长为 1 的立方体是一个 3-面 [图 4-5-4（d）]。设

$\mathbb{F}^n$为$\mathbb{Z}^n$为中所有面(Face)的集合。对任意$f\in\mathbb{F}^n$,定义$\hat{f}=\{g|g\in\mathbb{F}^n,g\subseteq f\}$和$\hat{f}^*=\hat{f}\setminus\{f\}$。$\hat{f}$包含$f$的所有面,$\hat{f}^*$中的元素就被称为$f$的一个真面(Proper Face)。例如,如果$f$是一个立方体(3-面),它包含6个正方形(2-面)、12个边(1-面)和8个点(0-面),则它们都是f的真面。这些真面加上f本身就构成了集合$\hat{f}$。

现在可以给出立方复形的定义:一个有限集$X\subseteq\mathbb{F}^n$且$X=U\{\hat{f}|f\in X\}$,则X是立方复形。所以一个立方复形X应该包含X中所有面的子面,如图4-5-4(e)所示;否则它不是立方复形,如图4-5-4(f)所示。$\dim(X)=\max\{\dim(f)|f\in X\}$,若$\dim(X)=d$,则$X$是一个立方$d$复形(Cubical d-Complex)。立方复形中自由面和自由对(Free Pair)的概念定义为:设X为立方复形,且f、g为X的两个面。如果f是X的唯一面使得g是f的一个真面,则g对于X是自由的,并且f、g是对于X的自由对[图4-5-7(g)]。从X中去除一些自由对,可以保持X的同伦等价性,这个就是坍缩操作(Collapse)。坍缩操作就是由一系列移除自由对的操作构成,能够保持立方复形结构的拓扑不变[25]。

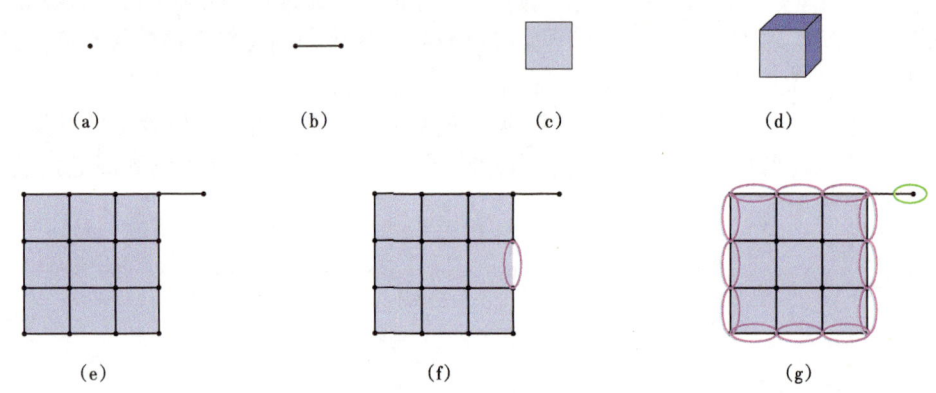

图4-5-4 立方复形示意图

(a)~(d)分别为0-面、1-面、2-面和3-面;(e)中的面构成立方复形,而(f)中的面不构成立方复形;(g)显示了一些自由面,即绿色圈出的0-面和紫色圈出的1-面

在断层属性空间中的一个立方区域中构建立方3复形,其中包含所有的网格体(3-Face)、网格面(2-Face)、网格线(1-Face)和网格点(0-Face),并且该区域能将整个目标断层囊括其中。对每一个网格面赋予权值,等于其包含的4个网格点在处理后的断层属性数据中对应属性值的均值。由于在处理后的断层属性数据中只包含有目标断层,因此位于目标断层上的网格面具有较大的权值,而其他地方的网格面的权值较小。同时,将之前抽取的边界离散化,使用网格线表示,并将它们在立方3复形中标记出来。这样就可以使用如下方法从构建的立方3复形中抽取目标断层面:将所有的网格面按照权值进行升序排列,并不断遍历它们。在每次遍历中,按照以下方式处理网格面:该网格面是否与立方3复形中的网格体构成自由对,如果构成,从立方3复形中删除该网格体和网格面,并从遍历列表中删除该网格面;该网格面是否与立方3复形中的网格线构成自由对,并且该网格线不在离散化的边界上,如果是,从立方3复形中删除该网格面和网格线,并从遍历列表中删除该网格面。整个遍历过程的停止条件是在最近的一次遍历过

程中没有新的网格面被删除。

最终的立方3复形中不包含有网格体，其包含的所有的网格面可构成一个以标记的离散边界线为边界的曲面，并且由于整个过程是坍缩操作，只删除自由对，因此立方3复形的拓扑一直没有发生改变，因此得到曲面是完整的，不存在有空洞。图4-5-5（a）显示的是使用坍缩操作不断收缩立方3复形的过程。

图4-5-5（b）显示的即为抽取的目标断层面，使用断层属性值对其进行着色。可以看到，该目标断层面位于属性值较大处，说明该面与断层属性数据中目标断层的真实位置是吻合的。但是，也可以发现，该面在局部存在阶梯状。这是由于该面是由网格面构成，使用扩散流（Diffusion Flow）在不改变面位置的情况下对该曲面进行光滑，其结果如图4-5-5（c）所示，这个就是最终的目标断层面。

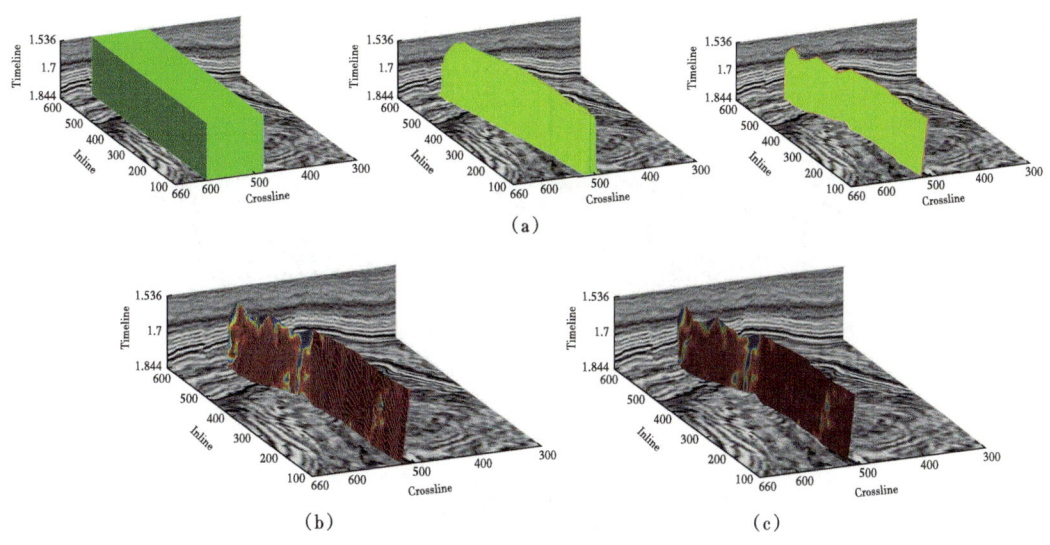

图4-5-5　目标断层面

（a）在边界和网格面属性约束下的立方3复形坍缩过程；（b）抽取的目标断层面；（c）平滑后的目标断层面

本次研究抽取了所选择数据中所有的断层面，选择断层属性数据中所有属性值大于给定阈值（设置为0.5）的点，并按照属性值从大到小对它们进行排序。依次检查这些点，并选择种子点，保证后选的种子点与之前的种子点的距离都大于一定距离（设置为5）。这样就可以从属性数据中自动的选择出种子点。依次对每一个种子点抽取断层面。由于存在多个种子点属于同一个断层的情况，如果当前的种子点所属的断层已经被抽取，则略过该点处理下一个种子点，直至所有的种子点均被处理完，就完成了对数据中所有断层面的抽取。最终的结果显示在图4-5-6中。

图4-5-6（a）中显示了根据面的大小进行着色的断层面，图4-5-6（b）中显示了根据断层属性进行着色的面。可以看到，每一个断层面都是很完整的，没有空洞的存在，并且断层面落在属性值较大的区域，表明它们与断层属性是很吻合的。图4-5-7（a）和（b）分别显示了抽取断层面在剖面和切片中的效果。从图4-5-7的蓝色框区域中可以发现，在交叉断层区域，断层也能相互无干扰地被抽取出来。

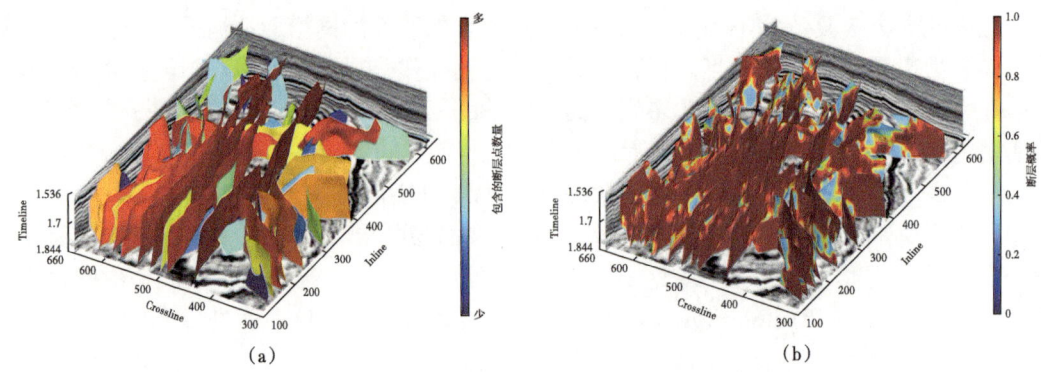

图 4-5-6 断层面着色

(a)抽取的所有断层面,根据面的大小进行着色;(b)抽取的所有断层面,使用断层属性值进行着色

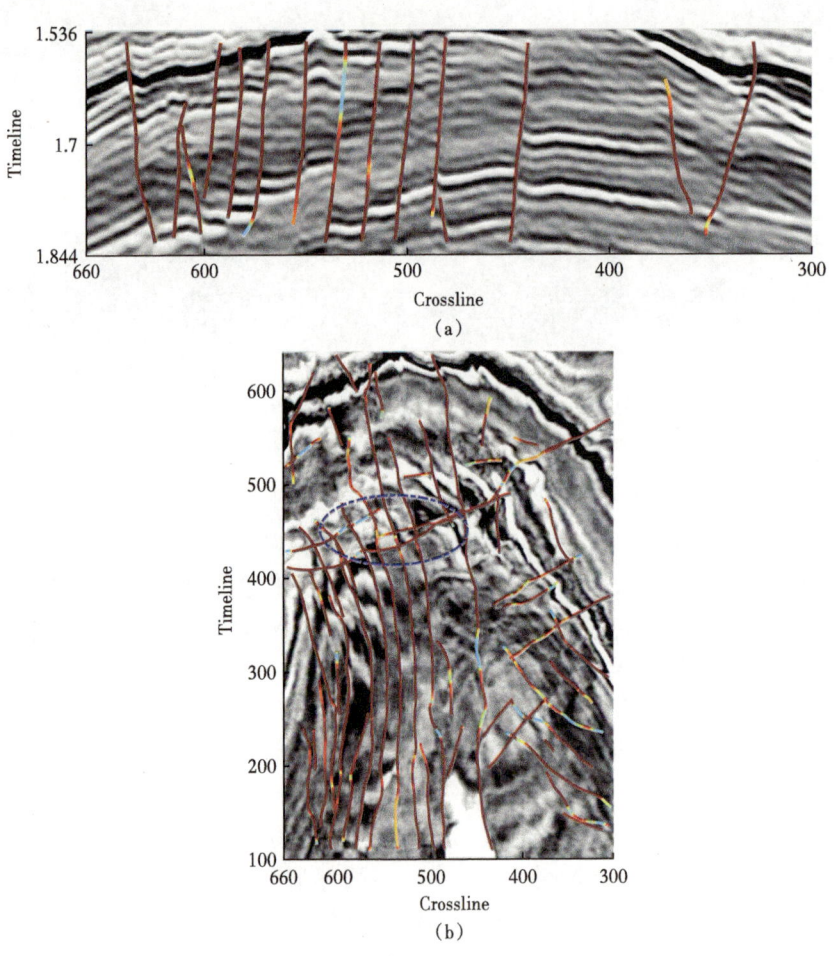

图 4-5-7 断层面在剖面和切片上的效果

(a)抽取的断层面在剖面上的效果;(b)抽取的断层面在切片上的效果

4.6 全局视野下的断层面抽取

现有的断层建模方法大致可分为两类，一类是构造断层线或断层片段并将它们连接起来形成断层面，另一类是在大致确定断层位置的基础上构建完整的断层面。前者可能在数据质量较低或断层结构复杂的区域提取不出完整的断层面，而后者在处理具有复杂拓扑关系（如相交断层）的断层时表现不佳。本节从全局角度提出了一种新的断层建模流程，它可以在获取整个工区的断层分布的前提下考虑到断层间的相互影响构建断层面。这一方法的输入为多属性的断层数据，包括断层属性、走向和倾角。用一种多层复杂网络从多属性数据中获取断层分布的全局知识。在网络的最底层，每个节点都包含三维空间中的断层点。通过网络节点的融合，得到更高层的复杂网络。在网络的最高层，一个节点就代表一个完整的断层面，节点之间的边代表断层之间的关系，提供了从全局角度理解断层分布的能力。针对最高层节点所代表的断层面，使用 4.5 节中基于计算拓扑的断层建模方法进行断层面抽取，该过程的拓扑不变性可以保证建模的断层面的完整性。

4.6.1 全局视角的断层点集获取

本节中利用复杂网络获得了工区内断层分布的全局视角，主要由 3 个步骤组成：（1）计算断层多属性；（2）初步构建断层点集网络；（3）构建多层复杂断层点集网络。第（1）步为复杂网络的构建提供基础数据，第（2）步将基础数据转化为复杂网络的形式，最后对网络进行处理得到多层复杂网络。本小节将详细介绍这 3 个步骤。

4.6.1.1 计算断层多属性

选择过基于迁移学习的断层检测方法[11]获得基础的断层属性，并使用 4.5 节中的扫描方法从三维断层属性数据中计算断层的走向信息，包括方位角数据和倾角数据。这里选择 F3 数据集的一部分来展示断层扫描的结果，如图 4-6-1 所示。图 4-6-1（a）是原始地震数据；图 4-6-1（b）是由基于迁移学习的断层检测得到的断层属性数据；断层扫描得到的相应走向和倾角属性如图 4-6-1（c）（d）所示。

4.6.1.2 初步构建复杂网络

在断层检测过程中，地质数据属性空间中的数据点包括断层点和非断层点，我们就需要过滤掉非断层，选择断层点。而每个点的属性值是被预测为断层点的概率，所以最简单的方法是设置阈值，属性值大于阈值的点就被认为是断层点。图 4-6-2（a）显示了将阈值设置为 0.5 时的断层检测结果。可以发现，被选择的断层点在断层面的法向上具有较大的厚度。同时，考虑到断层走向和倾角是采用扫描法计算得到，这就导致在垂直断层方向上的断层点计算值相差较大，但它们本应该是大致相同的。关于这一点，我们可以从图 4-6-2（b）中得到证实，其中粉红色椭圆中箭头所指的三个点应该具有相同的倾角值，但它们的实际计算值相差较大。所以仅仅通过设置阈值对于选择断层点是不够的。细化方法可以得到更好的结果因此，这里需要采用细化属性数据（即使预测得到的断层线变细）的策略来选择断层点[26-27]。我们保留断层中线的属性值并把其他地方置零。但这样一些属性值较低的非断层点仍然存在，如图 4-6-2（c）所示。所以最终我们将细化与设置阈值相结合，这里阈值同样为 0.5，获得的断层在断层面法向上较细，且没有属性值小的非断层点，如图 4-6-2（d）所示。

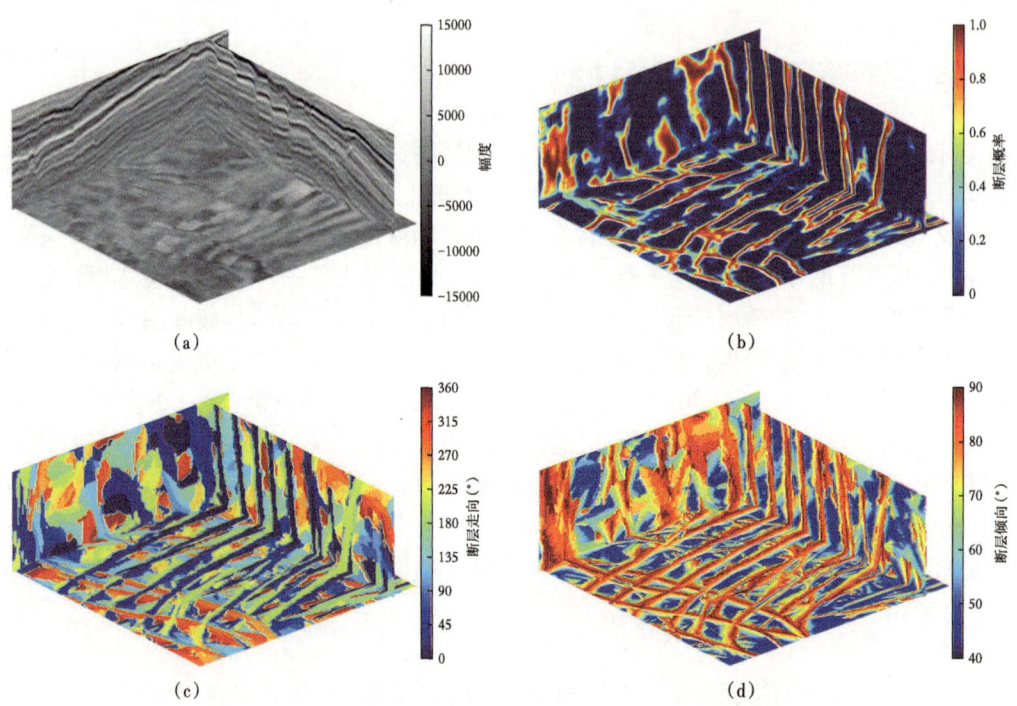

图 4-6-1 F3 工区通过断层扫描得到的断层走向与倾角
（a）原始地震数据；（b）断层属性数据；（c）断层走向；（d）断层倾角

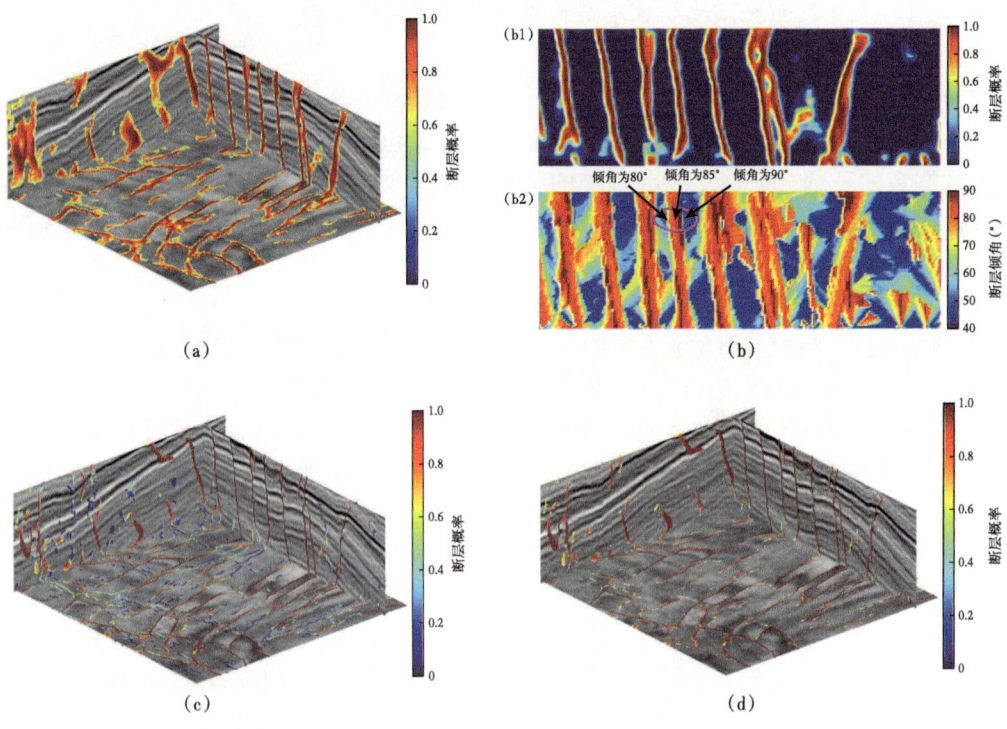

图 4-6-2 断层属性数据的细化与阈值选择效果对比
（a）阈值 0.5 时的原始断层点；（b1）剖面断层属性；（b2）扫描法计算得到断层倾角；（c）细化的断层属性数据；
（d）细化断层属性数据和设置阈值 0.5 的属性数据叠加

位于相邻位置的断层点可能属于同一断层，也可能属于两个断层，如有断层相交的情况。方位角和倾角信息可以用来区分这两种情况。可以借鉴区域生长的思想来聚合具有相似方位角和倾角的相邻断层点。这些能够聚合在一起的断层点都属于同一个断层。在一个数据集中可以得到很多这样的点集，如图 4-6-3 所示。将这些点集作为复杂网络中的节点，一个点集本质上就是一个超体素。因此，复杂网络节点是就是包含多个断层点的超体素。每个断层点都有一个断层属性值、一个方位角值和一个倾角值，所以节点是多属性节点。

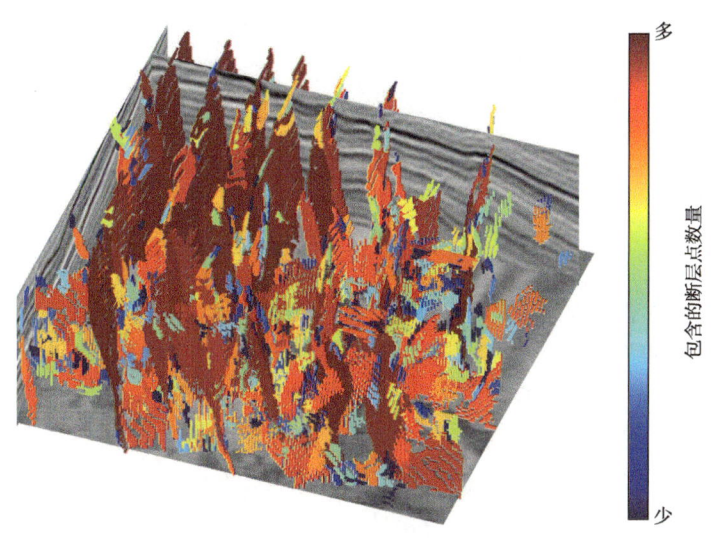

图 4-6-3　聚合后的断层点点集

接下来根据节点表示的点集之间的距离创建网络的边。如果点集间的距离值小于设置的距离阈值 d，则在对应的两个节点间创建一条边。最常见的距离度量方式是欧几里得距离，但计算复杂度相对较高。因此这里选择切比雪夫距离来定义节点之间的距离。对于三维空间中的任意两个点 P 和 Q，记两点的三维坐标为 (p_1, p_2, p_3) 和 (q_1, q_2, q_3)，则 P 和 Q 之间的切比雪夫距离为：

$$D(P,Q) = \max(|p_1-q_1|,|p_2-q_2|,|p_3-q_3|) \qquad (4\text{-}6\text{-}1)$$

对于任意两个点集 $N_1=\{P_1, \cdots, P_m\}$ 和 $N_2=\{Q_1, \cdots, Q_n\}$，N_1 和 N_2 间的切比雪夫距离为：

$$D(N_1,N_2) = \min_{i=1,\cdots,m; j=1,\cdots,n} D(P_i,Q_j) \qquad (4\text{-}6\text{-}2)$$

若 $D(N_1, N_2)<d$，则 N_1、N_2 对应的节点间将被添加一条边。在这一步中，将 d 设置为一个较小的值（在实验中，d 通常设置为 2）。所有网络中的边被创建之后，就可以得到一个如图 4-6-4 所示的复杂网络，网络采用力引导布局[28]。可以发现，包含更多点的节点往往位于网络的中心，并且节点的度更大。网络中还有一些孤立的节点，这是因为 d 设置为一个较小的值，在后续构建网络的操作中，随着节点的合并，在一定程度上会减少孤立节点的存在。

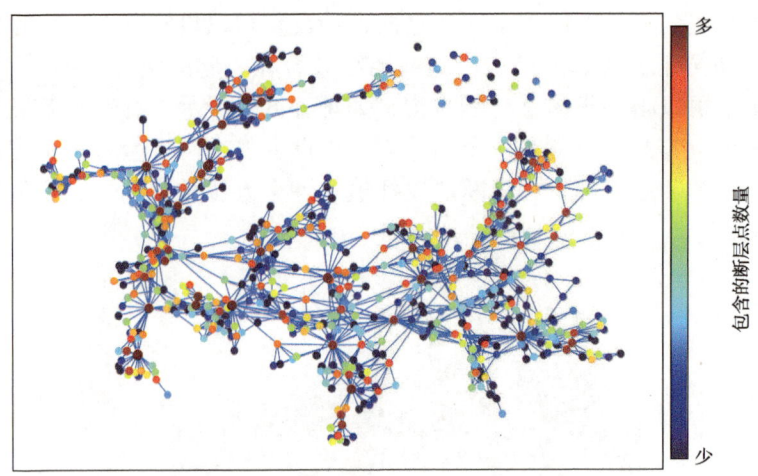

图 4-6-4　断层点集对应的复杂网络

4.6.1.3　更高层次网络的构建

构建多层复杂网络是一个迭代的过程，其中融合节点、创建边、计算边属性的过程是循环的，而计算边属性又是核心步骤，是后续节点合并的基础。边缘属性可定义为 3 种类型："相同""交叉""并列"。"相同"表示两个节点所属的断层点集属于同一断层，"交叉"表示两个节点所属的断层是两个相交的断层。"并列"表示两个节点所属的断层虽然距离很近但并不相交。如图 4-6-5 所示，节点 1 和节点 2 之间的边属性为"相同"，节点 2 和节点 4 之间的边属性为"交叉"，节点 2 和节点 3 之间的边属性为"并列"。很明显，如果边的属性是"相同"，其连接的两个节点可以合并为一个节点，两个节点与其他节点的关系也由新的节点继承。其他两种属性的边对应的节点则不能合并。

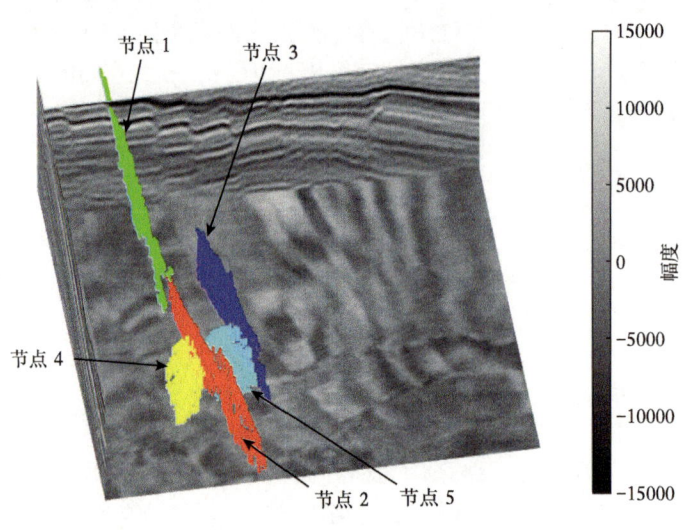

图 4-6-5　边属性示意图

设 N_1 和 N_2 是网络中相邻的两个节点，也是两个断层点点集，有 $N_1=\{P_1,\cdots,P_m\}$ 和 $N_2=\{Q_1,\cdots,Q_n\}$，其中 P_i 和 Q_j 是离散的断层点。按式（4-6-3）找到点集 N_1 和 N_2 中最近的两个断层点：

$$(a,b) = \mathop{\arg\min}\limits_{i=1,\ldots,m;j=1,\ldots,n} D(P_i,Q_j) \qquad (4\text{-}6\text{-}3)$$

则 P_a 和 Q_b 就是最近的两个点。再设置整数参数 k，在 N_1 和 N_2 中找到分别找到离 P_a 和 Q_b 最近的 k 个点，记为 S_{P_a} 和 S_{Q_b}。然后可以使用最小二乘法分别将 S_{P_a} 和 S_{Q_b} 中的点拟合为两个平面，它们的法向量记为 $\boldsymbol{n}_1$ 和 $\boldsymbol{n}_2$。定义：

$$\begin{cases} J_1(N_1,N_2) = |\boldsymbol{n}_1 \cdot \boldsymbol{n}_2| \\ J_2(N_1,N_2) = \min\left(\left|\dfrac{\boldsymbol{P}_a\boldsymbol{Q}_b}{P_aQ_b} \cdot \boldsymbol{n}_1\right|, \left|\dfrac{\boldsymbol{P}_a\boldsymbol{Q}_b}{P_aQ_b} \cdot \boldsymbol{n}_2\right| \right) \end{cases} \qquad (4\text{-}6\text{-}4)$$

如果 N_1 和 N_2 之间的边属性是"交叉"的，则两个拟合平面之间法向的角度应该很大，这意味着 $J_1(N_1,N_2)$ 的值很小。如果 N_1 和 N_2 之间的边属性是"相同"，则两个拟合平面应该几乎平行，并且 P_a 和 Q_b 之间的向量应该几乎垂直于 $\boldsymbol{n}_1$ 和 $\boldsymbol{n}_2$，这意味着 $J_1(N_1,N_2)$ 的值较大而 $J_2(N_1,N_2)$ 的值较小。所以设置参数 λ_1、λ_2 和 λ_3，则边属性的判断式为：

$$J(N_1,N_2) = \begin{cases} \text{交叉}, J_1(N_1,N_2) < \lambda_1 \\ \text{相同}, J_1(N_1,N_2) > \lambda_2 \text{且} J_2(N_1,N_2) < \lambda_3 \\ \text{并列}, \text{其他} \end{cases} \qquad (4\text{-}6\text{-}5)$$

一旦按照以上规则计算了所有边属性后，就可以合并所有由属性为"相同"的边连接的节点，以形成新节点，作为更高层网络中的节点。在这个更高层的复杂网络中，还需要对原有的边进行更新并创建新的边。更新原有边和创建新边的标准依然是节点间的切比雪夫距离，但距离阈值可以设置得更大，允许节点与更远的节点建立连接。因此，每执行一次点合并—边更新的循环，都会得到一个更高层的新网络，最终形成多层复杂网络。具体来说，距离阈值是预先设定的一个递增序列，距离阈值的数量决定了循环的次数。如图 4-6-6 所示，将距离阈值设置为 4、6 和 8，共循环 3 次，得到 3 层网络，加上最初构建的网络，总共 4 层。

4.6.2 断层面的构建

在构建完成的多层复杂网络的最高层中，每个节点就代表一个完整的断层所对应的点集。对于每个点集，还需要将其构建成完整的断层面。使用 4.4 节中的方法对每一个节点对应的断层进行抽取。

对于最高层网络中的一个节点，将其对应的断层点集作为断层控制点集［图 4-6-7（a）］，对其进行降维，获得点集边界线［图 4-6-7（b）］，并将其映射回三维空间中，得到断层面边界［图 4-6-7（c）］。使用 4.5 中公式（4-5-2）所示的变换函数处理断层属性［图 4-6-7（d）］，使得断层属性中只包含有目标断层。使用 4.5 节中所述的坍缩操作获得初步的完整断层面［图 4-6-7（e）］，并进一步进行光滑，得到最终的目标断层面［图 4-6-8（f）］。

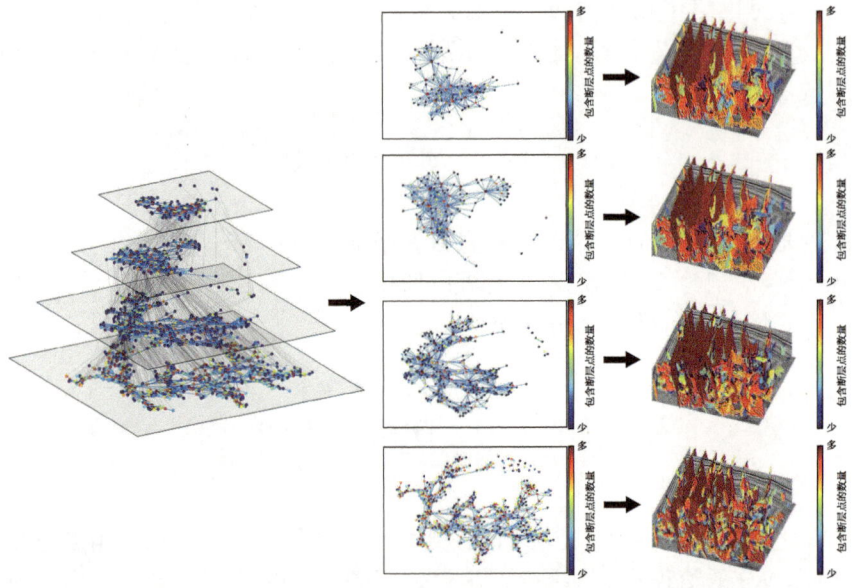

图 4-6-6　4 层复杂网络及对应的断层点集

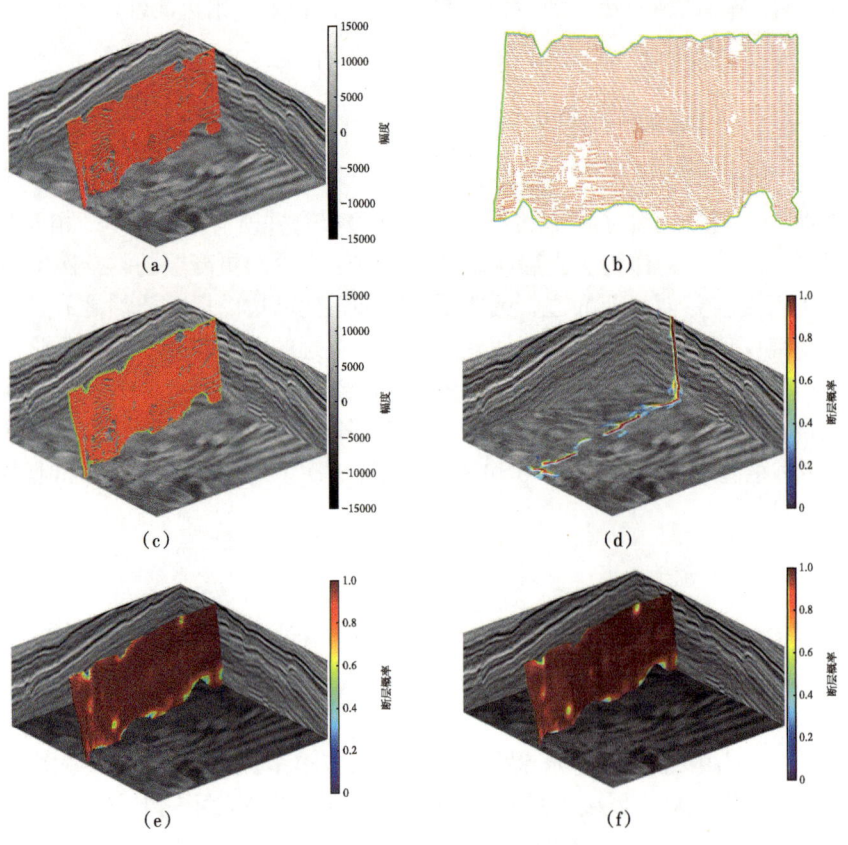

图 4-6-7　断层点集与断层面
（a）一个节点对应的断层点集；（b）降维后的断层点集和边界线；（c）断层点集边界线；
（d）针对目标断层处理后的断层属性；（e）抽取的目标断层面；（f）光滑后的目标断层面

从构建的复杂网络最高层中选择 3 个交叉断层分别进行断层面的抽取,其断层控制点如图 4-6-8（a）,分别表示为 A、B 和 C,其中 C 被 A 和 B 切割。分别根据 A、B 和 C 的断层控制点位置对断层属性进行预处理,分别如图 4-6-8（b）（c）（d）所示。在这 3 个数据体中,对应目标断层位置附近的属性值得以保留,其他位置的属性值被抑制。从断层控制点中得到断层的边界线,如图 4-6-8（e）中所示。在边界的约束下,从被抑制的属性中分别抽取 3 个断层面,如图 4-6-8（f）（g）（h）所示。图 4-6-8（i）展示了 3 个断层面放在同一个数据空间中效果。3 个断层面各自完整平滑,特别是在交叉位置,断层 C 也没有受另两个个断层影响而产生不连续的效果,说明本方法对交叉断层的有效性。

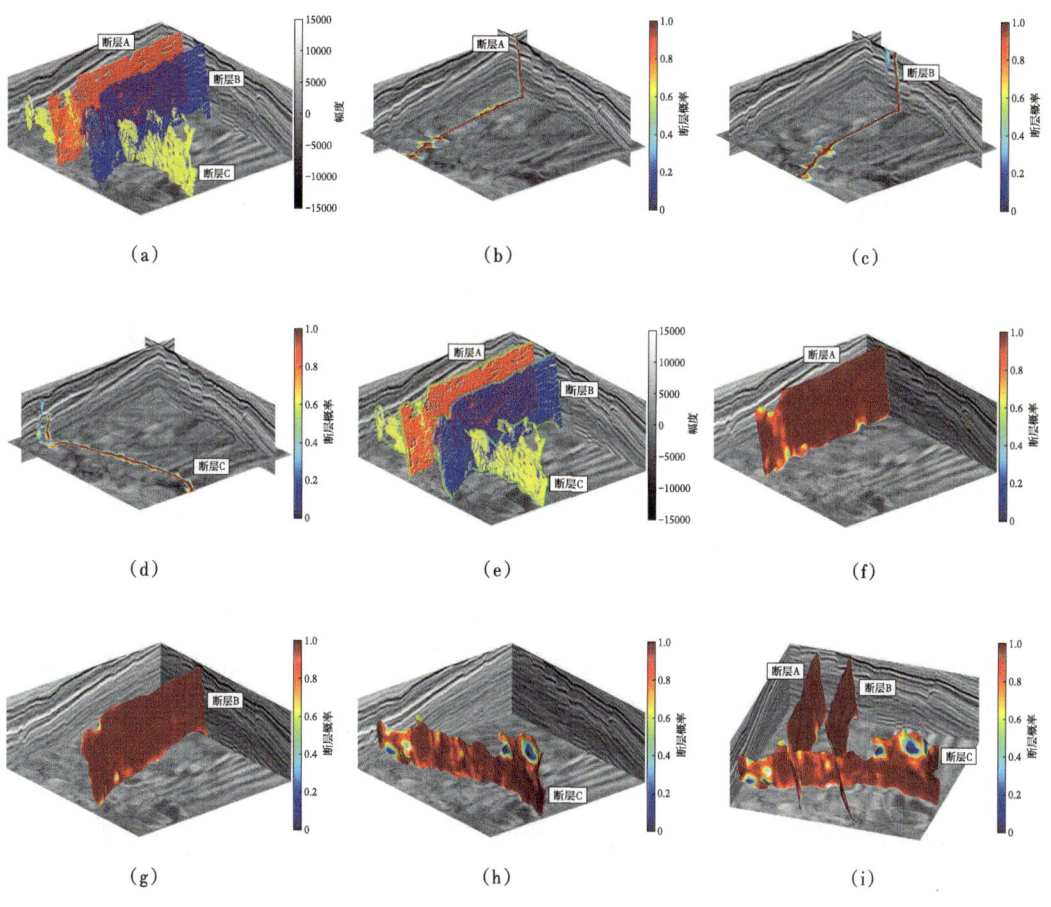

图 4-6-8　断层面的抽取

（a）3 个交叉断层对应的断层点集;（b）针对断层 A 处理后的断层属性;（c）针对断层 B 处理后的断层属性;
（d）针对断层 C 处理后的断层属性;（e）断层点集边界线;（f）抽取的断层 A 断层面;（g）抽取的断层 B 断层面;
（h）抽取的断层 C 断层面;（i）共同显示的断层 A、B 和 C 断层面

更进一步,抽取了最高层网络中所有节点表示的断层,如图 4-6-9（a）所示。图 4-6-9（b）显示了该结果在切片上的效果,从中可以看到,断层面位置与地震数据是相吻合的。

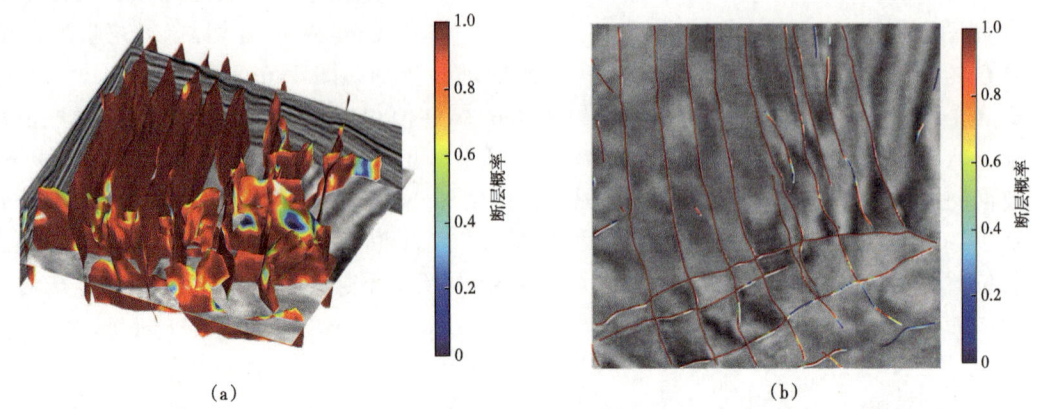

图 4-6-9 断层面及其在切片上的效果
(a)最高层网络中所有节点对应的断层面;(b)所有断层面在切片上的效果

4.7 层位追踪

层位追踪是地下构造解释和储层建模的重要内容,也是地震图像解释中的基础性工作,它的精度将直接影响后续地震资料处理、反演与解释工作。通过地震勘探等手段激发的地震波在不同地层之间的分界面上会产生强烈的反射波,这种强烈的反射波在地震数据中表现为振幅增强的连续波形,这些振幅强烈并且连续分布的波形便是地震层位。地震数据中的地层大多是层状结构,不同的地层分布在地下的不同深度处。一般情况下,地震数据中分布着多个层位,层位追踪就是寻找地震数据中的层位并且将不同的层位区分出来。

传统的方法主要是依靠人工来追踪层位,这种方法十分耗时,并且需要有地质背景的专业人员。随着地震勘探工作量的快速增长,以人工追踪为主的层位追踪模式已无法满足显著增加的地震数据量,这严重影响了地震勘探工作的效率。而计算机技术不断发展,其在大数据处理方面的效率优势使得地球物理学家看到了它代替人工进行层位提取和追踪的潜力。自20世纪80年代初自动追踪技术出现以后,解释人员开始尝试利用计算机来模拟人的解释过程,从而大幅提升地震层位提取和追踪的效率。目前,地震层位的自动提取与追踪技术通常包含两步:(1)地震数据噪声去除;(2)地震层位追踪。下面将分别对这两个步骤进行介绍。

4.7.1 基于张量奇异值分解的图像补丁匹配滤波方法

地震数据噪声去除是地震数据成像中的一个常见问题,也是影响地震层位追踪精度的重要因素。地震数据采集过程中不可避免的噪声会很大程度上影响地震数据的信噪比,从而产生一些不符合实际地震数据情况的不连续结构(断层和不整合)。

本小节介绍了一种基于张量奇异值分解的图像补丁匹配滤波(TBM3D)算法来提升地震数据的信噪比。首先,将采集的地震图像 $Z \equiv \{z(x), x \in X\}$ 经过 Hilbert 变换后得到对应的复值图像 $\bar{Z}$;然后,按照图像补丁进行图像恢复的标准流程将复值地震图像划分为大小

为 $N_1 \times N_2$ 的重叠的矩形或正方形的小图像补丁；最后，再利用该算法来去除地震数据中的噪声。算法具体分为图像补丁分组、张量奇异值分解、频谱硬阈值化、图像补丁重构、图像补丁聚合。算法流程如图 4-7-1 所示。算法流程如下[30]。

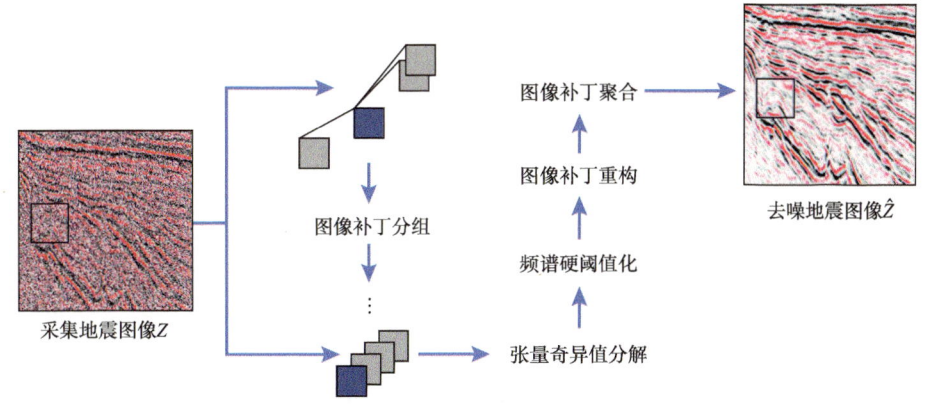

图 4-7-1　张量奇异值分解的图像补丁匹配滤波方法流程

4.7.1.1　图像补丁分组

相似的图像具有相似的噪声情况。基于这个思想，将地震图像划分出的补丁进行分组，利用补丁组内部图像补丁的结构相似性，可以将聚集到部分频域的噪声信息从真实数据中进行有效分离，从而达到对图像的噪声进行有效滤除的效果。具体操作如下。

在地震图像 Z 上定义一个大小为 $N_1 \times N_2$ 的矩形窗口 P_x，这个窗口对应的图像补丁为 $P_x \equiv \{z(y), y \in P_x \subset X\}$，其中索引 $x \in X$ 对应补丁的左上角像素。指定一个图像补丁 P_r，针对这个指定的图像补丁，矩形窗口 P_x 在图像上进行遍历，从所有的图像补丁中选取与 P_r 相似的图像补丁 P_x，并将它们分为一组。随着窗口 P_x 的不断移动，地震图像就被分成了一些补丁图像组。补丁 P_r 的相似图像补丁集合 $S_r \subset X$ 定义如下：

$$S_r \equiv \left\{ x \in X : d(P_x - P_r) \leqslant \tau_r \sigma^2 \right\} \tag{4-7-1}$$

式中，$d(P_x - P_r)$ 为图像补丁 P_x 和 P_r 之间的欧氏距离；τ_r 是控制 S_r 中任意两个带索引的图像补丁之间的最大距离的参数。S_r 中的元素个数用 J_r 表示。遍历整个采集的地震图像后，将匹配到的所有噪声图像补丁 $P_x (x \in S_r)$ 堆叠成一个大小为 $N_1 \times N_2 \times J_r$ 的三维阵列，用 Z^r 表示。这样就将整个地震带噪图像划分出的重叠的图像补丁按照相似情况分成了一些图像补丁组，下一小节将从张量的角度对这些补丁组进行处理。

4.7.1.2　张量奇异值分解

上一小节划分的一个图像补丁组可以看作是一个三维阵列 $Z^r \in R^{N_1 \times N_2 \times J_r}$，这个三维阵列可以理解为维度为 $N_1 \times N_2 \times J_r$ 的张量，这个张量的元素可以表示为 $Z^r_{l_1, l_2, l_3}$，其中 $l_1 \in \{1, \cdots, N_1\}$，$l_2 \in \{1, \cdots, N_2\}$ 和 $l_3 \in \{1, \cdots, J_r\}$。受到多通道图像和视频恢复思想的启发，将三维阵列 Z^r 作为一个整体的三维数据体来处理，并通过这种整体运算来利用图像补丁之间的相关性[29]。

张量分解可以将张量中的提取出主要成分，从而对张量进行主成分（PCA）分析，利用低秩的思想可以达到提取图像有效信息的效果。近年来，很多学者总结了多种张量的分解方法，比如 CP 分解、TUCKER 分解和 HOSVD 分解，但随着矩阵乘法自然推广到张量乘法，张量积（T-Product）的出现使得张量可以在高维空间进行更加直接的运算。如果把上一小节的三维阵列 $Z^r \in R^{N_1 \times N_2 \times J_r}$ 换算成两个张量的 T-Product，则运算流程如下：

$$Z^r = x * y \qquad (4-7-2)$$

其中 $x \in R^{N_1 \times k \times J_r}$，$y \in R^{k \times N_2 \times J_r}$。它的二维前向切片公式如下：

$$Z(l_1, l_2, :) = \sum_{q=1}^{k} x(l_1, q, :) * y(q, l_2, :) \qquad (4-7-3)$$

为了充分利用图像补丁之间的空间相关性，可以直接运用 T-Product 的张量奇异值分解（T-SVD）来表示给定的张量 Z^r，具体如图 4-7-2 所示。

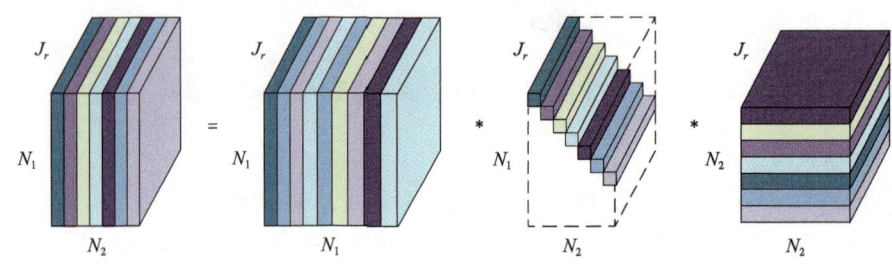

图 4-7-2　张量奇异值分解

利用公式（4-7-2）和公式（4-7-3）可以将 Z^r 分解如下：

$$Z^r = U * S^r * V \qquad (4-7-4)$$

式中，$U \in R^{N_1 \times N_2 \times J_r}$ 和 $V \in R^{N_2 \times N_2 \times J_r}$ 是复值标准正交张量；$S^r \in R^{N_1 \times N_2 \times J_r}$ 是复值核心张量。U 和 V 服从正交结构，S^r 满足对角线性质。同时，T-SVD 的每个前向切片在频域上是一个矩阵的 SVD。

4.7.1.3　频谱硬阈值化

核心张量 S^r 的每个前向切片变换到频域中是一个谱矩阵，该矩阵的对角线有值，非对角线为零值，其对角元素是矩阵的奇异值。通常，一个给定的矩阵可以通过少数与主奇异值相对应的奇异分量来很好的近似，所以可以通过对分解得到的核心张量 S^r 在频域中使用阈值来过滤掉不重要的图像信息，这种方法也被叫作基于截断 SVD 的近似方法。该方法在信号和图像处理领域中已经得到了广泛的应用，它既可以对图像进行去噪，也可以获得原始图像的低秩近似。

在分解得到的复值标准正交张量 U、V 和一个复值核张量 S^r 中，只有少数具有较大数值的奇异值对应的张量分量储存了原始地震图像中的大部分有效信息。因此，S^r 中大多数较小奇异值对应的张量分量中储存了噪声信息，而与信号的基本成分无关。基于上述思想，对 S^r 频域中的频谱采用了硬阈值处理，将储存噪声信息的张量分量对应的奇异值硬阈值化为零，从而达到对张量进行滤波的效果，具体如下：

$$\hat{S}^r = \text{hard}(S^r, \delta_r) \tag{4-7-5}$$

式中，hard(·) 是频谱硬阈值算子；δ_r 是设置的硬阈值。

通过图 4-7-2 可以很直观地看到 S^r 中含有 $J_r\sqrt{N_1^2+N_2^2}$ 个奇异值，设定它们构成集合 $S \equiv \{s, s \in S\}$，则公式（4-7-5）可以转化为：

$$\hat{S}^r = \text{hard}(s, \delta_r) = \begin{cases} s, |s| > \delta_r \\ 0, |s| \leqslant \delta_r \end{cases} \tag{4-7-6}$$

在此，选用了 $\delta_r = \eta_r \sigma \sqrt{2\lg N_1 N_2 J_r}$ 作为通用阈值，其中 η_r 是从实验中选取的算法参数。

4.7.1.4 图像补丁重构

对核心张量 S^r 的频谱进行硬阈值化处理后，将滤波后的核心张量 $\hat{S}^r$ 与复值标准正交张量 U 和 V 进行图像补丁重构，这也可以被理解为 T-SVD 的逆变换。利用公式（4-7-4）和公式（4-7-5），滤波后的图像补丁组被重构为：

$$\hat{Z}^r = U * \hat{S}^r * V \tag{4-7-7}$$

4.7.1.5 图像补丁聚合

将图像补丁组都进行重构后，得到了真实地震图像 $\hat{Z} \equiv \{\hat{z}(x), x \in X\}$ 的补丁组，其中每个补丁组 $\hat{Z}^r (r \in X)$ 是由 J_r 个真实图像划分后的局部补丁堆叠而成。在图像补丁的分组过程中，补丁组 $\hat{Z}^r$ 中的补丁构成了地震图像的过完备表示，图像补丁间相互包含了重叠的像素点，因此要想得到干净的地震图像，需要对图像的补丁组进行聚合处理。

为了得到干净的地震复值图像 $\hat{Z}$ 的估计，我们需要估计 $\hat{Z} \equiv \{\hat{z}(x), x \in X\}$ 中每个像素点 $\hat{z}(x)$ 的值。下面给出 $\hat{Z}$ 的估计方法，对于像素点 $\hat{z}(x)$，在所有补丁组 $\hat{Z}^r(r \in X)$ 中寻找该像素点所对应的像素点，用 $\hat{z}_{r,y}(x)$ 通过取平均的方式来估计 $\hat{z}(x)$。具体如下：

$$\hat{z}(x) = \frac{\sum_{r \in X}\sum_{y \in S_r} \hat{z}_{r,y}(x)}{\sum_{r \in X}\sum_{y \in S_r} I_{P_y}(x)} \tag{4-7-8}$$

式中，I_{P_y} 表示含有该像素点的补丁 P_y 的个数。由于所有的图像像素点都在不止一个图像补丁中，所以公式（4-7-8）的分母总是大于等于 1。实际上，对于大多数像素，因为至少有一个含有 x 的补丁被多个图像补丁组作使用，有 $\sum_{r \in X}\sum_{y \in S_r} I_{P_y}(x) > 1$。最后，得到干净地震复值图像 $\hat{Z} \equiv \{\hat{z}(x), x \in X\}$ 后，计算 $\hat{Z}$ 的包裹相位，具体如下：

$$\hat{a}(x) = \text{abs}(\hat{z}(x)), \varphi(x) = \arg(\hat{z}(x)) \tag{4-7-9}$$

式中，$x \in X$，$\hat{a}(x)$ 和 $\varphi(x)$ 分别是干净地震图像对应像素点的幅值和相位。

4.7.2 基于全局视角的地震全层位追踪方法

完整的层位在三维地震图像中可以看成是三维空间中相对连续的曲面，层位曲面在时间方向上是近似于平面分布的（图4-7-3）。近年来，地震层位的自动提取与追踪技术受到了国内外理论界和工业界的高度重视，许多自动从地图像中提取层位的计算机算法已经被提出。但是，现有的自动追踪方法缺乏地震数据的全局视角，易于陷入局部最优，导致追踪结果出现与实际地质构造不吻合的情况。

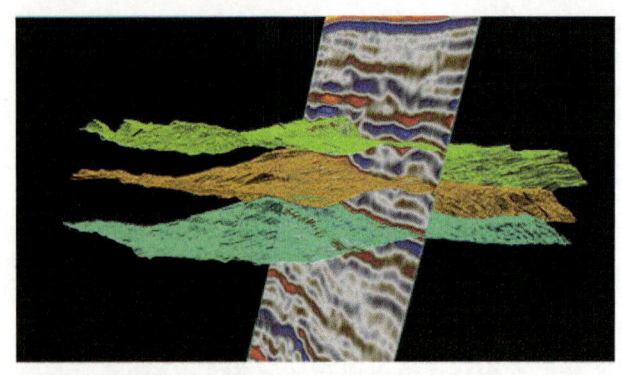

图4-7-3　层位在三维地震图像中的分布示意图

对此，本小节将介绍一种基于全局视角的地震全层位追踪方法，该方法在获得整个数据地层沉积情况的基础上进行全层位追踪。在地震数据预处理过程后，先将初始层位极值点合并成层位片段，随后使用复杂网络表征层位的整体分布，其中节点表示层位片段的中心道集，节点属性涵盖层位片段的所在位置和片段内部连接情况等信息，边属性给出层位片段之间可能存在的连接关系。针对节点表示的每一个层位片段中心道集，提出了一种基于点集拓扑的方法进行层位片段融合，在符合地震地层学的基础上获得完整层位面，避免了串层的出现。该追踪方法流程如图4-7-4所示。

本方法将三维空间中的层位面映射到复杂网络空间中的图数据，将层位追踪问题拆分为多个小问题分别进行算法设计。这其中主要包含5个步骤。

4.7.2.1　层位片段生成

在地震剖面中，地震波的波峰或者波谷位置的同相轴往往是地下地质界面的反应，而波峰和波谷位置往往对应于地震道集中的极大值和极小值。因此，一般选取地震道集的极值点作为种子点。

在这里，提出基于动态时间规划（Dynamic Time Warping，DTW）的3D地震层位自动追踪算法。DTW常被用于语音识别等领域，主要用于度量时间序列的相似性。两段语音信号经过模数转换、滤波、调制解调、采样等步骤之后，再计算两个时间序列的距离，判断其是否超过设定的距离阈值，从而判别两个序列的相似性。DTW克服了欧氏距离一对一的缺点，可以对非等长的时间序列采样点进行匹配。而且DTW采用的动态规划思想可以实现更低的时间复杂度，用较低的代价找到全局最优的时间序列匹配路径，该方法的稳健性较强，且可以实现时间序列匹配的可视化分析。在这里，算法步骤如下：（1）对地震数据进行采样，得到一个规则的网格，作为样本空间；（2）计算样本空间中的地震道对之间的相关性，得到样本空间的"相关系数梳子"；（3）根据"相关系数梳子"计算样本空间中每个点的全局位置；（4）生成层位片段。图4-7-5是基于DTW相关的3D地震层位自动追踪方法流程图。

4 层位和断层的智能识别

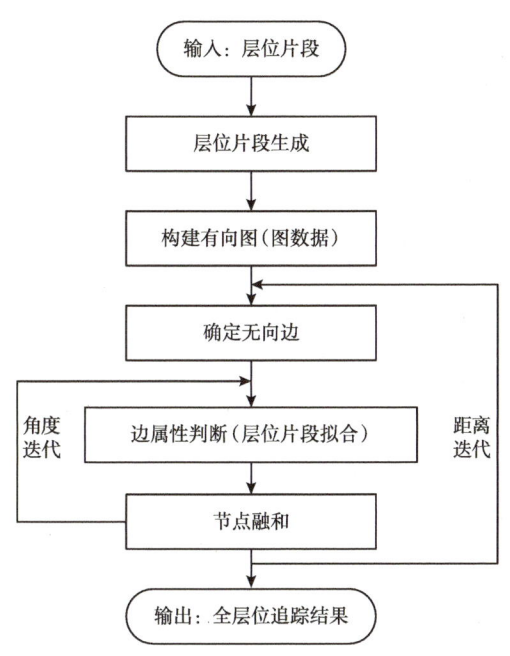

图 4-7-4 基于全局视角的地震全层位追踪方法流程

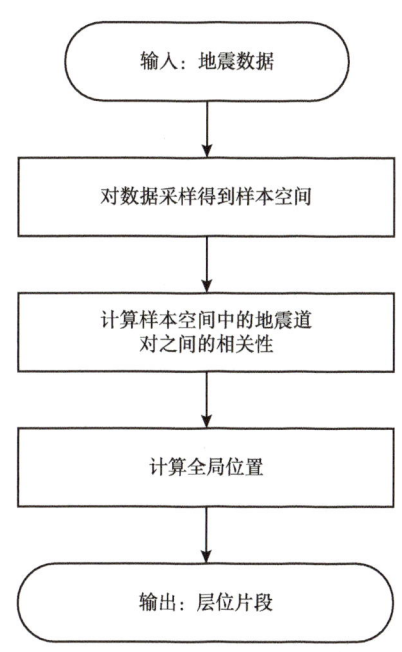

图 4-7-5 基于全局视角的地震全层位追踪方法流程

在对原始地震数据进行采样后得到了网格化的规则样本空间，通常样本空间设定为奇数。在样本空间中，选择中心道 X1，计算 X1 中每一个极值点与 X2 中每一个极值点之间的相关性，得到 X1 与 X2 的"相关系数梳子"。具体如图 4-7-6 所示。

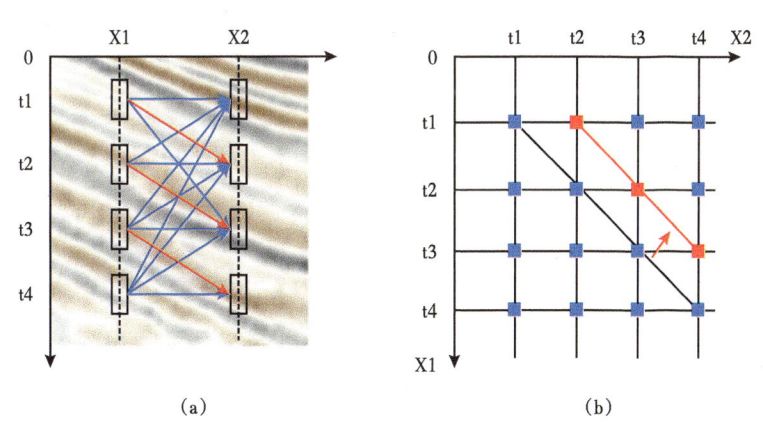

图 4-7-6 相关系数
（a）一个合成地震记录中的两道 X1 和 X2；（b）对应的相关系数图

在寻找层位时，具有高相关系数的点相对应的连接具有高可能性。当一组高可能性的连接画成一条线段后，得到了一个"相关系数梳子"，它链接起了多个地震反射点。利用动态时间规划（DTW）算法检测出具有最大相关性的最佳"相关系数梳子"。

在寻找层位时，具有高相关系数的点相对应的连接具有高可能性。当一组高可能性的连接画成一条线段后，就得到了一个"相关系数梳子"，它连接起了多个地震反射点。利用动态时间规划（DTW）算法检测出具有最大相关性的最佳"相关系数梳子"。

动态时间规划算法（DTW）用满足一定条件的时间规整函数 $W(n)$ 描述测试模板和参考模板的时间对应关系，求解两模板匹配时累计距离最小所对应的规整函数，从而求得两个点之间的最佳路径（最佳"相关系数梳子"）。

若存在两组时间采样序列集，如图 4-7-7（a）所示，$Q=q_1, q_2, \cdots, q_n, C=c_1, c_2, \cdots, c_j, \cdots, c_m$，$Q$ 与 C 分别有 m 和 n 个采样点。得到动态规划最小路径如图 4-7-7（b）所示，计算过程为：

$$DTW(Q,C) = \min\left(\sqrt{\sum_{k=1}^{K} w_k / K} \Big/ K\right) \quad (4\text{-}7\text{-}10)$$

式中，K 是补偿系数。

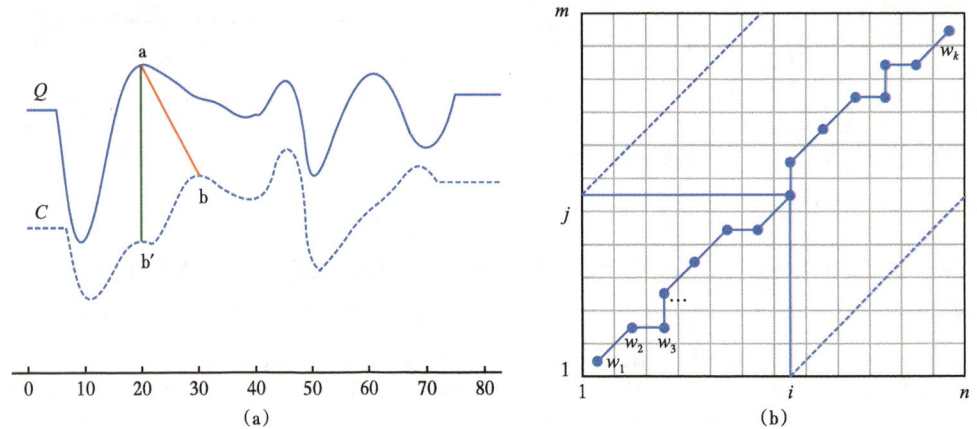

图 4-7-7　时间序列与 DTW 算法示意图
（a）比较两个时间序列的相似性；（b）DTW 算法求解最佳"相关系数梳子"

将动态规划路径所花费的代价定义为累加距离，从 $w_1=(1,1)$ 到达 $w_k=(m,n)$ 的总距离如公式 4-7-11 所示，总距离即 Q 与 C 的相似度。

$$\gamma(i,j) = d(q_i, c_j) + \min\{\gamma(i-1,j-1), \gamma(i-1,j), \gamma(i,j-1)\} \quad (4\text{-}7\text{-}11)$$

式中，d 是两点的欧氏距离，累加距离 $\gamma(i,j)$ 就是点 q_i 与 c_j 的欧氏距离与最近邻近元素累计距离之和。若 i,j 大于 2，则可将式（4-7-12）更详细地表示为：

$$\gamma(i,j) = \min\begin{cases}\gamma(i-1,j) + d(i,j) \\ \gamma(i-1,j-1) + 2d(i,j) \\ \gamma(i,j-1) + d(i,j)\end{cases} \quad (4\text{-}7\text{-}12)$$

经过上一步骤之后，得到了样本空间中多个"相关系数梳子"，这些"相关系数梳子"提供了一组链接，可用来作为配置计算重采样网格上每一个点的全局位置，如图 4-7-8 所示。

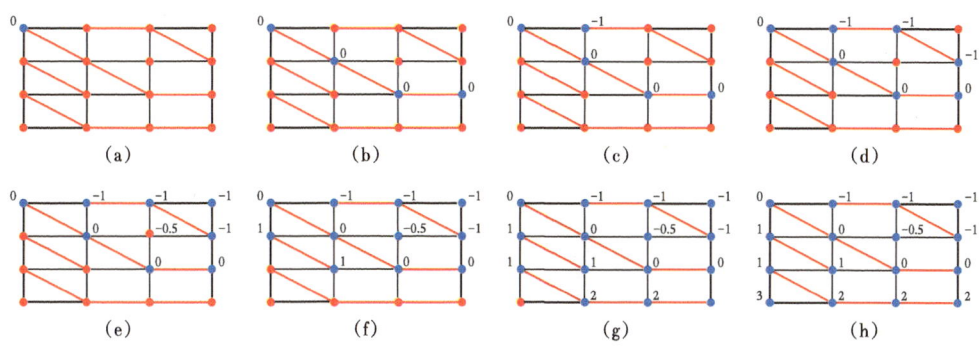

图 4-7-8　全局位置计算

在此，设定网格长度为 3，此时地震数据被分为了 3×3 的地震道对，以中心地震道为种子道，利用以上算法向周围 8 道扩散，形成层位片段。实验结果如图 4-7-9 所示。

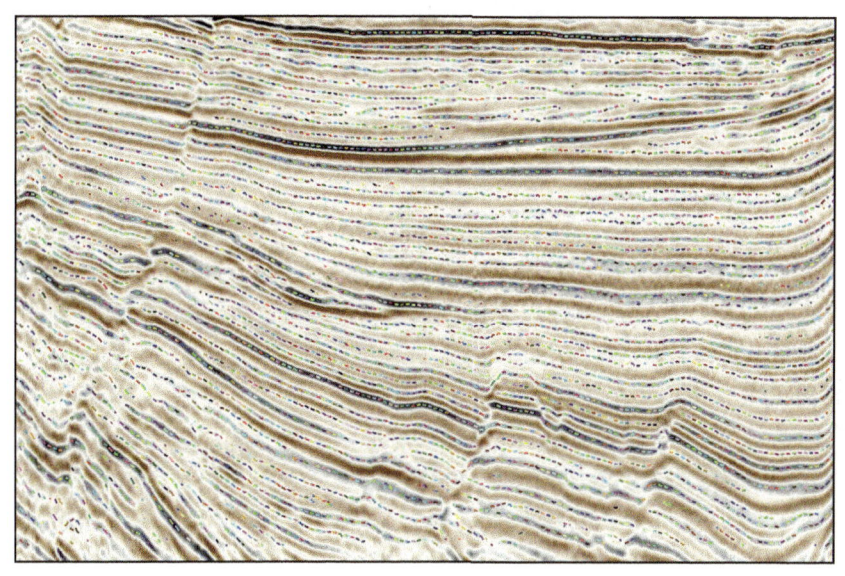

图 4-7-9　层位片段结果

由于地震道集在计算相关性时不可避免地会存在误差，随着误差累积，层位会出现追踪错误的情况。因此，先获得层位碎片有效地将误差控制在了可接受的程度。随后将利用一种全局视角对层位片段数据进行融合。

4.7.2.2　构建有向图

此时，地震层位追踪问题就转化成了层位片段的连接问题，因此，将层位片段看作一个个网络节点，将层位片段数据构建成了有向图数据。构建有向图数据的网络如图 4-7-10 所示。

在该网络中，最底层每个节点表示一个层位片段。随着节点的聚合，节点越来越表示一个层位。最后在网络顶层中，一个节点就表示一个层位。图数据可以为一种新的地震数据管理模式，在该模式下，地震数据可以被更加有效地进行管理，以便在后续步骤中利用数学运算和逻辑推理从全局的角度对节点进行合并。

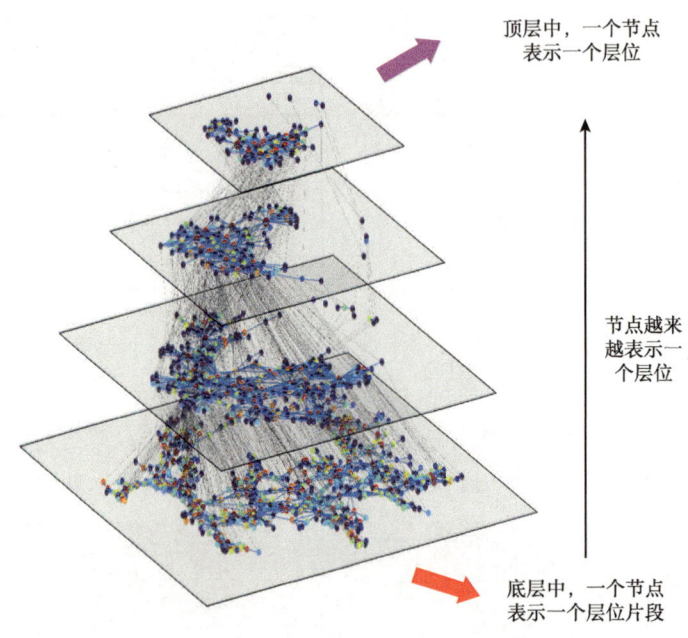

图 4-7-10　构建有向图网络

4.7.2.3　确定无向边

由于地层在沉积过程中基本保持了有序的层序，所以层位追踪结果不应存在地层交叉的情况。基于此思想，排除图数据中层位片段的无向边就显得至关重要。层位片段之间的边在地震数据中是相邻的，每个层位片段都具有边属性。在转化为图数据后，层位片段的边属性严格意义上来说可以分为以下两类：

（1）有向边：层位片段间距离很近且存在连通。
（2）无向边：层位片段间距离很远或不存在连通。

下面利用地震数据的剖面来直观介绍两种边属性，具体如图 4-7-11 所示。

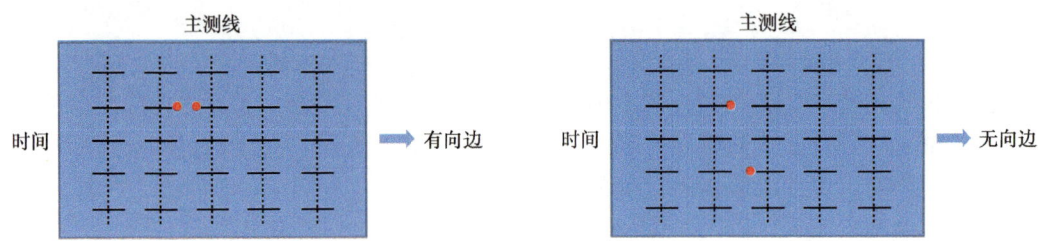

图 4-7-11　层位片段边属性

确定了无向边后，基本排除了不遵循地层沉积规律的连接可能性。有向边可以按照一些基本判定标准进行连接。但是，无向边往往存在与断层、不整合以及层位不连续处，此时，关于无向边的连接成为接下来需要解决的问题。

4.7.2.4　边属性判断

层位片段在形成时，不一定是一个平面，所以，首先需要拟合出每个曾为片段的平面。这里使用了最小二乘法对层位片段平面进行拟合，最小二乘法通过最小化误差的平方和，使拟合对象越来越接近最终对象。拟合直线就是找到一条直线使所有数据点到拟合直线的欧氏距离之和最小。拟合平面就是找到一个平面使得所有数据点到拟合平面的欧氏距离最小。具体如图 4-7-12 所示。

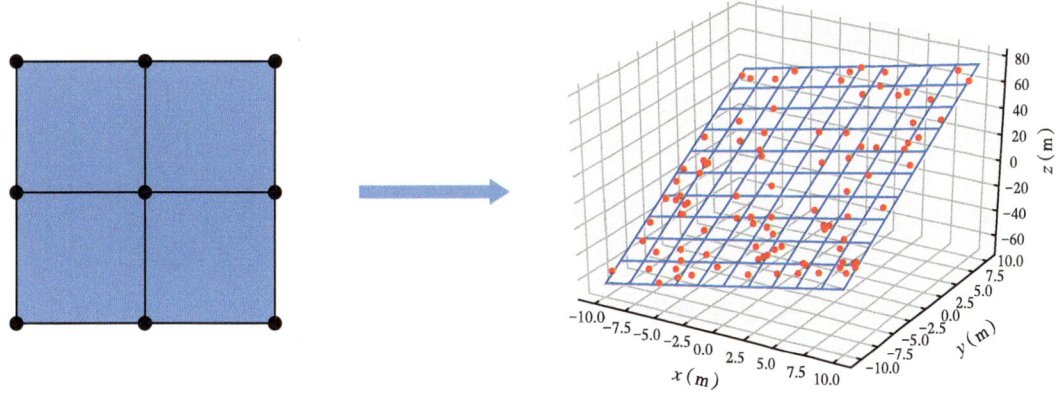

图 4-7-12　层位片段平面拟合

拟合后，可以对拟合成平面的层位片段计算出平面的法向量，并对其进行边属性判断。在此利用了 3 个条件对层位片段的连接进行约束，具体如下：

（1）层位片段的距离；

（2）层位片段的相关性；

（3）层位片段的角度。

这 3 个条件的选取理由有以下几点：

（1）属于同一层位的相邻层位片段应该距离很近（各自片段中的一道距离很近）；

（2）属于同一层位的相邻层位片段应该具有一定的相关性，这也是 DTW 在计算时间序列匹配时利用的思想；

（3）属于同一层位的相邻层位片段不会发生大的角度变化，所以它们的法向量应近似平行，同时法向量与片段连线应近似垂直。

利用这 3 个约束，可以完成对相邻层位片段边属性的判断。此时，只需要找到邻近的层位片段，就可以对片段（节点）进行融合。

4.7.2.5　节点融和

对于邻近的层位片段，可使用切比雪夫距离寻找最近的片段（节点）进行融合。具体如图 4-7-13 所示。

图 4-7-13（a）显示了利用切比雪夫距离融合最近节点的过程，此时设定的边属性约束如图 4-7-13（b）所示。具体约束数值化如下：

（1）距离近（切比雪夫距离判定）；

（2）法向量夹角不超过 10°（近似平行）；

（3）法向量和 CD 的夹角不低于 80°（近似垂直）；

（4）相关性最大的片段。

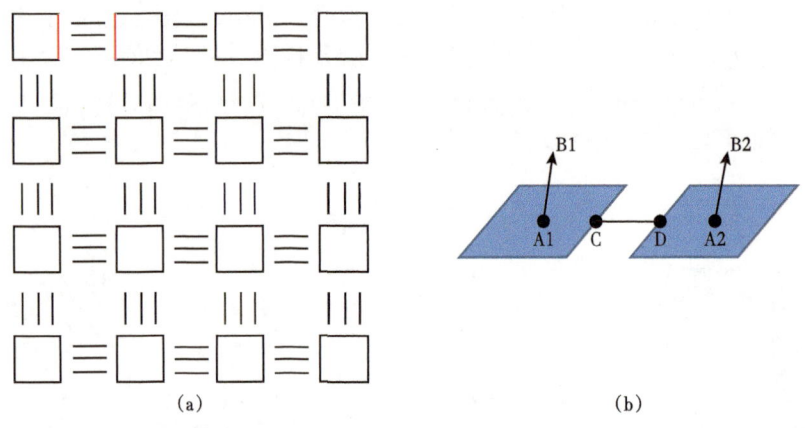

(a)　　　　　　　　　　　　　(b)

图 4-7-13　层位节点融合(a)与边属性约束(b)

经过节点聚合后，需要重新判定有向图的连通性，以此来确保构建的有向图中无环。这对于层位追踪是非常重要的一点，此步骤将严格控制层位追踪的结果的串层。这里使用了深度优先搜索(DFS)算法来判定连通性。

深度优先搜索算法是一种用于遍历或搜索树或图的算法。沿着树的深度遍历树的节点，尽可能深地搜索树的分支。当节点的所在边都已被探寻过，搜索将回溯到发现该节点的那条边的起始节点。这一过程一直进行到已发现从源节点可达的所有节点为止。如果还存在未被发现的节点，则选择其中一个作为源节点并重复以上过程，整个进程反复进行直到所有节点都被访问为止。DFS 属于盲目搜索。DFS 中最重要的算法思想是回溯和剪枝。另外 DFS 不具有最短性。回溯是一种选优搜索法，又称为试探法，按选优条件向前搜索，以达到目标。但当探索到某一步时，发现原先选择并不优或达不到目标，就退回一步重新选择。这种走不通就退回再走的技术为回溯法，而满足回溯条件的某个状态的点称为"回溯点"。具体如图 4-7-14 所示。

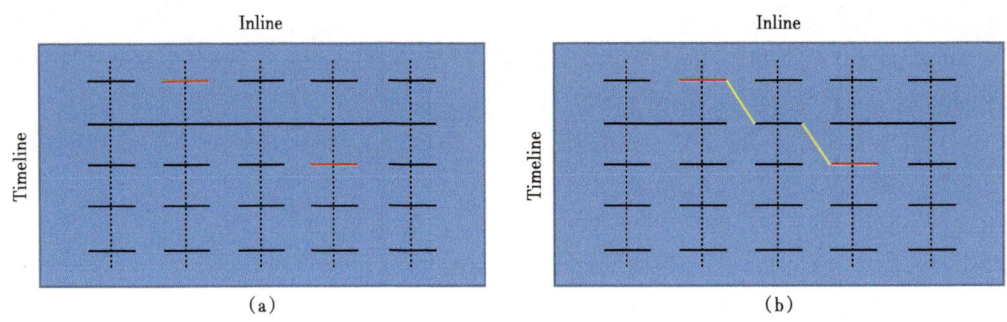

(a)　　　　　　　　　　　　　(b)

图 4-7-14　有向图的连通性判断
(a)判定为无连通；(b)判定为可连通

图 4-7-14(a)的红色节点想要融合时，DFS 算法会判定其无法连接，不存在连通性；图 4-7-14(b)的红色节点想要融合时，黄色线条会成为一个可连通的路径，所以改节点将会被判定为可连通。从图 4-7-4 可知，约束中的距离和角度可以迭代，这是基于自适应阈值的思想，一般会先将最有可能融合的节点进行融合，随后将判断连通性后的图数据在宽

放约束条件的情况下进行新一轮融合。因为上一轮融合的连通性判断已经将可能存在串层的情况全部去除，所以该方法不会存在层位串层的现象。具体实验效果如图 4-7-15 所示。

图 4-7-15　层位追踪剖面效果展示

从其中选取几个层位进行三维建模效果展示，如图 4-7-16 所示。

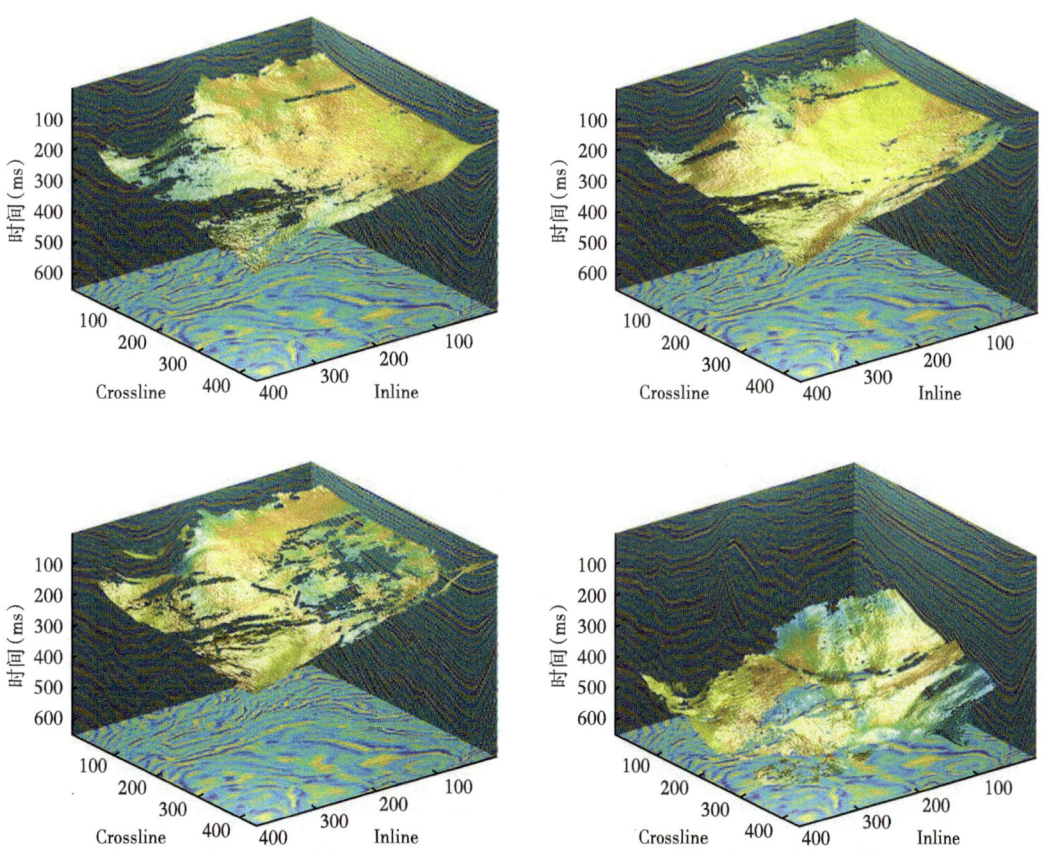

图 4-7-16　层位面建模的三维效果展示

参 考 文 献

[1] 陆基孟. 地震勘探原理[M]. 东营：石油大学出版社，2009.
[2] 严哲. 三维地震断层自动识别与智能解释[D]. 武汉：中国地质大学（武汉），2010.
[3] Marfurt K J, Kirlin R L, Farmer S L, et al. 3-D seismic attributes using a semblance-based coherency algorithm[J]. Geophysics, 1998, 63（4）：1150-1165.
[4] Marfurt K J, Sudhaker V, Gersztenkorn A, et al. Coherency calculations in the presence of structural dip[J]. Geophysics, 1999, 64（1）：104-111.
[5] Bahorich M, Farmer S. 3-D seismic discontinuity for faults and stratigraphic features：The coherence cube[J]. The leading edge, 1995, 14（10）：1053-1058.
[6] Wu X. Directional structure-tensor-based coherence to detect seismic faults and channels[J]. Geophysics, 2017, 82（2）：A13-A17.
[7] Van Bemmel P P, Pepper R E F. Seismic signal processing method and apparatus for generating a cube of variance values：U.S. Patent 6151555[P]. 2000-11-21.
[8] Hale D. Methods to compute fault images, extract fault surfaces, and estimate fault throws from 3D seismic images[J]. Geophysics, 2013, 78（2）：O33-O43.
[9] X Wu, L Liang, Y Shi, et al. FaultSeg3D：Using synthetic data sets to train an end-to-end convolutional neural network for 3D seismic fault segmentation[J]. Geophysics, 2019, 84（3）：IM35-IM45.
[10] He H, Garcia E A. Learning from Imbalanced Data[J]. IEEE Transactions on Knowledge & Data Engineering, 2009, 21（9）：1263-1284.
[11] Zhou R, Yao X, Hu G, et al. Learning from unlabelled real seismic data：Fault detection based on transfer learning[J]. Geophysical Prospecting, 2021, 69（6）：1218-1234.
[12] Pan S J, Yang Q. A survey on transfer learning[J]. IEEE Transactions on knowledge and data engineering, 2009, 22（10）：1345-1359.
[13] Gao J, Song Z, Gui J, et al. Gas-bearing prediction using transfer learning and CNNs：An application to a deep tight dolomite reservoir[J]. IEEE Geoscience and Remote Sensing Letters, 2020, 19：1-5.
[14] Ben-David S, Blitzer J, Crammer K, et al. Analysis of representations for domain adaptation[J]. Advances in neural information processing systems, 2006, 19.
[15] Van Der Maaten L. Barnes-hut-sne[J]. arXiv preprint arXiv：1301.3342, 2013.
[16] Cunha A, Pochet A, Lopes H, et al. Seismic fault detection in real data using transfer learning from a convolutional neural network pretrained with synthetic seismic data[J]. Computers & Geosciences, 2020, 135：104344.
[17] Lin T Y, Dollár P, Girshick R, et al. Feature pyramid networks for object detection[C]//Proceedings of the IEEE conference on computer vision and pattern recognition, 2017：2117-2125.
[18] Honari S, Yosinski J, Vincent P, et al. Recombinator networks：Learning coarse-to-fine feature aggregation[C]//Proceedings of the IEEE conference on computer vision and pattern recognition, 2016：5743-5752.
[19] Wu X, Zhu Z. Methods to enhance seismic faults and construct fault surfaces[J]. Computers & Geosciences, 2017, 107.
[20] Algarni M, Sundaramoorthi G. SurfCut：Surfaces of Minimal Paths From Topological Structures[J]. IEEE Transactions on Pattern Analysis and Machine Intelligence, 2019, 41（3）：726-739.
[21] 周志华. 机器学习[M]. 北京：清华大学出版社，2016：234-241.
[22] Tenenbaum J B, Silva V D, Langford J C. A Global Geometric Framework for Nonlinear Dimensionality Reduction[J]. Science, 2000, 290（5500）：2319-2323.

[23] Roweis S, Saul L. Nonlinear Dimensionality Reduction by Locally Linear Embedding[J]. Science, 2000, 290（5500）：2323-2326.

[24] He X. Locality preserving projections[J]. Advances in Neural Information Processing Systems, 2003, 16 （1）：186-197.

[25] Chaussard J, Couprie M. Surface thinning in 3D cubical complexes[J]. Combinatorial Image Analysis, 13th International Workshop, IWCIA 2009, Playa del Carmen, Mexico, November 24-27, 2009. Proceedings, 2009.

[26] Wu X, Hale D. 3D seismic image processing for faults[J]. Geophysics, 2016, 81（2）：IM1-IM11.

[27] Bi Z, Wu X. Improving fault surface construction with inversion-based methods[J]. Geophysics, 2021, 86（1）：IM1-IM14.

[28] Fruchterman T M J, Reingold E M. Graph drawing by force-directed placement[J]. Software: Practice and experience, 1991, 21（11）：1129-1164.

[29] He X, Qian F, Fan Y, et al. 3-D seismic noise attenuation via tensor sparse coding with spatially adaptive coherence constraint[J]. IEEE Access, 2021, 9：12217-12229.

[30] 何鑫. 基于相位估计的相对地质年代构建方法研究［D］. 成都：电子科技大学，2021.

[31] Bi Z, Wu X. Improving fault surface construction with inversion-based methods Fault surface construction[J]. Geophysics, 2021, 86（1）：IM1-IM14.

5 复杂地质曲面重构

5.1 复杂地质曲面重构问题概述

在构造建模中,地质曲面重构是最核心的步骤之一,曲面重构的效果直接影响最终模型的呈现,重构的方法关系着构造认知约束能够发挥作用。对于地层深部的地质曲面,用于地质曲面重建的点云数据具有稀疏性、不均匀性以及低精度的特点,这些特点导致了地层曲面的空间位置、交切关系以及形态特征的不确定性,同时也导致了传统点云重建方法在有效地表征地质曲面的空间位置不确定性、保持地层曲面间交切关系的正确性以及准确地刻画地层曲面的形态特征三个方面存在不足,并且地层深部的地质曲面往往经过多次构造变动,其形态一般更加复杂,与周围地质对象的关系也更不清晰。所以本章围绕上述问题,为不确定条件下的复杂地质曲面重建提供了新的技术方案。首先针对复杂地质曲面的空间位置不确定性表征问题,提出基于支持向量区间回归的不确定性表征方法。再针对传统点云重建方法难以正确描述地层曲面间交切关系的问题,提出交切关系约束的地层曲面重建方法。本节还考虑了地层曲面重建方需要保持曲面几何形态特征难点问题,提出形态特征约束的地质曲面重建方法。最后提出基于扰动的最优地层曲面确定方法,基于机会约束规划的地层曲面不确定重建模型以及特征相似度确定最优层位面,避免了大量约束条件导致模型难以求解的问题。

5.1.1 复杂地质曲面重构难点问题

地质曲面重建根据地震勘探获得的地层散点信息,构建层位、断层等地质曲面,相较于信息处理领域的常规三维点云重建问题,地层深部复杂地质曲面重建难度更大,主要体现在如下4个方面:

(1)地质曲面重建的首要困难是可用数据的多样性和不准确性[1]。用于重建的数据包含钻井获得的详细信息以及地震勘探或遥感获得的间接信息,具有不同的精度和置信度。为了重建高质量的地质曲面,将不同类型和质量的多源数据融入地层曲面重建框架时,需要定量分析这些数据的准确性和可靠性以及由此带来的不确定性。此外,由于地层深部地震数据质量不高,地质构造的复杂性,地震解释点云数据的稀疏性、不均匀性和低精度性,以及构造形态信息不足等,都导致了地质曲面重建很大程度上受到不确定性的影响。传统点云重建方法难以表达地质曲面的空间位置不确定性。为了增强数据理解并提供地质构造风险分析基础,需要通过可视化的方式将地层曲面的空间位置不确定性传达出来。虽然大量的工作提出了可视化不确定性的方法,但现有方法难以为地质曲面重建提供空间位置约束。

(2)由于绕射波的影响,层位和断层等地质曲面相交处附近的地震成像质量极低,这通常会导致相交处附近层位解释数据的缺失，进一步加剧了数据的多不确定性问题。为了实现层位和断层的闭合，需要求取其交线作为重建的控制点。此外，由于沉积、断裂等地质作用的影响，地层曲面间具有复杂的交切关系。交线反映了地层曲面间的交切关系，在求交过程中如果忽略区域地质知识将导致层位顺序错乱（非地质作用导致的两个层位面相交）、正/逆断层类型反转等不合理现象（图 5-1-1）。如果上盘中层位与断层的交线在下盘中层位与断层交线的下方，则断层为正断层，反之为逆断层。因此，如何将地质规律、区域地质知识融入交线求取和地层曲面重建过程是保证地层曲面间交切关系正确性并降低其不确定性的关键。

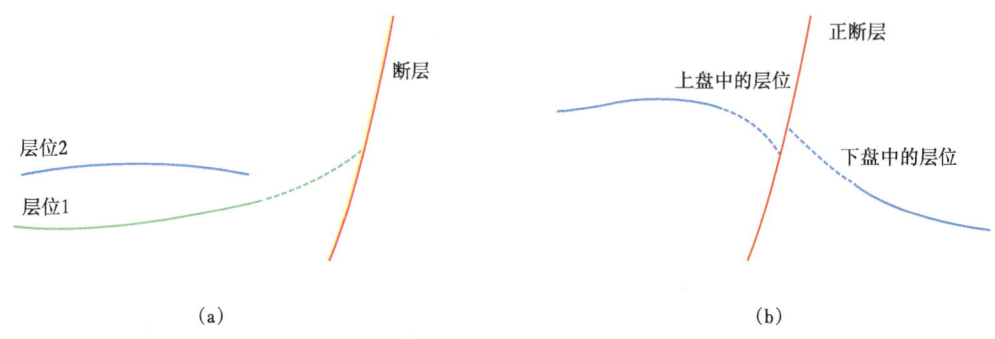

图 5-1-1　忽略区域地质知识导致的不合理现象

（a）层位顺序错乱；（b）根据区域地质知识可知断层类型为逆断层，但上盘中层位与断层的交线和下盘中层位与断层交线之间相对位置信息的缺失导致了断层类型反转

（3）复杂地层曲面高质量重建的关键除了正确表达地层曲面间的交切关系，还需要准确地刻画曲面的形态特征。地震解释数据具有低精度的特点，包含的曲面形态特征信息由于噪声的影响而模糊化、甚至消亡，这导致了地层曲面形态特征的不确定性。准确提取特征曲线是降低地层曲面形态特征不确定性的基础，然而地震解释数据的稀疏性和不精确性导致现有特征提取方法难以适用于地震解释数据。此外，为了使得重建的地层曲面对噪声和离群值具有稳健性，现有重建方法都显式地或隐式地使用滤波器对原始数据进行平滑而忽略了曲面的形态特征。因此，如何准确、快速地提取特征曲线，并在重建过程中实现对噪声和离群值稳健的同时保持曲面形态特征，是获得高质量地质曲面重建并降低形态特征不确定性的重要基础。

（4）为了获得真实合理的地质曲面重建，需要在重建模型中加入包络线约束、交线约束和脊（谷）特征线约束等大量的约束条件，这将导致重建模型的时间复杂度过高甚至求解算法失效。使用不确定重建方法生成多个备选地层曲面是实施不确定条件下的地层曲面重建质量控制[35]和解决以上问题的重要基础。然而，不确定重建方法基于蒙特卡罗（Monte Carlo）对输入数据进行随机扰动的方式可能会导致原始地层曲面显著形态特征的模糊化，从而降低地质曲面重建的准确性。为此需要设计一种能有效保持显著形态特征的不确定重建方法。此外，如何根据地质规律、区域地质知识和地层曲面的形态特征定量地从备选地层曲面中确定最优曲面，是不确定条件下地层曲面重建亟待解决的问题。

以上难点导致传统点云重建方法难以适用于地下复杂地质曲面重建。所面临的问题包括地层曲面的空间位置、交切关系和形态特征的不确定性，以及大型重建模型的求解问题，这些问题使得重建高质量地层曲面成为一项艰巨的任务。而油气勘探领域中的地下构造认知、储量计算以及钻井规划决策很大程度上依赖于地层曲面重建的质量。为此，本章将针对以上难点，综合支持向量回归（Support Vector Regression，SVR）、贝叶斯推理和特征提取等相关技术，深入开展不确定条件下的地质曲面重建方法研究，以提出具有创新性和实用性的新技术和新方法。

5.1.2　地下复杂构造智能建模中曲面重构关键技术

5.1.2.1　地质曲面的空间位置不确定性表征

地震解释数据的稀疏性、不均匀性和模糊性等都导致了地质曲面重建存在相当大的不确定性。因此，在油气勘探行业中，有效地表征地质曲面的空间位置不确定性一直受到广泛关注，其动机是对油气勘探进行风险分析以最大限度地降低油气勘探的成本。

地质曲面的空间位置不确定性表征包括空间位置不确定性量化和不确定性可视化两个步骤。根据量化方式的不同，空间位置不确定性量化方法可分为两大类：一类是生成多个地层曲面实现的方法，该类方法将单个确定性模型扩展到多个等概率实现，以此来捕捉地层曲面空间位置的不确定性。另一类是包络线法，该方法通过两个非平行曲面表达地层曲面空间位置的不确定性。根据扰动方式的不同，生成多个地层曲面实现的不确定性量化方法又可分为直接扰动输入数据的方法、添加扰动随机场的方法和扰动参数的方法。

虽然生成多个实现的不确定性表征方法有效地探索了地层曲面的空间位置不确定性，地层曲面实现之间的相似性提供了对所作模拟的信心，而较大的差异则提供了对空间位置不确定性的有用见解，并确定了可能需要进一步数据调查的区域，但是该方法计算成本过高，需要额外的手段（指示函数、信息熵等）进行可视化。而包络线能有效地表征地层曲面的空间位置不确定性，具有计算成本低（只需要模拟两个包络线曲面）、直观易懂、能为后续地层曲面模拟提供空间位置约束等优点。因此，本书认为包络线是一种简单有效的空间位置不确定性表征方法。然而，在不确定性条件下，为了生成真实合理的地质曲面，大量约束条件的加入将导致曲面重建时间成本过高甚至求解算法失效的情况，生成多个地层曲面实现的方法可提供大量的备选模型，这些备选模型为通过地质规律和/或区域地质知识生成最优地层曲面提供了一个有效的途径。

5.1.2.2　交切关系约束的地质曲面重建

地质构造在形成和变化的过程中受到沉积、断裂等地质作用的影响，会出现地层尖灭、断层切割层位等复杂的交切关系，如图5-1-2所示。地层曲面间交切关系的复杂性以及两个相交地层曲面附近的建模数据缺失，都导致常用的地层曲面重建方法难以直接适用于复杂地层曲面重建。正确处理地层曲面间（尤其是层位和断层间）的交切关系并将其纳入重建过程是获得高质量地层曲面的重要保障。目前，国内外对于交切关系约束的曲面重建技术尚处于探索、研究阶段。主流的交切关系约束的地质曲面重建方法可分为切割法和调整法两类。

（1）切割法：基于断裂作用对层位进行分割，改变层位数据的原始分布，使得断层两侧的层位具有典型的不连续性和跳跃性这一既定事实。切割法将断层两侧的层位数据进行分离并分别对其进行单独重建。使用切割法重建地质曲面时，由于边缘层位解释点可能在断层附近终止，因此需要将层位数据向断层拓展，以便求出层位和断层的交线。然后根据交线或布尔运算对超越断层的层位进行裁剪[2]。如果在切割法中忽略地质解释专家提供的附加地质信息(如当前地层曲面应与哪些曲面相交),而仅从几何角度对层位进行外推,可能会导致原本不相交的地层曲面,外推后出现相交的错误情况。

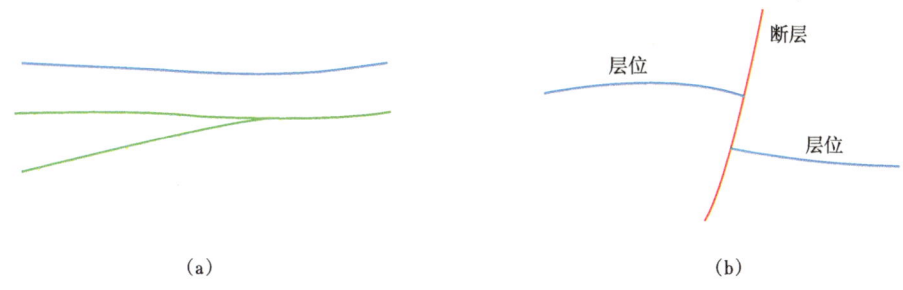

图 5-1-2 地层曲面间复杂的交切关系
(a)地层尖灭;(b)层位被断层切割

(2)调整法:断层不仅将空间划分为若干个连续的子区域,而且是其两侧层位面的一个超链接[3]。基于这一观点,调整法暂时不考虑断层的屏蔽效应,将断层两侧的层位作为一个整体进行重建。然后以初始层位和断层的交线为基础,通过调整断层两侧的层位面与断层的交线将层位恢复至有断裂作用的状态。

上述所有方法都涉及求取两个曲面的交线这一重要的技术问题。快速、稳定地求取两个曲面的交线,是实现交切关系约束的地层曲面重建的关键。

5.1.2.3 形态特征约束的地质曲面重建

许多地质曲面都显示出鲜明的几何特征(例如脊线和谷线),这些几何特征揭示了曲面的主要形状特性。有效地保持脊线和谷线等几何特征,是地层曲面高质量重建的关键。然而,地震解释数据的稀疏性、不均匀性和低精度性通常会导致原始曲面几何特征的模糊化,甚至消亡。因此,地层曲面重建的一个主要难点是在采集数据稀疏、不均匀并受到噪声污染的情况下,能够较好地保持原始曲面的几何特征。

特征曲线的提取与地质曲面重建密切相关。为了使重建的地质曲面较好地保持原始地层曲面的几何特征,需要预先从稀疏的地震解释数据中提取脊(谷)线等特征曲线。近年来,特征曲线的提取受到了广泛的关注。常见的特征曲线提取方法大致可以分为两类:基于曲面拟合的方法和基于图像处理的方法。第一种方法通过拟合的相邻曲面的交集提取几何特征曲线,或通过拟合的曲面估计点的局部曲率、法向量等几何性质判断和提取几何特征曲线[4]。另一种方式则是基于图像处理的方法将点云转换成图像,然后利用二维图像处理技术提取几何特征曲线[5]。以上特征提取方法在实际应用中取得了较为显著的效果。然而用于地质曲面重建的地震解释数据具有稀疏性和不均匀性,即沿着测线较为稠密而垂直于测线非常稀疏的特点,该特点导致现有特征提取方法难以胜任从稀疏的地震解释数据中提取地层曲面的几何特征。

5.2 地质曲面的空间位置不确定性表征方法

地震解释数据的稀疏性、不均匀性和低精度性,以及构造形态信息的缺失等,都可能导致地质曲面的空间位置存在较大的不确定性。不确定性使得根据地震解释数据和井观测值构建真实的地层曲面成为一项艰巨的任务，同时也降低了构造分析、储量计算以及钻井规划决策的可靠性。因此，有效地表征并最大限度地降低地质曲面的空间位置不确定性，对降低油气勘探开发的风险具有重要的意义。现有空间位置不确定性量化方法大体可以分为两大类：生成多个等概率实现的方法[6]和包络线法[7]。虽然生成多个实现的方法有效地探索了地层曲面空间位置的不确定性，但是其计算成本过高，需要额外的手段（指示函数、信息熵等）进行可视化。而包络线能有效地表征地质曲面的空间位置不确定性，具有计算成本低，直观易懂，能为后续地层曲面模拟提供边界约束等优点。本节改进了基于SVR的不确定性分析方法难以集成高置信度样本点的不足，提出了基于支持向量区间回归的空间位置不确定性表征模型（Uncertainty Representation Model of the Spatial Location based on Support Vector Interval Regression，URMSL-SVIR）。该模型通过地层沉积规律限制包络线位置；通过地质曲面和井眼轨迹的空间位置关系集成井眼轨迹点；通过表示样本点采样值精度的机会约束实现地震解释数据和井眼拾取点（高置信度样本点）的集成。生成的包络线不仅满足地层沉积规律，还能为后续的地质曲面重建提供空间位置约束。

5.2.1 支持向量回归

假设训练集表示为(A, z)，其中$A \in \mathbb{R}^{n \times l}$表示输入样本矩阵，其行向量$A_i = (A_{i1}, A_{i2}, \cdots, A_{il})$，$i=1, 2, \cdots, n$表示第$i$个训练样本的输入；$z = (z_1; z_2; \cdots; z_n)$表示训练样本的输出采样值构成的向量，$z_i \in \mathbb{R}$，$i=1, 2, \cdots, n$。

SVR首先通过非线性函数$\varphi: \mathbb{R}^l \to H$将数据$A_i \in \mathbb{R}^l$映射到特征空间$H$中，然后在特征空间中寻找一个回归函数：

$$z_i = f(A_i) = \varphi^{\mathrm{T}}(A_i)w + b \tag{5-2-1}$$

式中，$w \in \mathbb{R}^l$和$b \in \mathbb{R}$是待定变量。

为了容忍给定数据集的小误差，SVR使用测量经验风险的ε不敏感损失函数：

$$L_\varepsilon(f) = \sum_{i=1}^{n} |z_i - f(A_i)|_\varepsilon \tag{5-2-2}$$

其中

$$|z_i - f(A_i)|_\varepsilon = \begin{cases} |z_i - f(A_i)| - \varepsilon, & \text{如果} |z_i - f(A_i)| > \varepsilon \\ 0, & \text{否则} \end{cases} \tag{5-2-3}$$

ε不敏感损失函数在数据周围设置了一个不敏感带，其中的误差会被忽略。SVR通过添加正则项$\frac{1}{2}\|w^2\|$考虑模型复杂度，因此SVR采用结构风险最小化准则，这使得其具有更好的泛化能力。经典的SVR可表示为以下约束最优化问题：

$$\min_{w, b, \xi_i^+, \xi_i^-} \frac{1}{2}\|w^2\| + C\sum_{i=1}^{n}(\xi_i + \xi_i^*) \tag{5-2-4}$$

$$\begin{cases} z_i - \varphi(A_i)w - b \leq \varepsilon + \xi_i \\ \varphi(A_i)w + b - z_i \leq \varepsilon + \xi_i^* \\ \xi_i, \xi_i^* \geq 0, i = 1, \cdots, n \end{cases}$$

式中，ξ_i，ξ_i^*，$i=1$，2，$\cdots$，n 是用来测量误差的松弛变量；$C>0$ 是平衡训练误差和模型复杂度的参数。较大的 C 创建一个训练误差低、模型复杂度高的模型，较小的 C 产生一个训练误差高但结构简单的模型。

引入拉格朗日乘子 λ_i 和 λ_i^*，可得式（5-2-4）的对偶问题：

$$\min_{\lambda_i,\lambda_i^*} L = \frac{1}{2}\sum_{i=1}^{n}\sum_{j=1}^{n}(\lambda_i-\lambda_i^*)(\lambda_j-\lambda_j^*)\langle\varphi(A_i),\varphi(A_j)\rangle$$
$$+\varepsilon\sum_{i=1}^{n}(\lambda_i+\lambda_i^*)-\sum_{i=1}^{n}(\lambda_i-\lambda_i^*)z_i \tag{5-2-5}$$

$$\text{s.t.}\begin{cases}\sum_{i=1}^{n}(\lambda_i^*-\lambda_i)=0\\0\leqslant\lambda_i\leqslant C,1\leqslant i\leqslant n\\0\leqslant\lambda_i^*\leqslant C,1\leqslant i\leqslant n\end{cases}$$

通过求解上述对偶问题，可获得适当的回归函数。

根据 Mercer 定理[155]，可以使用一些核函数表示特征空间 H 中两个向量的内积，即 $k(A_i,A_j)=\langle\varphi(A_i),\varphi(A_j)\rangle=\varphi(A_i)\varphi^T(A_j)$，这时不需要知道映射 φ 的函数形式。恰当的核函数使得高维空间中两个向量（可能是无限维的）的内积被简化为一个可在原低维空间中被有效计算的核函数。

5.2.2 基于支持向量区间回归的地层曲面不确定性表征方法

SVR 的特性导致高置信度样本点被当成不敏感区域内的点或离群点，因此 SVR 无法利用井眼拾取点等高置信度样本点包含的有效信息。在进行地质曲面重建和空间位置不确定性表征时，经常会使用地震解释数据和井数据。虽然高昂的钻井成本导致井数据非常稀少，但其对于减少地质曲面的空间位置不确定性至关重要。本章使用两类井数据：井眼拾取点和井眼轨迹点。井眼拾取点是井中地层曲面的直接观测值，具有高精度的特点。井眼轨迹点是沿着井眼轨迹而与所研究的地层曲面不相交的点。为了有效地集成井数据，本章提出 URMSL-SVIR，该模型用以生成表征地层曲面空间位置不确定性的包络线。

包络线是地层曲面周围的特定区域，它由两个曲面指定，这两个曲面限制了模拟的地层曲面实现的空间位置。因此，空间位置不确定性表征的目标是找到两个非平行函数 $\varphi^T(x)w+b$ 和 $\varphi^T(x)u+d$，使得表征空间位置不确定性的包络线可被表示为：

$$f_{\text{up}}(x)=(\varphi^T(x)w+b)+(\varphi^T(x)u+d) \tag{5-2-6}$$

$$f_{\text{bl}}(x)=(\varphi^T(x)w+b)-(\varphi^T(x)u+d) \tag{5-2-7}$$

这里 $\varphi^T(x)w+b$ 和 $\varphi^T(x)u+d$ 分别称为中心函数和半径函数。

假设地震解释数据和井眼拾取点构成的训练样本集合为 $S=\{(A_i,z_i)|i=1,2,\cdots,n\}$，其中 $A_i=(x_i,y_i)\in\mathbb{R}^2$ 是输入，$z_i\in R$ 是 A_i 对应的输出采样值。通常样本点的输出是不精确的，它具有某种分布 Φ_i。每个样本点输出采样值的精度可表示为以下机会约束：

$$\Pr\{z_i - \delta \leqslant \varphi(\boldsymbol{A}_i)\boldsymbol{w} + b \leqslant z_i + \delta\} \geqslant \alpha_i, 1 \leqslant i \leqslant n \qquad (5\text{-}2\text{-}8)$$

式中，$\delta > 0$ 是预先给定的置信半径；$0 \leqslant \alpha_i \leqslant 1$ 是预先给定的置信度。δ 和 α_i 都取决于训练样本输出采样值的可靠性，可靠性越高，置信半径 δ 越小，同时置信度 α_i 越大。如果训练样本的输出采样值是精确的，则 $\delta=0$，$\alpha_i=1$。

由式（5-2-8）可得样本点输出服从的分布 Φ_i 的参数，从而可以将机会约束（5-2-8）转换为确定的区间约束。包络线可以有效地表征地质曲面的空间位置不确定性，并将地层曲面的模拟空间划分为允许地层曲面出现和拒绝地层曲面建模的两个子空间，从而限制了后续模拟的地层曲面实现的空间位置。

5.2.3 基于双支持向量回归的地层曲面不确定性表征方法

由于 URMSL-SVIR 包含多个类型的约束条件，这使得模型的训练时间较长。为此，本小节在 URMSL-SVIR 的基础上引入 TSVR，将地层曲面的空间位置不确定性表征问题分解成两个较小规模的子问题以减少时间成本。基于 TSVR 的地层曲面空间位置不确定性表征方法使用以下两个非平行曲面表示上、下包络线：

$$f_{\text{up}}(\boldsymbol{x}) = k(\boldsymbol{A}, \boldsymbol{x}^{\text{T}})\boldsymbol{w}_{\text{up}} + b_{\text{up}} \qquad (5\text{-}2\text{-}9)$$

$$f_{\text{bl}}(\boldsymbol{x}) = k(\boldsymbol{A}, \boldsymbol{x}^{\text{T}})\boldsymbol{w}_{\text{bl}} + b_{\text{bl}} \qquad (5\text{-}2\text{-}10)$$

根据 URMSL-SVIR 的约束条件，可得生成上包络线的数学模型为：

$$\min_{(\boldsymbol{w}_{\text{up}}, b_{\text{up}}, \xi_i)} \frac{1}{2}(\|\boldsymbol{w}_{\text{up}2}^{\ 2}\| + b_{\text{up}}^2) + \frac{C_1}{2}\sum_{i=1}^{n}(z_{1i} - k(\boldsymbol{A}, \boldsymbol{B}_i^{\text{T}})\boldsymbol{w}_{\text{up}} - b_{\text{up}})^2 + C_2\sum_{i=1}^{n}\xi_i \qquad (5\text{-}2\text{-}11)$$

$$\begin{cases} k(\boldsymbol{A}, \boldsymbol{B}_i^{\text{T}})\boldsymbol{w}_{\text{up}} + b_{\text{up}} \geqslant z_{1i} - \xi_i, i = 1, \cdots, n \\ k(\boldsymbol{A}, \boldsymbol{B}_i^{\text{T}})\boldsymbol{w}_{\text{up}} + b_{\text{up}} \leqslant ub_i, i = 1, \cdots, n+m \\ \xi_i \geqslant 0, i = 1, \cdots, n \end{cases}$$

生成下包络线的数学模型为：

$$\min_{(\boldsymbol{w}_{\text{bl}}, b_{\text{bl}}, \xi_i^*)} \frac{1}{2}(\|\boldsymbol{w}_{\text{bl}}\|_2^2 + b_{\text{bl}}^2) + \frac{C_3}{2}\sum_{i=1}^{n}(z_{2i} - k(\boldsymbol{A}, \boldsymbol{B}_i^{\text{T}})\boldsymbol{w}_{\text{bl}} - b_{\text{bl}})^2 + C_4\sum_{i=1}^{n}\xi_i^* \qquad (5\text{-}2\text{-}12)$$

$$\text{s.t.}\begin{cases} k(\boldsymbol{A}, \boldsymbol{B}_i^{\text{T}})\boldsymbol{w}_{\text{bl}} + b_{\text{bl}} \leqslant z_{2i} + \xi_i^*, i = 1, \cdots, n \\ k(\boldsymbol{A}, \boldsymbol{B}_i^{\text{T}})\boldsymbol{w}_{\text{bl}} + b_{\text{bl}} \geqslant lb_i, i = 1, \cdots, n+m \\ k(\boldsymbol{A}, \boldsymbol{B}_i^{\text{T}})\boldsymbol{w}_{\text{bl}} + b_{\text{bl}} + \gamma \leqslant f_{\text{up}}(\boldsymbol{B}_i), i = 1, \cdots, n+m \\ \xi_i^* \geqslant 0, i = 1, \cdots, n \end{cases}$$

上述两个模型分别通过正则项 $\frac{1}{2}(\|\boldsymbol{w}_{\text{up}2}^{\ 2}\| + b_{\text{up}}^2)$ 和 $\frac{1}{2}(\|\boldsymbol{w}_{\text{bl}2}^{\ 2}\| + b_{\text{bl}}^2)$ 考虑模型复杂度。松弛变量 ξ_i 和 ξ_i^* 负责惩罚不确定性区间落在包络线之外的样本点。模型中的 $\sum_{i=1}^{n}(z_{1i} - k(\boldsymbol{A}, \boldsymbol{B}_i^{\text{T}})\boldsymbol{w}_{\text{up}} - b_{\text{up}})^2$、$\sum_{i=1}^{n}(z_{2i} - k(\boldsymbol{A}, \boldsymbol{B}_i^{\text{T}})\boldsymbol{w}_{\text{bl}} - b_{\text{bl}})^2$ 以及式（5-2-9）和（5-2-10）中的第一个约束条件使得样

本点输出的不确定区间尽可能在包络线之内，同时上、下包络线之间的距离尽可能小，从而避免采样点的不确定性被错误地放大。超参数 C_1、C_2、C_3、C_4 用于控制训练误差，模型复杂度以及上、下包络线距离三者之间的平衡。和 URMSL-SVIR 一样，式（5-2-10）中的 γ 用来避免由于计算机精度导致的上包络线在下包络线的下方或左方这一不合理的现象。

现在记 $\boldsymbol{q}_1 = (z_{11}, \cdots, z_{1n})^T$，$\boldsymbol{q}_2 = (z_{21}, \cdots, z_{2n})^T$，$\boldsymbol{ub} = (ub_1, \cdots, ub_{n+m})^T$，$\boldsymbol{lb} = (lb_1, \cdots, lb_{n+m})^T$，$\boldsymbol{Up} = (up_1, \cdots, up_{n+m})^T = (f_{up}(\boldsymbol{B}_1), \cdots, f_{up}(\boldsymbol{B}_{n+m}))^T$，$\boldsymbol{\xi} = (\xi_1, \cdots, \xi_n)^T$，$\boldsymbol{\xi}^* = (\xi_1^*, \cdots, \xi_n^*)^T$。

因此，由基于双支持向量回归的空间位置不确定性表征模型［式（5-2-9）和式（5-2-10）］生成的上、下包络线分别为：

$$f_{up}(\boldsymbol{x}) = k(\boldsymbol{A}, \boldsymbol{x}^T) \overline{\boldsymbol{w}}_{up} + \overline{b}_{up} = (k(\boldsymbol{A}, \boldsymbol{x}^T), 1) g_1 (C_1 \boldsymbol{G}_1^T \boldsymbol{q}_1 + \boldsymbol{G}_1^T \overline{\boldsymbol{\lambda}}_1 - \boldsymbol{G}_2^T \overline{\boldsymbol{\lambda}}_1^*) \quad (5\text{-}2\text{-}13)$$

$$f_{bl}(\boldsymbol{x}) = k(\boldsymbol{A}, \boldsymbol{x}^T) \overline{\boldsymbol{w}}_{bl} + \overline{b}_{bl} = (k(\boldsymbol{A}, \boldsymbol{x}^T), 1) g_2 (C_3 \boldsymbol{G}_1^T \boldsymbol{q}_2 - \boldsymbol{G}_1^T \overline{\boldsymbol{\lambda}}_2 + \boldsymbol{G}_2^T \overline{\boldsymbol{\lambda}}_2^* - \boldsymbol{G}_2^T \overline{\boldsymbol{\lambda}}_3) \quad (5\text{-}2\text{-}14)$$

5.2.4 实验结果与分析

本小节使用一个实际断层数据集验证本章提出的两种地层曲面空间位置不确定性表征方法的有效性。测试所用断层数据集由地震解释得到的 15 条断层线、4 个井眼轨迹点和 2 个井眼拾取点构成。由于断层解释点的横坐标 x 具有不确定性，因此将断层解释点以及井眼拾取点的纵坐标 y 和竖坐标 z 作为训练样本的输入，而将其横坐标作为训练样本的输出采样值，并假设样本点输出服从以其采样值为均值的正态分布。为了得到更清晰的图像，本小节将断层解释点的上下界区间半径以及不确定性区间参数 δ 都设置为真实情况的几倍大。此外，以下实验中均使用高斯核函数。

图 5-2-1 显示了仅基于断层解释点并使用 URMSL-SVIR 生成的初始断层包络线和一个断层实现。图 5-2-2 显示了使用 URMSL-TSVR 生成的初始包络线和一个断层实现，由提出的两种方法生成的断层不确定性包络线用紫色显示，断层实现用橙色显示，它由上、下包络线的平均值生成，图 5-2-2、图 5-2-3、图 5-2-4、图 5-2-6、图 5-2-7 中的断层实现都以这种方式生成。

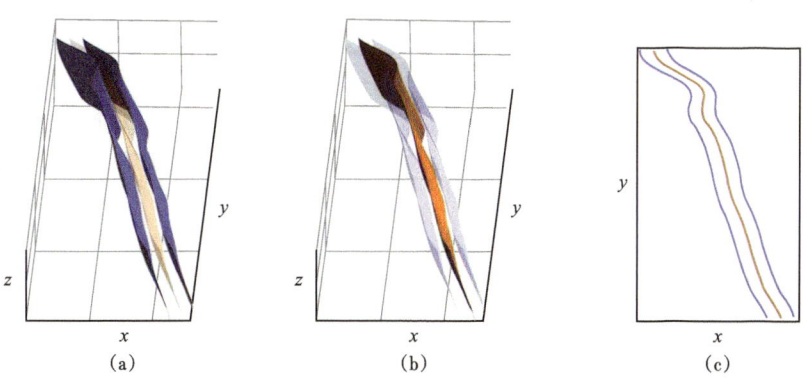

图 5-2-1 根据 799 个断层解释点使用 URMSL-SVIR 生成的断层包络线（紫色）和一个断层实现（橙色）
（a）包络线的透明度被设置为 0.4，断层实现的透明度设置为 1；(b) 透明度的设置与（a）相反；
（c）包络线和断层实现的水平截面

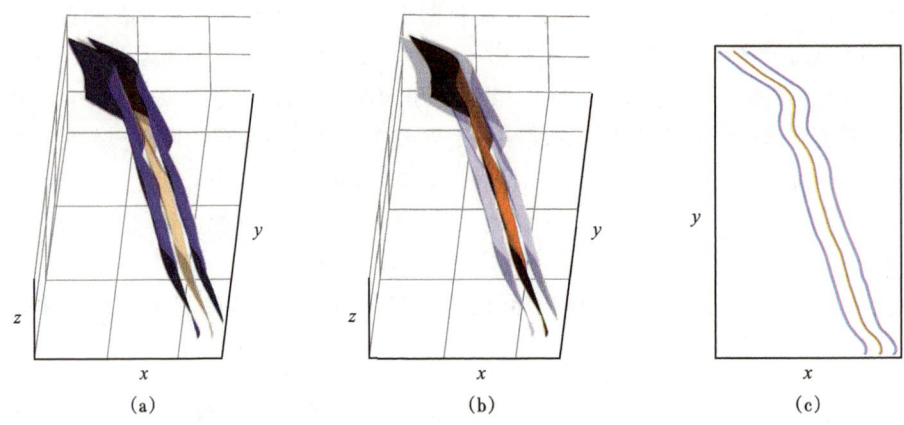

图 5-2-2 根据 799 个断层解释点使用 URMSL-TSVR 生成的断层初始
包络线（紫色）和一个断层实现（橙色）

为了研究井数据对空间位置不确定性的影响，首先使用断层数据集中的 799 个断层解释点和 4 个井眼轨迹点更新断层包络线。图 5-2-3 和图 5-2-4 分别显示了加入井眼轨迹点后使用 URMSL-SVIR 和 URMSL-TSVR 更新的包络线和断层实现，其中井眼轨迹点用红色圆点表示。从更新的包络线可知，井眼轨迹点能部分减少地层曲面的空间位置不确定性。

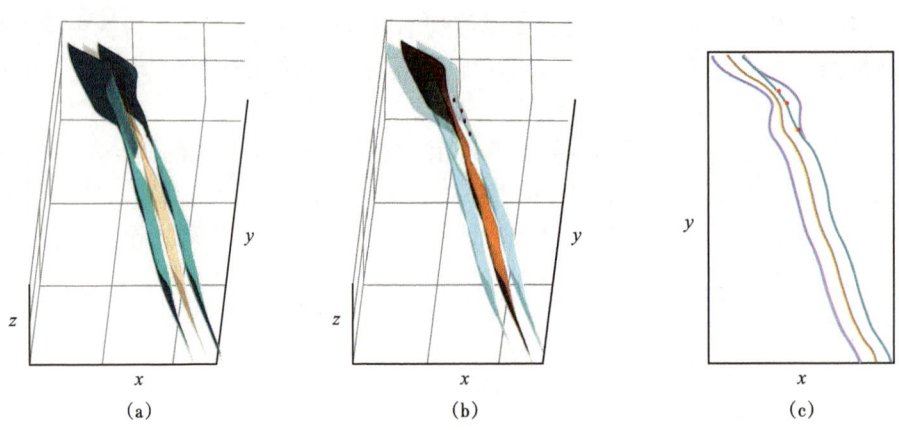

图 5-2-3 使用 URMSL-SVIR 和四个井眼轨迹点（红色圆点）更新的包络线
（a）断层包络线（绿松石色，透明度设置为 0.4）和一个断层实现（橙色，透明度设置为 1）；
（b）透明度设置与（a）相反；（c）水平截面，紫色曲线为初始包络线

最后使用断层数据集中的断层解释点、4 个井眼轨迹点和 2 个井眼拾取点共同更新断层包络线。正如 5.2.2 节所述，井眼拾取点的加入可能会导致上包络线在下包络线的下方或左方这一不合理的情况，如图 5-2-5 所示。为了避免这种情况，必须将参数 γ 设置为一个较小的正数。

图 5-2-6 显示了 URMSL-SVIR 中使用断层解释点、井眼轨迹点和井眼拾取点更新的断层包络线。图 5-2-7 显示了 URMSL-TSVR 中使用断层解释点、井眼轨迹点和井眼拾取点共同更新的包络线。在图 5-2-6 和图 5-2-7 中，井眼轨迹点用红色圆点表示，井眼拾取

点用黑色圆点表示。由图可知，井眼拾取点对减少地层曲面的空间位置不确定性起着重要的作用，并且本书提出的两种不确定性表征方法都能集成地震解释数据和井数据，有效地表征了地质曲面的空间位置不确定性。

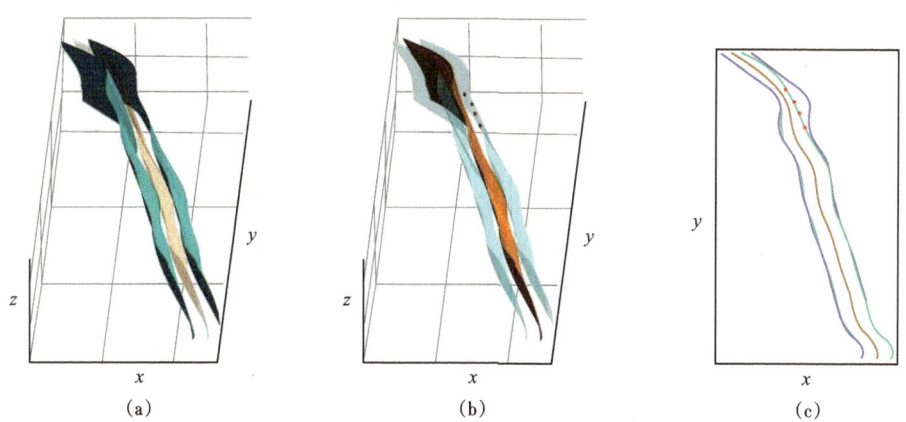

图 5-2-4　使用 URMSL-TSVR 和四个井眼轨迹点（红色圆点）更新的包络线
紫色曲线为初始包络线

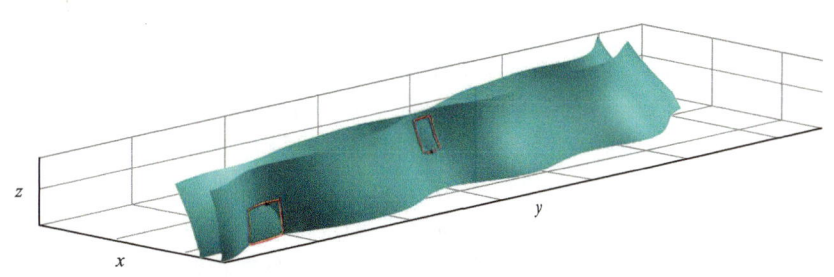

图 5-2-5　由于计算机精度的原因，导致图中红色区域内的上包络线在下包络线的下方或左方，即对应的半径函数为负

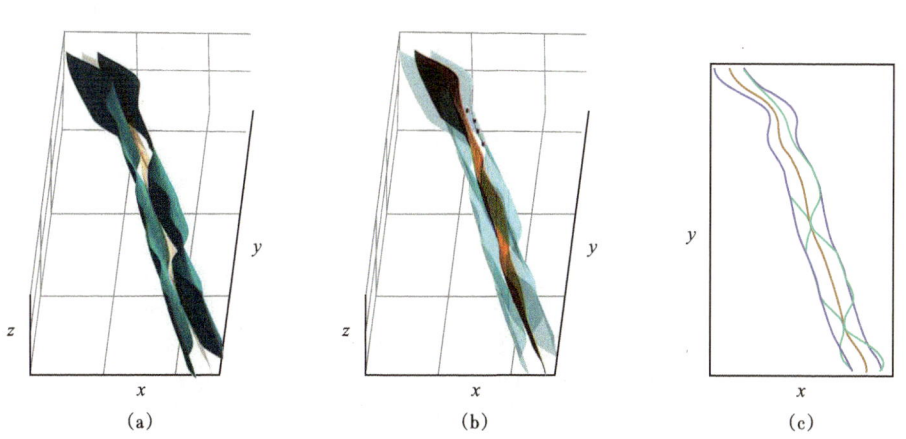

图 5-2-6　根据 4 个井眼轨迹点（红色圆点）和两个井眼拾取点（黑色圆点），使用 URMSL-SVIR 更新的包络线
紫色曲线为初始包络线

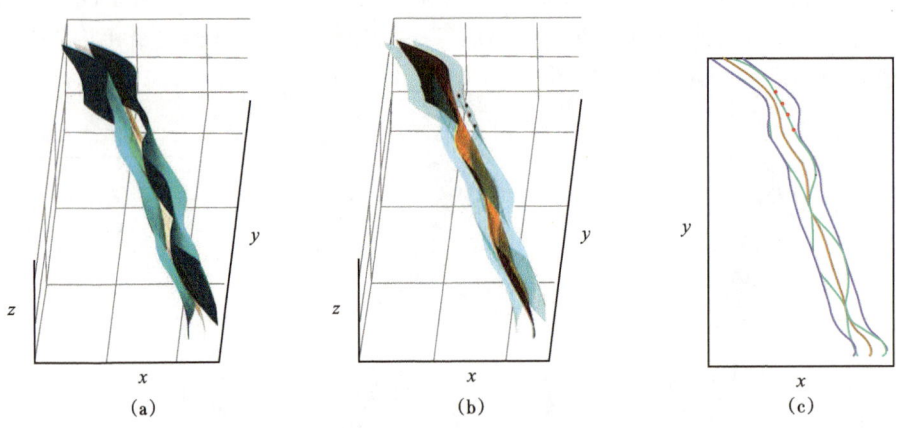

图 5-2-7　根据 4 个井眼轨迹点（红色圆点）和两个井眼拾取点（黑色圆点），
使用 URMSL-TSVR 更新的包络线

紫色曲线为初始包络线

5.3　交切关系约束的地质曲面重建方法

本节提出交切关系约束的地质曲面重建方法。地质构造在形成和变化的过程中，受到沉积、剥蚀和断裂等地质作用的影响，地质曲面间具有复杂的交切关系。然而，地震解释数据的稀疏性、模糊性以及相交信息的缺失等都导致了地层曲面间交切关系的不确定性。根据地质规律和区域地质知识正确处理地层曲面间的交切关系，并将其作为地层曲面重建的约束，是获得真实地质曲面和降低交切关系不确定性的重要基础。本节引入贝叶斯推理技术自动求取层位和断层的交线，将主观先验、地震解释数据和地质约束整合到一个优化模型中。通过断层附近的层位倾角，断层倾角共同确定断层和层位的交线，并将断层类型、断层落差等地质规律和区域地质知识融入交线生成模型，实现了层位和断层交线的自动快速求取，并且生成的交线能有效地反映地层曲面间正确的交切关系。在此基础上，本章提出交切关系约束的地质曲面重建模型。该模型以包络线为空间位置约束，以交线点为高置信度样本点重建断层和层位，使得重建的地层曲面能够通过预先生成的交线，实现了地层曲面间的矢量封闭，避免了对地层曲面的裁剪操作，并有效地保证了地层曲面间交切关系的正确性。

5.3.1　使用贝叶斯推理确定断层和单个层位的交线

首先将层位和断层绕 z 轴进行旋转，使得层位线平行于 x 轴。旋转后的层位终止点为 $\{(x_i^h, y_i^h, z_i^h) | i=1, \cdots, n\}$，其纵坐标依次递增。旋转后，交线 y 坐标的变化范围与层位终止点 y 坐标的变化范围一致，即 $y_1^h \leq y \leq y_n^h$，则断层和层位的交线可以表示为如下形式：

$$\begin{cases} x = \boldsymbol{w}_1^{\mathrm{T}} \phi(y) + b_1 \\ z = \boldsymbol{w}_2^{\mathrm{T}} \phi(y) + b_2 \end{cases} \quad (5\text{-}3\text{-}1)$$

这里为了方便计算，将 b_1 和 b_2 设置为固定值，在后面的实验中，b_1 设置为层位终止点 x 坐标的平均值，b_2 设置为层位终止点 z 坐标的平均值，从而确定层位与断层交线的关键是确定参数 w_1 和 w_2 的值。假设靠近断层的层位线末端的倾角服从高斯分布：

$$\left(z_i - z_i^h - d_1 \cdot \left(z_i - z_i^f\right)\right) \sim N\left(0, \sigma_1^2\right) \quad (5\text{-}3\text{-}2)$$

式中，x_i、z_i 分别是与第 i 个层位终止点对应的层位与断层交点的 x 坐标和 z 坐标，交点的 y 坐标满足 $y_i = y_i^h$；d_1 是层位线末端倾角的均值；σ_1 是层位线末端倾角的标准差。

同时，假设交线附近的断层倾角的倒数服从高斯分布，即：

$$\left(x_i - x_i^f - d_2 \cdot \left(z_i - z_i^f\right)\right) \sim N\left(0, \sigma_2^2\right) \quad (5\text{-}3\text{-}3)$$

则层位和断层倾角的联合条件概率密度函数为：

$$p\left(x_i^h, z_i^h, x_i^f, z_i^f \mid y_i; w_1; w_2\right) \quad (5\text{-}3\text{-}4)$$

式中，x_i^f、z_i^f 分别是在交线附近的断层面上选定的断层解释点（其 y 坐标为 y_i^f）的 x 坐标和 z 坐标；d_2 是断层倾角倒数的均值；σ_2 是断层倾角倒数的标准差。

如果只考虑层位的倾角，则可能会出现层位与断层不相交的情况 [图 5-3-1（a）]，但通过式（5-3-4）就可以同时考虑层位和断层的倾角，则可以有效地避免这一情况。若交点和层位终止点之间的倾角偏离层位线末端倾角的均值 [图 5-3-1（b）]，则式（5-3-4）会给交点一个拉力，使得交点和层位终止点之间的倾角尽可能靠近层位线末端倾角的均值。若交点与对应的断层解释点之间的倾角偏离断层倾角的均值 [图 5-3-1（c）]，交点也会受到式（5-3-4）的一个拉力，从而使得交点尽可能在断层线上。因此，在层位和断层倾角的联合条件概率密度函数作用下，层位与断层最终相交 [图 5-3-1（d）]。

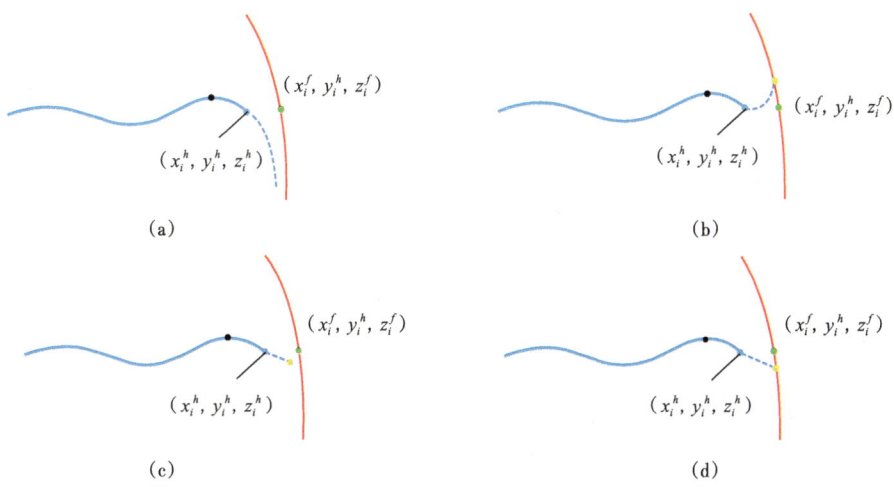

图 5-3-1　层位和断层倾角对交线的影响

（a）只考虑层位的倾角，外推得到的层位（蓝色虚线）与断层不相交；（b）交点（黄色圆点）和层位终止点（蓝色圆点）之间的倾角偏离层位线末端倾角的均值；（c）交点和对应的断层解释点（绿色圆点）之间的倾角偏离断层倾角的均值；（d）联合条件概率密度函数作用下形成的交点，该交点体现了层位末端的线性变化趋势

给定层位终止点和断层解释点，参数 w_1 和 w_2 的似然函数可以表示为：

$$l(w_1,w_2) = \frac{p(x^h,z^h,x^f,z^f \mid y;w_1;w_2)}{p(x^h,z^h,x^f,z^f \mid y)} \propto p(x^h,z^h,x^f,z^f \mid y;w_1;w_2)$$

其中　$x^h = (x_1^h, \cdots, x_n^h)^T$，$z^h = (z_1^h, \cdots, z_n^h)^T$，$x^f = (x_1^f, \cdots, x_n^f)^T$，$z^f = (z_1^f, \cdots, z_n^f)^T$。

上述通过最大似然估计求解交线回归模型中的参数 w_1、w_2 的方法是在没有假设参数先验的情况下得到的。下面对参数 w_1、w_2 引入均值为 0、标准差分别为 σ_3 和 σ_4 的高斯先验，以在交线求取模型中加入度量模型复杂度的正则项，进而最小化结构风险，避免过拟合现象，使得层位与断层的交线是一条光滑的曲线。求得参数 w_1、w_2 后，由式（5-3-1）可获得单个层位和断层的交线。

5.3.2　确定断层和多个层位的交线

如果仅仅根据贝叶斯推理，而不考虑地质规律、区域地质知识以及各地层曲面间的交切关系，单独确定一个层位与断层的交线，可能出现不合理的情况：（1）断层类型反转，即根据区域地质知识已知重建的断层为逆断层（正断层），但下盘（位于断层面之下）中层位与断层的交点却出现在了上盘（位于断层面之上）中层位与断层交点的上方（下方）；（2）非地质作用导致的两个层位相交。为了避免这些不合理的情况，需要根据地质规律、区域地质知识以及各层位与断层的交切关系同时确定多个层位与某个断层的交线。现假设共有 m 个层位与某个断层相交。按照层位的沉积先后次序，即按照层位 z 坐标从小到大的顺序，对这些层位进行排序。现假设断层上、下盘中的第 i 个层位与断层的交线分别为：

$$\begin{cases} x_i = \phi(y_i)w_{i1} + b_{i1} \\ z_i = \phi(y_i)w_{i2} + b_{i2} \end{cases}, i=1,\cdots,m \qquad (5\text{-}3\text{-}5)$$

$$\begin{cases} x_i = \phi(y_i)w_{i3} + b_{i3} \\ z_i = \phi(y_i)w_{i4} + b_{i4} \end{cases}, i=1,\cdots,m \qquad (5\text{-}3\text{-}6)$$

对于正断层（逆断层），式（5-3-5）表示断层下盘（上盘）中的第 i 层位与断层交线的 x 坐标和 z 坐标，式（5-3-6）表示断层上盘（下盘）中的第 i 个层位与断层交线的 x 坐标和 z 坐标。为了计算和叙述的方便，在后面的实验中，将 b_{i1} 和 b_{i3} 设置为交线的 x 坐标平均值，b_{i2} 和 b_{i4} 设置为交线的 z 坐标平均值。通过求解二次规划问题可得参数 w_{i1}、w_{i2}、w_{i3}、w_{i4}（$i=1,\cdots,m$）的最优值，从而确定出上盘和下盘中的 m 个层位与断层的交线。由于交线求取模型中包含断层类型、落差等信息，因此获得的交线能有效地反映地质规律和区域地质知识，为交切关系约束的地层曲面重建提供了重要的质量控制。

5.3.3　交切关系约束的地质曲面重建方法

假设某一层位的层位解释数据和井眼拾取点构成的训练样本集合为 $S=\{(x_i, y_i, z_i) \mid i=1, \cdots, n\}$，其中 x_i、y_i 和 z_i 分别是第 i 个训练样本的 x、y、z 坐标。在层位和断层的交线上密集地抽取 t 个交线点 $(x_i^{Int}, y_i^{Int}, z_i^{Int})$，$1 \leqslant i \leqslant t$。交切关系约束的层位面重建的目标

是找到拟合样本点 (x_i, y_i, z_i), $i=1, \cdots, n$ 和交线点的曲面 $g(x, y)=\phi(x, y)w+b$, 这里 w 是回归函数 $g(x, y)$ 的系数向量, b 是偏置项。为了保证层位和断层的水密缝合, 生成的层位面必须通过抽取的 t 个交线点, 因此这些交线点在进行层位拟合时应作为高置信度样本点, 于是有以下约束条件:

$$\begin{cases} \phi(x_i^{Int}, y_i^{Int})w + b \leq z_i^{Int} + \tau, i=1,\cdots,t \\ \phi(x_i^{Int}, y_i^{Int})w + b \geq z_i^{Int} - \tau, i=1,\cdots,t \end{cases} \quad (5\text{-}3\text{-}7)$$

式中, τ 是一个非常接近于 0 的正数。

以上两个约束条件有效地保证了重建的层位面能够通过预先生成的交线, 从而保障了地质曲面间交切关系的正确性和矢量闭合。

为了简化层位重建模型的形式, 记 $A=(A_1; \cdots; A_n; A_{n+1}; \cdots; A_{n+t})$, 其中 $A_i=(x_i, y_i)$, $1 \leq i \leq n$ 为由层位解释数据和井眼拾取点构成的训练样本集合中的第 i 个样本点的输入。$A_i = (x_{i-n}^{Int}, y_{i-n}^{Int})$ 为第 $i-n$ 个交线点的输入。这里使用传统的 SVR 模型求解, 可得交切关系约束的地质曲面重建模型为:

$$\min \frac{1}{2}\|w\|^2 + C\sum_{i=1}^{n}(\xi_i + \xi_i^*) \quad (5\text{-}3\text{-}8)$$

$$\text{s.t.} \begin{cases} z_i - \phi(A_i)w - b \leq \varepsilon + \xi_i, i=1,\cdots,n \\ \phi(A_i)w + b - z_i \leq \varepsilon + \xi_i^*, i=1,\cdots,n \\ \xi_i, \xi_i^* \geq 0, i=1,\cdots,n \end{cases}$$

式 (5-3-8) 通过正则项 $\frac{1}{2}\|w\|^2$ 考虑模型复杂度, 参数 $C>0$ 用于控制训练误差与模型复杂度 (即曲面光滑性) 之间的平衡。松弛变量 ξ_i 和 ξ_i^* 用于惩罚误差超过给定阈值 ε 的样本点, 这一策略使得基于 SVR 的重建模型对重尾噪声 (例如离群值) 比最小二乘法中使用的平方损失函数更具稳健性[8]。

5.3.4 实验结果与分析

实验所用数据集包含由地震解释得到的 3 个层位数据集和 1 个断层数据集、7 个解释剖面。需要重建的 3 个层位都被断层切割, 这导致了地层曲面具有复杂的拓扑结构和交切关系。此外, 断层附近的低成像质量使得断层附近的层位未被解释, 这导致了层位和断层相交信息的缺失, 建模数据难以正确地反映区域地质知识和地层曲面间合理的交切关系。

首先根据区域地质知识可知, 需要重建的断层类型为逆断层, 即断层上盘 (位于断层面之上) 相对于下盘 (位于断层面之下) 沿断面向上运动。图 5-3-2 展示了使用本节提出的方法确定断层和单个层位交线的结果。首先对断层上盘中第一个层位的每条层位线末端 (每条层位线上的黑色圆点到层位终止点) 的倾角进行统计, 并求得其服从分布的均值 d_1 和标准差 σ_1, 以及层位终止点的 x 坐标的平均值 b_1 和 z 坐标的平均值 b_2。同时对断层倾角的倒数进行统计, 并求得其服从分布的均值 d_2 和标准差 σ_2。然后求得层位和断层的交线 [图 5-3-2 (a)]。由图可知, 5.3.1 节提出的方法在生成平滑交线的同时, 还考虑了层位末端的倾角和断层倾角的变化趋势。

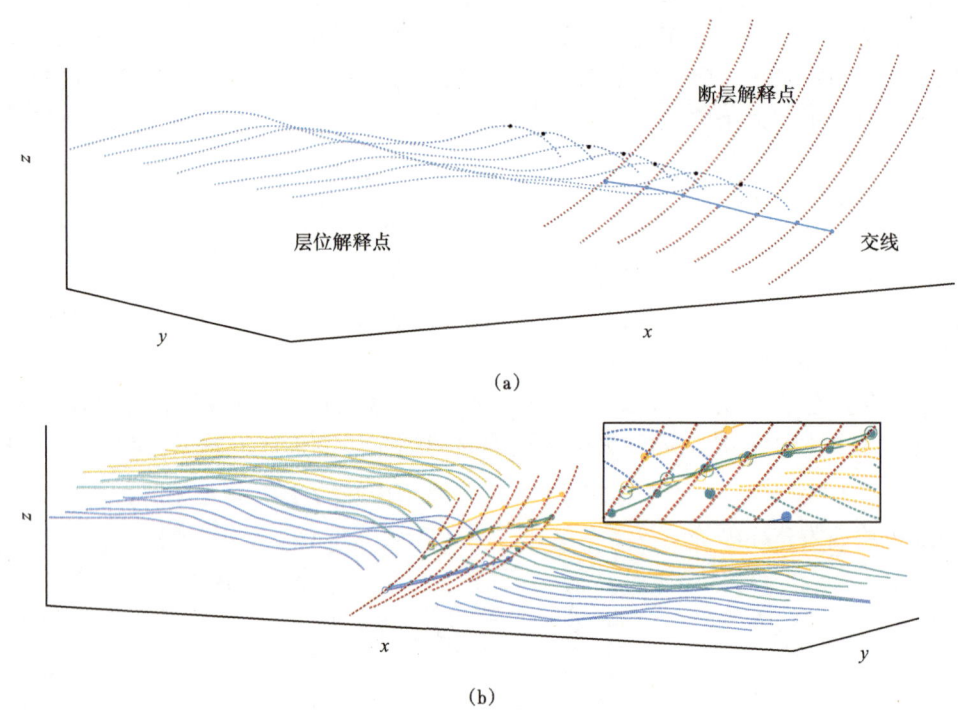

图 5-3-2　断层和单个层位的交线
(a) 由 5.3.1 小节提出的方法生成的交线；(b) 单独确定每个层位与断层的交线出现的不合理现象

然而，单独确定上盘/下盘中每个层位与断层的交线，难以整合区域地质规律，可能会导致地层曲面间错误的交切关系，如图 5-3-2（b）所示，其中实心圆点为上盘中的每个层位与断层的交线点，而空心圆点为下盘中每个层位与断层的交线点。根据区域地质知识可知断层类型为逆断层，因此上盘中的某个层位与断层的交线应在下盘中该层位与断层交线的上方。但图 5-3-2（b）中第二个层位与断层的交线却不符合这一区域地质背景，并且中还出现了上、下两个层位与断层的交线相互交错的不合理现象。

对区域地质资料的综合研究表明，第二个层位和第一个层位之间的地层厚度下限值为 210m，第三个层位和第二个层位之间的地层厚度下限值为 75m，断层落差大于 150m。使用本节提出的重建方法生成的断层和层位面如图 5-3-3 所示，其中红色曲线为断层上盘中层位与断层的交线，黑色曲线为下盘中层位与断层的交线。由图可知，上盘中每个层位与断层的交线都在下盘中该层位与断层交线的上方，这与断层类型为逆断层相符，并且断层落差和两层位之间地层厚度的下限值也与区域地质资料所给信息一致。因此，本节提出的重建方法综合考虑了断层类型、断层落差等区域地质知识和地质规律，能有效地保证地层曲面间的矢量封闭和交切关系的正确性，进而降低地层曲面间交切关系的不确定性。此外，本节提出的重建方法避免了对地层曲面的额外裁剪和调整操作，从而能提高地层曲面的重建效率。断层对油气运移起着通道还是遮挡的作用在很大程度上取决于断层的上盘和下盘的相对位移，即断层是正断层还是逆断层。本节提出的重建方法有效地避免了断层类型反转这一不合理现象，因此保障了油气运移分析研究的科学合理性，进而能有效地降低油气勘探的风险和成本。

5 复杂地质曲面重构

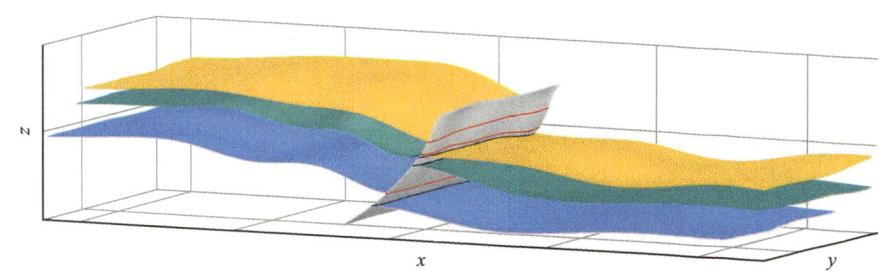

图 5-3-3 使用本节提出的重建方法生成的层位和断层，其中断层类型、断层落差以及两层位之间的地层厚度符合区域地质背景

5.4 形态特征约束的地质曲面重建方法

脊线和谷线是一种有效的形状描述工具，它们表达了地质曲面的主要几何特征[9]，有效地保持脊（谷）线特征是地质曲面高质量重建的关键。然而，地震解释数据具有低精度的特点，其包含的脊（谷）线特征信息由于噪声的污染而模糊化甚至消亡。这导致了地层曲面形态特征的不确定性，并且给地层曲面的高质量重建带来了严重的挑战。因此，有效地提取脊（谷）线特征并将其作为地层曲面重建的约束，是获得真实地质曲面的重要基础。为了使得地层曲面重建较好地保持原有的几何形态特征，需要预先从稀疏的地震解释数据中提取脊（谷）特征线。本节提出一种基于高度不平衡二分类问题的脊（谷）特征线提取方法。该方法使用 SPE（Self-Paced Ensemble）分类器识别备选脊（谷）特征点，根据特征点的邻接矩阵和并查集算法将备选脊（谷）点划分成与潜在特征曲线对应的若干个子集，并拟合出多条光滑的特征曲线。在此基础上，提出脊（谷）线约束的地质曲面重建模型。该模型将提取的脊（谷）线转换为约束条件，使得重建的地层曲面有效地保持了原有的形状特征。

5.4.1 地震解释数据的脊（谷）特征提取

本节提出的脊（谷）特征提取方法包含特征点识别和特征曲线逼近两个步骤。首先将从地震解释数据中识别几何特征点看成是一个二分类问题。由于地震解释得到的三维数据中几何特征点（脊线点和谷线点）相对于非几何特征点的数量是极其稀少的，并且地震解释数据通常包含一定程度的噪声和离群值，故特征点识别是一个含噪声的高度不平衡二分类问题。

首先，使用 SPE[10] 进行几何特征点识别。SPE 是一种集成分类方法，与现有样本不平衡分类方法相比，它具有计算效率高、准确、稳健性好等优点。假设多数类样本集合为 $N=\{(x,y,z,L)|L=0\}$，少数类集合为 $P=\{(x,y,z,L)|L=1\}$，其中 $\boldsymbol{x}=(x,y,z)$ 为样本点在三维笛卡儿坐标系中的坐标，L 为样本点的标签。在每一次迭代中，SPE 首先集成当前所有分类器 $F_i(\boldsymbol{x})=\dfrac{1}{i}\sum_{j=0}^{i-1}f_j(\boldsymbol{x})$，然后通过在每个样本点上定义的硬度函数 $H(x,F_i)$ 将多数类样本点分成 n_b 个分桶，再根据自定步长因子 $\alpha=\tan\left(\dfrac{i\pi}{2n_f}\right)$ 和每个分桶的采样权重

$w_k = \dfrac{1}{h_k + \alpha}, k=1,\cdots,n_b$,从每个分桶中随机欠采样 $\dfrac{w_k}{\sum_{j=1}^{n_b} w_j}|P|$ 个样本点形成多数类子集 N_i,并以 $N_i \cup P$ 作为训练样本集训练分类器 f_i。当迭代结束时返回最终分类器 $F(x) = \dfrac{1}{n_f}\sum_{j=1}^{n_f} f_j(x)$。SPE 分类方法的流程图如图 5-4-1 所示。

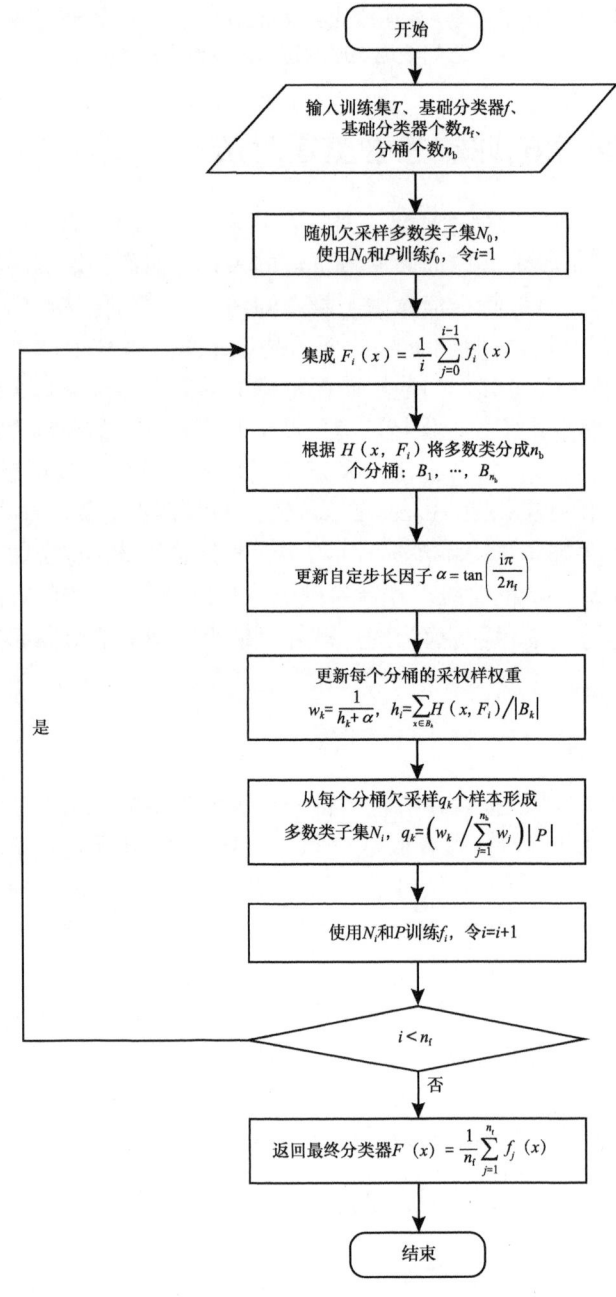

图 5-4-1 SPE 分类流程图

由于脊线点和谷线点等特征点相对于非特征点的数量极其稀少,因此使用 SPE 识别地层曲面的脊(谷)特征点时,将特征点设置为少数类,而非脊(谷)特征点设置为多数类。对于第 i 个分类器 F_i,每个样本点的硬度 $H(\boldsymbol{x}, F_i) \in [0, 1]$ 定义为其绝对误差。SPE 中自定步长因子随着迭代次数的增加而不断增大,从而逐渐减小分类硬度对欠采样的影响。而较大的迭代总次数 n_f 会导致时间成本的增加,并导致模型过拟合,降低其泛化能力,因此需要选择一个适当的 n_f 值。此外,若划分多数类样本的分桶个数 n_b 较小,不同硬度的样本受到的关注程度的差异较小,从而导致误分类样本的欠拟合,但较大的 n_b 又会使得误分类样本受到过多的关注,从而过拟合。因此,恰当地设置分桶数 n_b 也非常重要。参数 n_f 和 n_b 的选择分析请参见第 5.4.3 小节。

使用 SPE 对三维地震解释数据点进行分类后,可根据每个脊(谷)特征点与相邻样本点的 z 值判断该特征点是脊线点还是谷线点(图 5-4-2)。

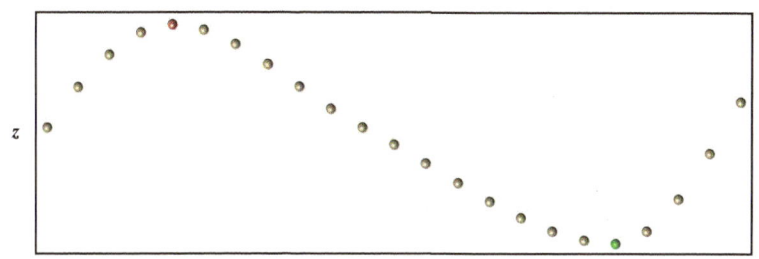

图 5-4-2 三维解释数据的垂直剖面

红色和绿色点为使用 SPE 识别出的脊(谷)特征点,红色特征点为脊线点(其 z 值比周围的样本点的 z 值大),
绿色特征点为谷线点(其 z 值比周围的样本点的 z 值小)

识别出脊(谷)特征点后,根据各脊(谷)点之间的距离生成邻接矩阵,使用并查集算法将脊(谷)特征点分成若干个子集。每个子集都对应着一条脊(谷)特征曲线,该曲线可以通过对每个子集中的特征点使用最短路径算法生成,但是这种直接连接最短路径上各点获得的脊(谷)特征线往往是一条折线,是不平滑的,而脊(谷)线通常是一条平滑的曲线。为此,需要根据识别出的脊(谷)特征点拟合出光滑的脊(谷)特征曲线。

此外,由于地震解释数据往往存在固有噪声,识别出的脊(谷)特征点并不总是准确的。虽然三维数据点受到噪声污染,但是脊(谷)点附近的样本点被污染后成为极值点的可能性更大。因此,真正的脊(谷)特征点在识别出的备选特征点附近的概率更高。综上,在使用脊(谷)特征点生成特征曲线时,有以下两个要求:

(1)生成的脊(谷)线是光滑的;
(2)生成的脊(谷)线与识别出的脊(谷)特征点尽可能接近。

由于 SVR 能生成光滑的曲线,并可通过超参数控制生成曲线和备选脊(谷)特征点之间的贴近程度,因此下面根据识别出的备选脊(谷)特征点使用 SVR 拟合出脊线和谷线。

假设每个集合中的备选脊(谷)点有 n_F 个,其坐标为 (x_i, y_i, z_i),$1 \leqslant i \leqslant n_F$。现在需要寻找一条脊(谷)特征曲线 $F(x, y) = \varphi(x, y)\boldsymbol{w}_F + b_F$ 拟合备选脊(谷)特征点。用于生成脊(谷)特征线的 SVR 模型如下:

$$\min \frac{1}{2}\|\boldsymbol{w}_F\|^2 + C\sum_{i=1}^{n_F}\left(\xi_i + \xi_i^*\right) \qquad (5\text{-}4\text{-}1)$$

$$\text{s.t.} \begin{cases} z_i - \varphi(x_i, y_i)\boldsymbol{w}_F - b_F \leqslant \varepsilon + \xi_i \\ \varphi(x_i, y_i)\boldsymbol{w}_F + b_F - z_i \leqslant \varepsilon + \xi_i^* \\ \xi_i, \xi_i^* \geqslant 0, i = 1, \cdots, n_F \end{cases}$$

式中，超参数 $C>0$，控制脊（谷）特征曲线与备选特征点的贴近程度和光滑性之间的平衡。较小的 C 会使得生成的脊（谷）特征曲线光滑性较高，而较大的 C 会得到一条与备选脊（谷）特征点贴近程度较高的曲线。

5.4.2 脊（谷）特征约束的地质曲面重建方法

断层和层位是地质曲面的两个基本元素。层位是将相邻两个地层分开的曲面。由于构造运动和地质应变，地层会发生形变并产生裂缝，这些裂缝称为断层。断层对原始地层进行分割，改变了地层数据的原始分布，使得断层两侧的层位具有典型的不连续性和跳跃性。因此，重建一个层位时，为了建模层位的不连续性和降低重建的时间成本，对于被断层完全切断的层位，通常用层位与断层的交点将三维层位解释数据点划分成若干个子集，如图 5-4-3 所示。图中橙色圆点是层位与断层的交点，划分后的不同层位解释数据子集用不同的颜色表示。

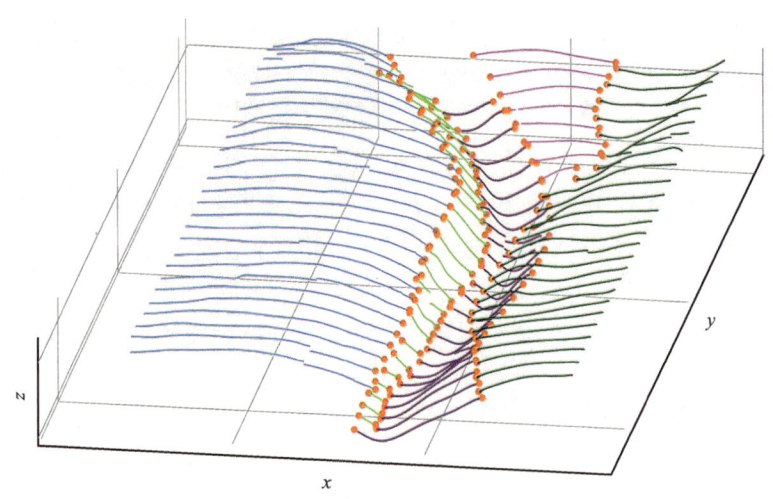

图 5-4-3 用层位与断层的交点（橙色圆点）将一个层位的层位解释数据划分成若干个子集
每一个颜色代表一个子集

地质曲面重建的目标是找到拟合每个子集中的样本点的曲面 $g(x,y)=\varphi(x,y)\boldsymbol{w}+b$。假设每个子集有 n 个样本点，这些样本点构成的集合为 $S=\{(A_i, z_i) | i=1, 2, \cdots, n\}$，其中 $A_i=(x_i, y_i)$，$1 \leqslant i \leqslant n$ 是第 i 个样本点的输入，z_i 是对应的输出采样值。由于样本数据具有不同的误差和置信度，并且地质曲面的空间位置通常会受到某些限制，例如层位的空间位置会受到它上、下层位的限定，为了有效地集成不同质量的数据，并整合地质曲面的空间位置限制，使用第 2 章提出的不确定性表征模型生成的上、下包络线为边界约束。于是

有以下约束条件：

$$\varphi(A_i)w+b \leqslant f_{up}(A_i), i=1,\cdots,n \tag{5-4-2}$$

$$\varphi(A_i)w+b \geqslant f_{bl}(A_i), i=1,\cdots,n \tag{5-4-3}$$

式中，$f_{up}(A_i)$和$f_{bl}(A_i)$分别是上包络线和下包络线在第i个样本点处的函数值。

包络线限制了模拟的地层曲面的空间位置，并使得生成的地层曲面受到井观测值和沿井眼轨迹的约束。

如果一个样本点在某个脊线点（谷线点）的法平面上，并且它们在同一个子集内，同时满足以下两种情况之一（图5-4-4），则称它们是对应的。

（1）该样本点位于层位与断层的交线点和脊线点（谷线点）之间，并且交线点和脊线点（谷线点）之间没有其他特征点；

（2）该样本点位于脊线点（谷线点）和谷线点（脊线点）之间，并且脊线点（谷线点）和谷线点（脊线点）之间没有其他特征点。

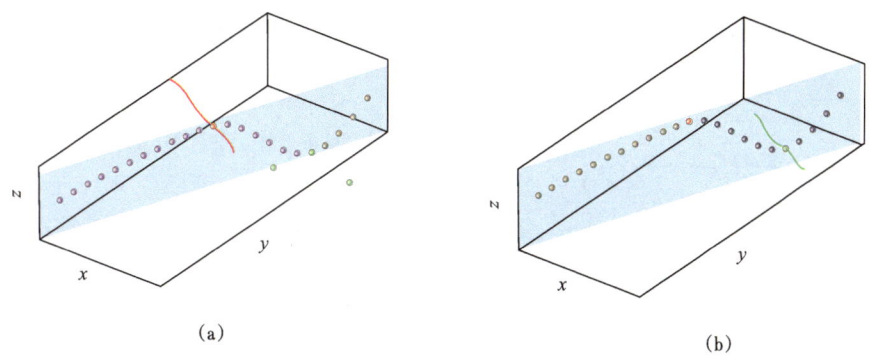

图 5-4-4　与特征点对应的样本点示意图
圆点为三维解释数据点，红色曲线为脊线，绿色曲线为谷线
(a)与红色脊线点对应的样本点（紫色圆点）；(b)与绿色谷线点对应的样本点（蓝色圆点）

假设每个子集内与脊线点对应的样本点共有l个，将其输入重新记为$A_i^r=(x_i^r, y_i^r)$，$1 \leqslant i \leqslant l$，同时将与这些样本点对应的脊线点的输入记为$A_{c_i}^r=(x_{c_i}^r, y_{c_i}^r)$，$1 \leqslant i \leqslant l$。假设每个子集内与谷线点对应的样本点共有$m$个，将其输入重新记为$A_i^v=(x_i^v, y_i^v)$，$1 \leqslant i \leqslant m$，同时将与这些样本点对应的谷线点的输入记为$A_{c_i}^v=(x_{c_i}^v, y_{c_i}^v)$，$1 \leqslant i \leqslant m$。每个子集内脊线点的$z$值都应大于等于与之对应的样本点的$z$值，即：

$$\varphi(A_i^r)w+b \leqslant \varphi(A_{c_i}^r)w+b, i=1,\cdots,l \tag{5-4-4}$$

同时每个子集内谷线点的z值都应小于等于与之对应的样本点的z值，即：

$$\varphi(A_i^v)w+b \geqslant \varphi(A_{c_i}^v)w+b, i=1,\cdots,m \tag{5-4-5}$$

基于SVR，加入包络线约束和脊（谷）线约束后，可得脊（谷）特征保持的地质曲面重建模型为：

$$\min \frac{1}{2}\|\boldsymbol{w}\|^2 + C\sum_{i=1}^{n}(\xi_i + \xi_i^*) \quad (5\text{-}4\text{-}6)$$

$$\begin{cases} z_i - \varphi(A_i)\boldsymbol{w} - b \leqslant \varepsilon + \xi_i, i = 1, \cdots, n \\ \varphi(A_i)\boldsymbol{w} + b - z_i \leqslant \varepsilon + \xi_i^*, i = 1, \cdots, n \\ \varphi(A_i)\boldsymbol{w} + b \leqslant f_{up}(A_i), i = 1, \cdots, n \\ \varphi(A_i)\boldsymbol{w} + b \geqslant f_{bl}(A_i), i = 1, \cdots, n \\ \varphi(A_i^r)\boldsymbol{w} + b \leqslant \varphi(A_{c_i}^r)\boldsymbol{w} + b, i = 1, \cdots, l \\ \varphi(A_i^t)\boldsymbol{w} + b \geqslant \varphi(A_{c_i}^t)\boldsymbol{w} + b, i = 1, \cdots, m \\ \xi_i, \xi_i^* \geqslant 0, i = 1, \cdots, n \end{cases}$$

式（5-4-6）通过正则项 $\frac{1}{2}\|\boldsymbol{w}\|^2$ 考虑模型复杂度。C 是权衡生成曲面与样本点的贴近程度以及曲面光滑性的参数。一个大的 C 创建一个训练误差低的模型，而一个小的 C 生成一个光滑的地层曲面。正的松弛变量 ξ_i 和 ξ_i^* 负责惩罚大于 ε 的误差。

对于一个需要重建的地层曲面，使用本章提出的脊（谷）线特征约束的地质曲面重建方法，通常有以下 6 个步骤：

（1）输入各种类型的建模数据，例如地震解释数据、井数据；

（2）使用 SPE 二分类法识别出脊（谷）特征点；

（3）根据特征点与相邻样本点的 z 值判断特征点是脊线点还是谷线点；

（4）根据特征点的邻接矩阵和并查集算法将特征点分成若干个集合；

（5）根据每个集合中的特征点，使用模型（5-4-1）拟合出光滑的脊线和谷线；

（6）以步骤（5）得到的脊（谷）线为约束，使用式（5-4-6）进行地层曲面重建。

图 5-4-5 展示了该方法的流程。

此外，需要说明的是，将包络线约束式（5-4-2）、式（5-4-3）和脊（谷）特征线约束式（5-4-4）、式（5-4-5）加入其余基于优化的曲面重建模型（如 DSI、多项式回归等）可以将脊（谷）特征约束的地层曲面重建方法拓展到相应的重建框架。这里基于 SVR 构建脊（谷）特征约束的地层曲面重建模型是因为 SVR 对噪声和离群值具有较好的稳健性。

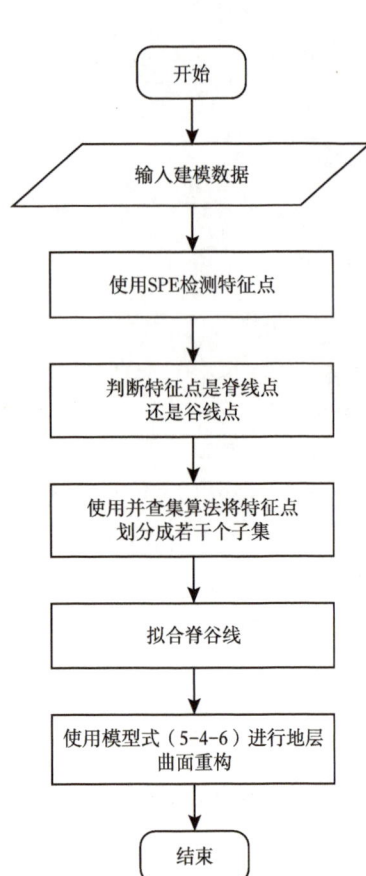

图 5-4-5　脊（谷）线特征约束的地质曲面重建流程

5.4.3　实验结果与分析

本小节提供了一些实验结果说明提出的地层曲面

重建算法在形态特征保持方面的性能。该算法被应用于一个层位数据集，这个数据集都只包含地震解释得到的三维数据点。数据集具有更为复杂的构造，需要重建的层位被4个断层切割，显示出严重的不连续性（图5-4-3），同时该层位具有3条脊线和3条谷线。数据的稀疏性和噪声影响使得第二个层位数据集中不显著的脊（谷）线特征模糊化，从而导致准确地提取脊（谷）线并在曲面重建的过程中有效地保持脊（谷）线特征成为艰巨的任务。

图5-4-6（a）显示了对如图5-4-3所示的实际层位数据集使用 SPE 分类算法识别出的脊（谷）特征点（黑色圆点）。由图可知，无论数据集包含的脊（谷）线特征是否显著，本章使用的 SPE 分类算法都能很好地检测出脊（谷）特征点。同时由图5-4-6（a）可知，脊线特征的不显著性和噪声导致的特征信息模糊化使得图5-4-6（a）左侧区域中识别出的脊线点分布较为分散，但是这些脊线点还是呈现出较为明显的趋势。因此本章提出的基于 SPE 的特征点识别方法能有效地从受到噪声污染的数据中提取出不显著的特征点，这些特征点反映了脊（谷）特征线的变化趋势，这为以脊（谷）特征敏感的方式重建地层曲面提供了重要的保障。

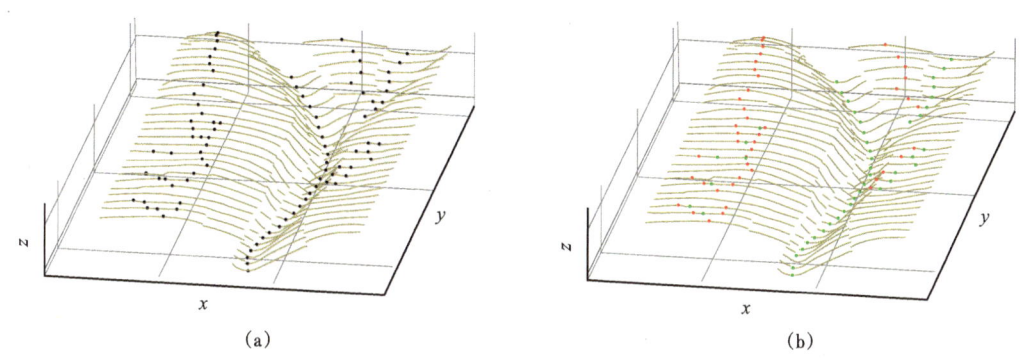

图 5-4-6　脊（谷）特征点识别示意图

（a）使用 SPE 识别出的脊线（谷线）点（黑色圆点）；（b）根据特征点与相邻样本点的 z 值确定的
脊线点（红色圆点）和谷线点（绿色圆点）

识别出脊（谷）特征点后，由于研究区域内可能包含多条脊（谷）线，因此需要将属于不同脊（谷）特征曲线的特征点分开。如果两个备选脊（谷）点的横向距离小于给定的阈值 T_1，并且其纵向距离也小于给定的阈值 T_2，则认为这两个备选脊线（谷线）点邻接，由此可以构造出邻接矩阵。然后使用并查集算法将脊线（谷线）点划分成若干个子集［图5-4-7（a）］。若子集中两个备选特征点之间距离的最大值大于给定的阈值 T_3，则该子集中的备选特征点对应于一条特征曲线。这时使用模型（5-4-1）进行拟合，可以获得光滑的脊线（谷线）［图5-4-7（b）］。

由图可知，本章提出的特征曲线提取方法能有效地从稀疏的地震解释数据中提取脊（谷）线，这些脊（谷）线很好地描述了重建曲面的几何形态。以这些脊（谷）特征线为约束条件能使得重建的地层曲面有效地保持其形状特征，进而降低地层曲面形态特征的不确定性。

图5-4-8显示了对层位数据重建的结果。由于两个层位数据集中脊（谷）特征点和周围样本点的 z 值差异能很好地反映脊（谷）线构造，即脊（谷）线特征较为显著，重建的层位都较好地保持了脊（谷）线特征。即使不明显的脊（谷）线特征也得到了很好的保持。

同时，由于该方法采用结构风险最小化准则，因此其对噪声和离群值稳健，能生成光滑的地层曲面。

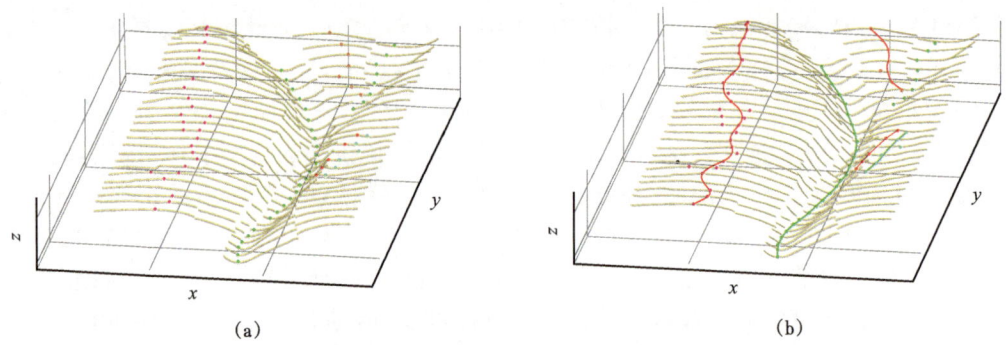

图 5-4-7 特征点划分与特征曲线拟合

（a）使用并查集算法将备选脊线（谷线）点划分成若干个子集，并将任意两点之间距离的最大值小于给定阈值的子集删去后留下的特征点，每一种颜色代表一个子集；（b）使用模型式（5-4-1）拟合出的光滑脊线（深粉色、红色和深橙色）和谷线（深绿色、海绿色和春绿色）

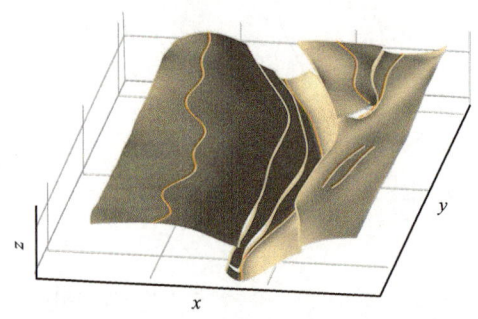

图 5-4-8 本节提出的方法重建的地层曲面

5.5 基于扰动的最优地质曲面确定方法

5.3 节已经说明在确定两地层曲面间交线时假定断层数据是准确的，然而两个相交地层附近的低成像质量导致断层解释数据具有高度的不确定性。此外，包络线约束、交线约束和脊（谷）线约束等大量约束条件的加入会导致地层曲面重建模型的计算过于复杂。深入研究不确定性条件下的曲面重构，为断层解释提供多个备选数据集，以此为层位重构提供多个备选实现是解决以上问题的重要基础。本节提出基于机会约束规划的地层曲面不确定重建（Stratigraphic Surface Uncertain Reconstruction Based On Chance Constrained Programming, SSUR-CCP）。该方法通过最小化全局粗糙度生成光滑备选地层曲面实现，并利用表示样本点采样值精度的机会约束使得备选地层曲面实现能较好地保持建模数据中含有的显著特征。此外，SSUR-CCP 将数据扰动和插值统一到优化框架中，简化了曲面重构流程。在此基础上，本节结合层位终止点与交线构成的倾角、层位线末端的倾角以及二者之间的差异确定最优断层面，并提出基于特征相似度的层位重建评价标准以确定最优层位面。本节提出的方法在生成备选层位实现时加入了由 5.3 节的方法生成的交线，可以有效地考虑断层类型、断层落差等区域地质知识和地质规律，同时也保障了地层曲面间交切关系的正确性。

5.5.1 基于机会约束规划生成备选地层曲面

根据地震解释得到的 m 个数据点 (x_i, y_i, z_i)，$i=1,\cdots,m$ 重建层位、断层等地层曲面 S 时，首先用规则网格划分地层曲面 S，并假设这些网格对应于 $m+n$ 个空间点，这时曲面重构问题被转换为对 $m+n$ 个空间点插值的问题。为了叙述方便，将这 $m+n$ 个节点的下标重新排列，使得地震解释得到的 m 个点的下标从 1 到 m，而网格上的其余 n 个点的下标从 $m+1$ 到 $m+n$。下面将通过对网格点的 z 坐标进行插值重建地层曲面 S，其思路可以推广到对 x 坐标和 y 坐标插值的情况。由于采集仪器和方法的缺陷、时深转换速度模型的精度以及地震解释的主观性都导致了地震解释得到的 m 个样本都具有不确定性，因此重建地层面 S 时，需要对网格上的 $m+n$ 个空间节点的 z 坐标 $z_i (1 \leq i \leq m+n)$ 都进行插值。假设地震解释得到的 m 个样本点的 z 坐标 $z_i (1 \leq i \leq m)$ 的不精确测量值为 $z_i^o (1 \leq i \leq m)$，而其余 n 个待插值点的 z 坐标 $z_i (m+1 \leq i \leq m+n)$ 是未知的。

将待插值点 $p_i = (x_i, y_i, z_i)$，$i=m+1,\cdots,m+n$ 的 z 坐标 $z_i (m+1 \leq i \leq m+n)$ 看成是确定的未知变量。地层面重构通常受到样本点采样值、区域地质知识和地质规律的限制，假设代表这些限制的约束条件为：

$$g_l(z_1,\cdots,z_m,z_{m+1},\cdots,z_{m+n}) \leq 0, l=1,2,\cdots,k \tag{5-5-1}$$

由于以上含有不确定变量的约束条件不能给出一个清晰的可行集，因此希望其分别以置信度 $\alpha_1, \alpha_2, \cdots, \alpha_k$ 成立[11]，于是有以下机会约束：

$$\mathbf{Pr}\{g_l(z_1,\cdots,z_m,z_{m+1},\cdots,z_{m+n}) \leq 0\} \geq \alpha_l, l=1,2,\cdots,k \tag{5-5-2}$$

式中，$0 \leq \alpha_l \leq 1$。

置信度取决于数据的可靠性，可靠性越高，置信度越大。如果数据是精确的，则 $\alpha_i = 1$。样本点 z 坐标具有不确定性的地层面重构问题可以表示为以下机会约束规划：

$$\arg\min R = \sum_{1 \leq i \leq m+n} \mu(i) R(i)$$

$$\text{s.t.} \mathbf{Pr}\{g_l(z_1,\cdots,z_m,z_{m+1},\cdots,z_{m+n}) \leq 0\} \geq \alpha_l, l=1,2,\cdots,k \tag{5-5-3}$$

通过求解以上机会约束规划，可得插值后的 m 个样本点的竖坐标以及 n 个待插值点的 z 坐标，从而重建出地层曲面 S。

地震解释数据的稀疏性、不均匀性和低精度性导致了地层面重构具有较大的不确定性。为了探索地层面重构问题的不确定性空间，并为确定最优重构地层面提供备选实现，在式（5-5-3）的目标函数中加入扰动项：

$$\sum_{1 \leq i \leq m} w_i(z_i - z_i^o + \Delta_i)^2 \tag{5-5-4}$$

式中，w_i 是给定的权重系数；Δ_i 表示对第 i 个样本点 z 坐标采样值 z_i^o（$1\leqslant i\leqslant m$）的一个偏移。

如果所有样本点都取相同的偏移，那么会导致由样本点直接生成的参考地层曲面产生平移，该方法保留了参考地层面的初始形状。当然，置信度较高的样本点会限制其周围样本点的偏移量，导致这种平移会局部改变参考地层曲面的形状。此外，若令样本点的偏移量为其竖坐标的线性函数，则将导致参考地层曲面的旋转。各样本点偏移的不同组合将导致参考地层曲面的不同变化。在模型（5-5-3）的目标函数中加入扰动项（5-5-4）后，地层面不确定性重建可以表示为以下机会约束规划：

$$\arg\min\left(\sum_{1\leqslant i\leqslant m+n}\mu(i)R(i)+\sum_{1\leqslant i\leqslant m}w_i\left(z_i-z_i^o+\Delta_i\right)^2\right) \quad (5\text{-}5\text{-}5)$$

$$\text{s.t.}\mathbf{Pr}\{g_l(z_1,\cdots,z_m,z_{m+1},\cdots,z_{m+n})\leqslant 0\}\geqslant \alpha_l, l=1,2,\cdots,k$$

在上述模型中，w_i 越大将会导致插值后的样本点 z 坐标越接近其采样值加上偏移量 Δ_i。因此，取不同的偏移量 Δ_i 以及不同的权重系数 w_i，会生成不同的备选地层面实现。

此外，在 SSUR-CCP 中考虑以下 5 种类型的约束条件：(1) 每个网格点 z 坐标取值范围约束；(2) 地层曲面和井眼轨迹空间位置关系的井眼轨迹点约束；(3) 样本点的 z 坐标采样值精度的机会约束；(4) 关于地层曲面与钻芯相交位置的井眼拾取点约束；(5) 层位面与断层面的交线约束。

使用 SSUR-CCP 生成备选地层曲面实现时，首先需要输入各类建模数据。其中样本点的竖坐标用于创建模型的目标函数，同时需要将代表梯度约束的项加入目标函数中。然后使用第 2 章提出的方法将其余各种类型的约束条件整合到表征地层曲面空间位置不确定性的包络线中。在使用包络线集成各类约束时，如果某些约束条件不相容，那么首先考虑确定的不等式约束（包括井眼轨迹点约束），因为其代表地层曲面必须满足的特定位置约束。由于井数据的置信度较高，不会出现较大的不确定性，因此其次考虑与井眼拾取点有关的约束。再者，考虑表征地层曲面间交切关系的交线约束。最后，由于地震解释的主观性等都导致除井眼拾取点以外的样本数据具有较大的不确定性，因此构建 SSUR-CCP 后，通过修改样本点的扰动系数并求解相应的优化问题，可得到多个备选地层曲面实现。以上基于机会约束规划的备选地层曲面生成流程如图 5-5-1 所示。具体步骤为：

(1) 输入地震解释数据、井数据等各类建模数据；

(2) 输入需要生成的备选地层曲面实现的个数 N，用适当规模的网格划分地层曲面，并生成待插值点的横坐标和纵坐标；

(3) 生成表征地层曲面空间位置不确定性的包络线，并集成表示地层曲面范围的不等式约束、井眼轨迹点约束、表示样本点采样值精度的机会约束、井眼拾取点约束以及层位面与断层的交线约束；

(4) 输入样本点的扰动系数，并根据样本点的竖坐标、梯度约束和扰动系数生成模型的目标函数；

(5) 求解式（5-5-5）得到一个备选地层曲面实现；

(6) 生成的备选地层曲面实现个数小于 N 时，重复第（4）步和第（5）步。

5 复杂地质曲面重构

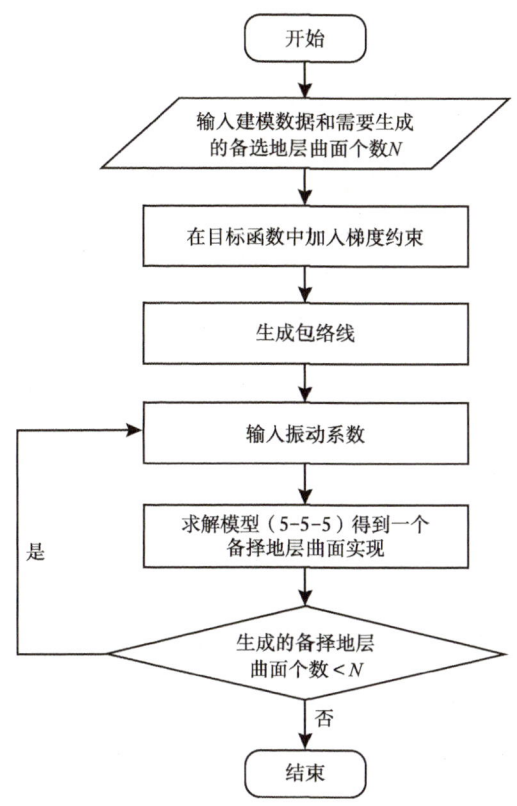

图 5-5-1 备选地层曲面生成流程图

5.5.2 基于扰动的最优地层曲面确定

确定备选地层面后，还需要确定备选的断层面。在确定最优断层曲面时，首先在由 5.2 节提出的方法生成的包络线内随机扰动断层解释数据，这将导致断层的位置和倾角等断层特征发生变化。然后求得层位和扰动后的备选断层之间的交线，计算层位终止点与交线构成的倾角和层位线末端倾角的差异，该差异体现了层位终止点与交线构成的倾角是否符合层位的变化趋势。最后，通过最小化倾角差异降低断层解释数据的不确定性。具体步骤如下：

（1）输入层位解释数据、断层解释数据、井眼轨迹点和井眼拾取点等各类建模数据；

（2）使用第 2 章提出的方法生成表示断层空间位置不确定性的包络线，用以限制断层模拟的空间位置；

（3）在包络线内对断层解释数据进行扰动，得到多个备选断层数据集；

（4）使用第 3 章提出的方法求取第 i 个层位和第 j 个备选断层数据集的交线 Int_{ij}（$i=1,\cdots,m_h; j=1,\cdots,m_f$）。其中 m_h 是与当前断层相交的层位个数，m_f 是扰动生成的当前断层的备选数据集个数；

（5）统计当前断层附近的层位解释数据的倾角平均值 θ_i^1（$i=1,\cdots,m_h$），并计算第 i 个层位的终止点与交线 Int_{ij} 构成的倾角 θ_{ij}^2（$i=1,\cdots,m_h; j=1,\cdots,m_f$）；

（6）最小化 $\sum_{1\leq i\leq m_h}|\theta_i^1-\theta_{ij}^2|$，即通过求解 $\operatorname*{argmin}_j \sum_{1\leq i\leq m_h}|\theta_i^1-\theta_{ij}^2|$ 获得最优断层数据集。

通过以上步骤获得当前断层的最优数据集后，以其为样本点，并以层位和该断层数据集的交线为高置信度样本点，重建当前断层曲面。同时，第 i 个层位和该断层数据集的交线也作为重建第 i 个层位面的高置信度样本点。

在进行层位重建时，为了保证有效地集成井眼轨迹点、井眼拾取点并考虑层位的空间位置限制，需要加入包络线约束；同时，为了正确处理地层曲面间的交切关系，需要加入层位和断层的交线约束；最后，为了有效地保持层位原有的形状特征，需要预先从稀疏的层位解释数据中提取脊（谷）特征曲线，并在层位重建过程中加入脊（谷）线约束。然而，大量约束条件的加入将导致模型的求解计算复杂度非常高。为此，使用本节中提出的方法生成多个备选层位实现，然后通过最大化备选层位实现的脊（谷）线特征与提取的脊（谷）线特征之间的相似度降低关于层位形态特征的不确定性，并获得最优层位面。具体步骤如下：

（1）使用 5.4 节提出的方法从原始层位解释数据中提取脊（谷）特征线 FL_i^{ori}（$1\leq i\leq N_F$），其中 N_F 是特征曲线的条数；

（2）使用 SSUR-CCP 生成当前层位面的 N 个备选实现；

（3）提取第 j 个备选层位实现的脊（谷）特征线 FL_{ji}（$1\leq j\leq N$，$1\leq i\leq N_F$）；

（4）计算提取的脊（谷）特征线与备选层位实现的脊（谷）特征线的相似度 Sim_{ji}（$1\leq j\leq N$，$1\leq i\leq N_F$）；

（5）最大化相似度 $\sum_{1\leq i\leq N_F} Sim_{ji}$，即通过求解 $\operatorname*{argmin}_j \sum_{1\leq i\leq N_F} Sim_{ji}$ 获得最优层位面。

在上述步骤中，使用 Hausdorf 距离度量提取的脊（谷）特征线与备选层位实现的脊（谷）特征线之间的相似度，Hausdorf 距离越大相似度越低。两条曲线 L_A 和 L_B 之间的单向 Hausdorf 距离定义为：

$$d_H(L_A,L_B)=\max_{a\in L_A}\min_{b\in L_B}d(a,b)=\max_{a\in L_A}d(a,L_B) \quad (5\text{-}5\text{-}6)$$

即对于曲线 L_A 上的每个点 a，确定到曲线 L_B 上所有点的最小欧氏距离 $d(a,L_B)$，并将 $d(a,L_B)$ 的最大值赋给 $d_H(L_A,L_B)$。以上单向 Hausdorf 距离是非对称的，对于某些曲线对，$d_H(L_A,L_B)\neq d_H(L_B,L_A)$。因此，将曲线 L_A 和 L_B 之间的 Hausdorf 距离定义为：

$$\max(d_H(L_A,L_B),d_H(L_B,L_A)) \quad (5\text{-}5\text{-}7)$$

本节侧重于重建的层位能否有效地保持提取的脊谷线特征 FL_i^{ori}（$1\leq i\leq N_F$），因此如果备选层位实现的脊（谷）特征线比与之对应的 FL_i^{ori} 长，则对超过 FL_i^{ori} 的部分进行裁剪，其不纳入相似度（Hausdorf 距离）的计算。由于 5.3 节求取层位和断层交线时有效地考虑了断层类型、断层落差等区域地质知识，并且在生成备选层位实现时已加入交线约束，因此以上确定最优层位的方法能有效地保证最优层位和最优断层间交切关系的正确性以及层位和断层的矢量闭合。

5.5.3 实验结果与分析

使用的实际数据包含 4 个层位面和 2 个断层面。断层附近的地震低成像质量导致了断层解释数据具有高度不确定性,且断层附近的层位未被解释。由于断层解释数据具有不确定性,因此首先需要根据本节提出的方法确定最优断层曲面。具体步骤如下:

(1)使用 5.2 节提出的空间位置不确定性表征方法生成断层包络线,如图 5-5-2 所示。

(2)在包络线内对断层解释数据进行随机扰动,生成大量备选断层数据集,如图 5-5-3 所示。

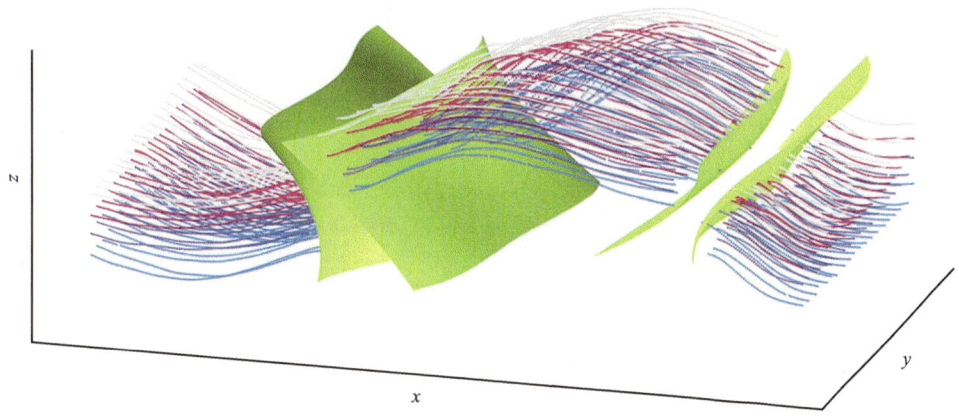

图 5-5-2　断层包络线(绿色曲面)

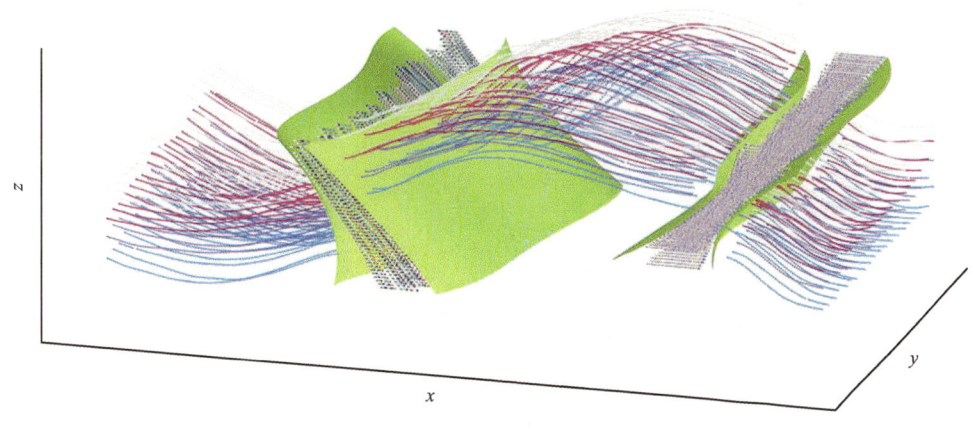

图 5-5-3　扰动生成的断层解释数据集

(3)对每个断层,使用 5.2 节中提出的方法,计算对其扰动后得到的第 j 个备选数据集与第 i 个层位的交线 Int_{ij}($i=1,\cdots,4$)。

(4)计算每个断层附近的层位倾角平均值 θ_i^1($i=1,\cdots,4$),以及层位终止点与交线 Int_{ij} 构成的倾角 θ_{ij}^2($i=1,\cdots,4$);

(5)对每个断层,计算倾角差异 $\sum_{1\leq i\leq 4}\left|\theta_i^1-\theta_{ij}^2\right|$,备选断层数据集中倾角差异最大值

对应的断层数据集为最差断层数据集［图5-5-4（a）］，倾角差异最小值对应的断层数据集为最优断层数据集［图5-5-4（b）］。

（6）使用最优断层数据集为样本点，并以该数据集和各层位的交线为高置信度样本点，结合断层的包络线约束，使用5.3节中方法重建出最优断层曲面（图5-5-6和图5-5-7中的橙色曲面）。

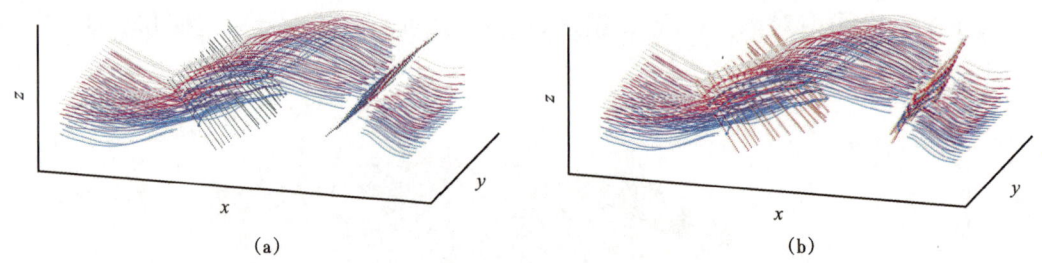

图5-5-4 扰动生成的最差断层数据集和最优断层数据集
（a）最差断层数据集（黑色）；（b）最优断层数据集（红色）

包络线约束为地质曲面重建提供了空间位置约束，交线约束刻画了地层曲面间的交切关系，脊（谷）特征线约束使得重建的地层曲面能有效地保持几何形态特征。为了重建真实合理的层位面，需要将这些约束都加入层位重建模型，使用本节提出的方法确定最优层位面，具体步骤如下：

（1）对每个层位，使用第4章提出的基于高度不平衡二分类问题的脊（谷）点提取方法从原始层位解释数据集中识别出备选脊（谷）特征点，然后使用并查集算法和SVR拟合出多条光滑的脊（谷）特征曲线 $FL_i^{ori}(1 \leqslant i \leqslant 3)$，如图5-5-5所示，其中橙色曲线为脊线，绿色曲线为谷线。

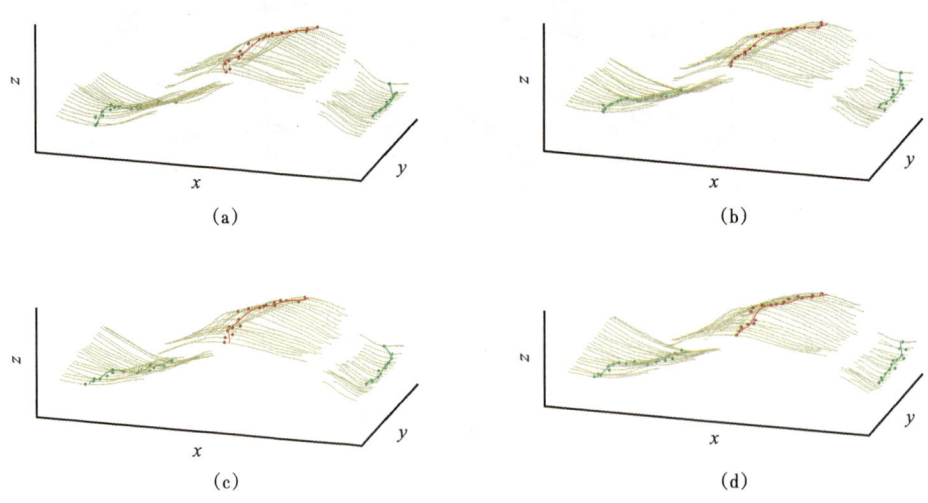

图5-5-5 从层位解释数据提取的各层位的脊（谷）特征线
橙色曲线为脊线，绿色曲线为谷线

（2）从如图 5-5-4（b）所示的各层位与断层的交线中密集地抽取若干个交线点，并以其为高置信度样本点，以第 2 章提出的方法生成的每个层位的包络线为空间位置约束，使用 SSUR-CCP 生成每个层位的备选实现（图 5-5-6）。SSUR-CCP 中含有包络线约束，且生成包络线时考虑了层位和断层的交线约束，因此由 SSUR-CCP 生成的每个备选层位实现都能通过预先生成的交线，这保证了最优断层和备选层位实现的水密缝合。根据区域地质知识可知，重建的两个断层都为逆断层，即要求断层下盘中层位和断层的交线（图 5-5-6 中的红色曲线）都在上盘中层位和断层交线（图 5-5-6 中的黑色曲线）的下方。由图 5-5-6 可知，生成的每个备选层位与断层的交线均满足这一区域的地质约束。

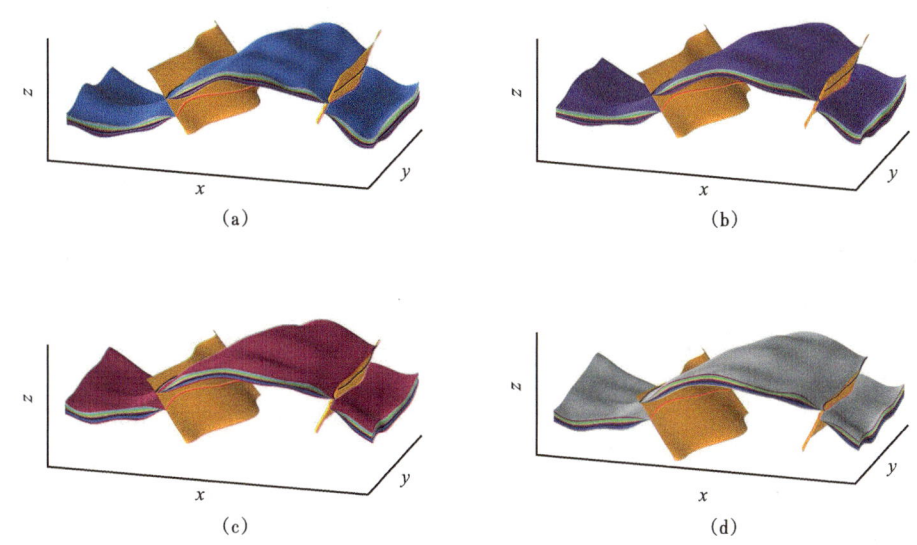

图 5-5-6　层位包络线和由 SSUR-CCP 生成的多个备选层位实现
(a)层位 1 的包络线（蓝色曲面）和其备选实现；(b)层位 2 的包络线（紫色曲面）和其备选实现；
(c)层位 3 的包络线（褐红色曲面）和其备选实现；(d)层位 4 的包络线（灰色曲面）和其备选实现
红色（黑色）曲线为下盘（上盘）中层位和断层的交线

（3）计算提取的脊（谷）特征线与备选层位实现的脊（谷）特征线之间的 Hausdorf 距离。Hausdorf 距离越小，表明提取的脊（谷）特征线与备选层位实现的脊（谷）特征线之间的相似度越高，反之相反。根据相似度确定最优层位曲面。由于本节侧重于重建的层位面能否有效地保持从原始层位解释数据中提取的脊（谷）线特征 $FL_i^{ori}（1 \leqslant i \leqslant 3）$，因此在计算基于 Hausdorf 距离的特征相似度时，如果备选层位实现的脊（谷）特征线比对应的 $FL_i^{ori}（1 \leqslant i \leqslant 3）$ 长，则超过 $FL_i^{ori}（1 \leqslant i \leqslant 3）$ 的部分不纳入相似度的计算。特征相似度低的备选层位实现难以较好地保持反映层位形态特征的脊（谷）线构造，而相似度最高的备选层位实现能有效地保持脊（谷）线特征。基于 Hausdorf 距离的特征相似度能有效地度量备选层位实现在保持层位形态特征方面的优劣。此外，使用 SSUR-CCP 生成备选层位实现时已经考虑包络线约束以及层位和断层的交线约束，因此相似度最高的备选层位实现既能有效地保持层位原有的形状特征，还能考虑层位的空间位置限制并保证地层面间交切关系的正确性（图 5-5-7）。

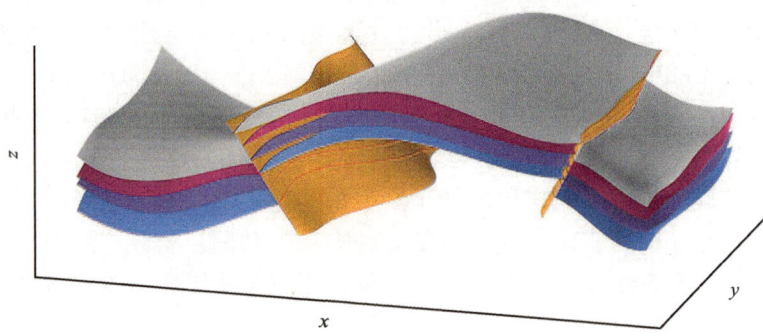

图 5-5-7　由最优层位面和最优断层面构成的最优三维模型，断层类型满足区域地质知识，且断层和层位自动缝合而无间隙

参 考 文 献

[1] C Winkler, F Bosquet, X Cavin, et al. Design and implementation of an immersive geoscience toolkit[C]. Proceedings Visualization'99(Cat. No. 99CB37067), 1999: 429-556.

[2] C Jacquemyn, M D Jackson, G J Hampson. Surface based geological reservoir modelling using gridfree nurbs curves and surfaces[J]. Mathematical Geosciences, 2019, 51（1）: 128.

[3] L F, Zhu, H Zheng, P Xin, et al. An approach to computer modeling of geological faults in 3d and an application[J]. Journal of China University of Mining and Technology, 2006, 16（4）: 461-465.

[4] S K Kim. Extraction of ridge and valley lines from unorganized points[J]. Multimedia Tools and Applications, 2013, 63（1）: 265-279.

[5] J Canny. A computational approach to edge detection[J]. IEEE Transactions on Pattern Analysis and Machine Intelligence, 1986: 679-698.

[6] C Julio. Conditionnement de la modélisation stochastique 3d des réseaux de failles[D]. Lorraine: Université de Lorraine, 2015: 1158.

[7] P Røe, F Georgsen, P Abrahamsen. An uncertainty model for fault shape and location[J]. Mathematical Geosciences, 2014, 46（8）: 957-969.

[8] B Scholkopf, A J Smola. Learning with kernels: support vector machines, regularization, optimization, and beyond[M]. Adaptive Computation and Machine Learning Series, 2018.

[9] X Chen, K Yu. Feature line generation and regularization from point clouds[J]. IEEE Transactions on Geoscience and Remote Sensing, 2019, 57（12）: 9779-9790.

[10] Z Liu, W Cao, Z Gao, et al. Selfpaced ensemble for highly imbalanced massive data classification[C]. 2020 IEEE 36th International Conference on Data Engineering（ICDE）, 2020: 841-852.

[11] B Liu Dependent-chance programming: A class of stochastic optimization[J]. Computers & Mathematics with Applications, 1997, 34（12）: 89-104.

6 地下复杂构造智能建模关键技术

6.1 三维地质数据及数据管理

在前面的章节中已经阐述了地下复杂构造智能建模的含义，对其中关键的概念如构造认知、模型的语义描述、构造模型知识图谱等给出了定义，对知识图谱的模式层和数据层构建方法分别进行了详细说明。总的来说，地下复杂构造智能建模的核心思想是将构造认知以构造模型知识图谱的方式传递给计算机，结合构造建模基础数据，完成数据—知识双驱动的构造建模。本章将就地下复杂构造智能建模过程中的关键步骤（曲面接触位置估计、曲面生成和块体生成）进行阐述，首先明确地下复杂构造智能建模过程中可能涉及的基础数据类型及其融合、管理方法。

6.1.1 原始地质数据类型

在理论上构造建模的输入数据应该尽量包括已有的资料，在第1章中讨论了造成构造模型不确定性的根本原因就是构造建模的输入数据不足以准确描述构造，所以解决这一问题的手段包括：(1) 增加输入数据的类型、数量；(2) 从已有的数据中挖掘隐含信息并加以利用；(3) 改进解释方法、地震图像处理方法等，最终改进输入数据的质量，减少数据的不确定性。其中手段(3)不在本书内容中讨论。在三维地质建模过程中涉及的主要原始数据类型介绍如下。

6.1.1.1 地理数据

地理数据作为常见的二维数据，主要用来构建三维地表模型。DEM 是常见的地理数据之一，可以利用其高程特性，直接构建出地表地形面，另外，也可以利用 DEM 数据结合地质图资料，在绘制图切剖面时直接生成地表起伏剖面线及地质界面交点线，实现快速绘制剖面的功能。

6.1.1.2 地质资料基础数据

地质资料基础数据是建立区域三维地质模型的主要数据之一，它主要包括数字地质图、实测剖面图、产状数据、野外露头及手标本照片等。地质图上的地质界线是出露地质体与地表的交线，描述地质体空间形态及地质体之间的拓扑关系。因此可以使用数字地质图来约束深部地质推断解释。实测地质剖面图提供浅层地质体的地下展布情况。产状数据主要用来为地质界面在深度上的延伸提供推断依据。野外露头及手标本照片可以用来训练深度学习模型，智能推断拍摄地的岩石类型数据，为快速重磁联合反演提供岩性数据。

6.1.1.3 遥感数据

遥感数据在区域三维地质建模中主要是进行地表的美化，使得生成的三维地质模型更易观察和集成，并为后续的模型分析提供依据。

6.1.1.4 地球物理数据

地球物理探测数据主要包含区域重磁资料、重磁剖面资料、大地地磁剖面反演资料、二维和三维地震资料、大地电磁测深资料等。基于这些地球物理使用，可以分析地层深部的地质信息，是地下复杂构造建模的重要基础资料。

6.1.1.5 岩石物理、岩石化学分析与测试数据

通过野外地质调查和钻孔取心，可以获得大量的岩石样品。后期通过对岩石样品进行薄片分析、鉴定，可以获得岩石的岩性、结构、密度、磁化率、孔隙度等描述性资料。这些数据为反演地下地质体提供了依据，有助于增加对地层深部情况的认知。

6.1.1.6 钻孔勘探数据

钻孔勘探数据是最可靠的地下探测数据，也是唯一直接描述地下岩层结构的信息来源，主要包含钻孔资料及各种测井数据，这些数据常常被用来约束三维地质模型。因此，利用钻孔资料进行模型验证及修订，是常见的评价建模可靠性的方法。但对于地下构造来说，可用的钻孔勘探数据一般很少。

6.1.2 地下复杂构造建模基础数据

虽然 6.1.1 列举了比较完整的三维地质数据类型，但这些多源异构数据的管理、融合、应用都还存在较大的问题，现在还没有一种构造建模方法能够使用以上所有数据。目前，根据建模所采用的方法不同，建模时所使用的数据类型比较单一。比如，基于剖面的三维地质建模方法，使用剖面数据作为建立三维地质模型的基础数据，在建模时结合钻孔数据确定模型中地层的深度，而其他的地球物理数据等资料使用较少甚至未使用。同样，在基于钻孔数据的建模方法中，虽然钻孔数据的可靠性较高，但是由于钻孔数据采集费用高昂，钻孔分布稀疏，导致建模后所获得的三维地质模型其精细程度不足。除了以上直观数据以外，还有一类非显式的信息在建模中也非常有价值——构造建模专家的经验和区域地质图文资料等数据，如研究区域的地质图、地质报告、专题研究资料等等。

在这里，地下复杂构造智能建模的基础数据可以分为 4 类，主要数据库内容如表 6-1-1 所示。

表 6-1-1 地下复杂构造智能建模基础数据内容

数据名称	说　　明
构造解释数据	基础数据之一，记录绘制的剖面数据，主要为通过地质地球物理综合研究编绘的断层、层位解释剖面图，由 Landmark 等解释软件输出
构造模型知识图谱	基础数据之一，分为模式层和数据层，模式层为构造模型本体，数据层为当前研究区域所对应的构造认知语义网络
钻孔数据	可选数据，用于辅助构造解释或验证构造模型
其他软件产生的结果数据	可选数据，如 UBC 三维反演模型、Geosoft 剖面反演模型等

另外，已建成的地质模型可以提供很多信息。首先是储层地质的三维可视化，可以显示储层的地质三维空间分布、变化，也可以制作二维的图片，如构造图、等厚图、岩

相分布图等。其次是它提供了一套有机融合在一起的数据体,因为建模过程就是各种数据的融合过程。第三,它是进行储层分析的平台。

通过分析地质模型可以得到粗至储层的平均砂泥比、平均孔隙度等储层平均值,也可以得到细至储层的K_v/K_h、各向异性等信息这些定量分析可以大大提高人们对储层和地下构造的认识。

6.1.3 三维构造模型数据

要想建立智能的构造建模系统,就必须建立数据库,在建模软件底层将记录模型的各类数据管理起来。三维构造模型数据为组成三维构造模型的点、线、面、体的几何描述数据及其属性数据。主要数据库内容如表6-1-2所示。

表 6-1-2 三维构造模型数据内容[1]

数据名称			主要字段
点数据	地质构造三维坐标点	产状数据	位置、走向倾向、倾角
		构造数据	地质构造采样点三维坐标
	地球物理测点	重力测点	位置、测量值
		地磁测点	
		电法测点	
线数据	地质界线数据	断裂线	沿线密集采样点三维坐标
		地层尖灭线	
		岩体边界线	
面数据	地层界面数据		界面采样点三维坐标、三角网拓扑
	断层面数据		采样点三维坐标、三角网拓扑、断裂性质、形成时代、断裂描述
	岩体界面数据		界面采样点三维坐标、三角网拓扑
体数据	一般地质体数据		地层时代、岩性
	地质异常体数据		岩性、形成时代、异常体描述
	储层数据		形成时代、储层描述

6.1.4 数据融合

地质建模所涉及的基础资料有图文数据、矢量位图,不同投影、不同高程、不同比例、不同坐标系的数据建模时需要进行数据融合转换、精度匹配。解决投影变换、比例缩放、范围裁剪、坐标匹配等问题才能为模型构建奠定坚实的基础。但随着专业建模不同的需求细化建模软件的分类,则它们对数据的要求也不相同。存储方式、转换格式、使用方式都有不同的形式,需要具体分析对待。基本的数据处理转换融合过程如图6-1-1所示。

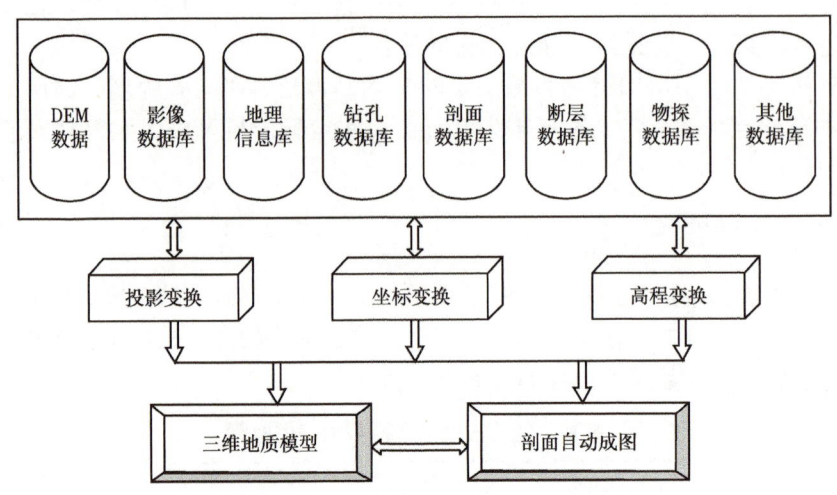

图 6-1-1 三维构造建模数据组织与转换[2]

一般来讲，建模过程中常用的几种空间数据格式有：ESRI 公司的 ArcInfo Coverage、ArcShape Files、E00 格式，AutoCAD 的 dxf 格式和 dwg 格式，MapInfo 的 mif 格式，MapGIS 的 wl、wp、wt 格式等。这些数据格式经过处理，可在不同的建模环境中接口调用。具体来讲，主要有以下的转换过程：

（1）DEM 数据的处理变换。原始数据以 ArcInfo 格式存放，首先需要用 ArcInfo 软件将此数据转换为建模软件能够接受的格式，进行接图操作，把分块的小图拼装为一张大图，进行投影变换。投影转换完毕后，进行等高线的高程数据和高程属性提取，转换成 dbf 格式数据库文件，再使用数据库软件转换成文本文件，则大部分建模系统可以调用。

（2）剖面文件的处理变换。剖面一般涉及两种数据格式，即 MapGIS 和 AutoCAD 数据格式。对剖面的输入有两个文件，即剖面线文件和剖面文件。剖面线需在已投影的地形图上单独提取出来，转变为建模系统能够识别的文件格式，与剖面数据配合使用。

（3）断层数据。断层在地质建模中对于地质体的生成、场区边界的确定起重要的作用，在建模过程中需要明确。平面上断层的表达方法有两种：一种是在平面图上绘制断层走向及标注倾角，如平面图或地质图；另一种是在剖面图上绘制断层线。

（4）钻孔数据，一般以数据库形式存放，大型的如 Oracle，小型的如 Excel 或 Access，钻孔数据从数据库或数据表中读入系统后，建模系统并不是直接应用，还需要人工或系统按照一定算法规则进行概化和变换处理，才能参与建模。在进行模型编辑生成时，系统根据这些数据将钻孔轨迹以三维图形方式显示在屏幕上，而且可以用不同表达方式，如彩色柱、贴图、纹理等进行显示。

（5）物探数据。物探数据的处理常涉及的是等值线数据，一般需要剔除异常点，对数据进行离散化和抽稀处理，否则系统在以点拟合面的过程会浪费大量的内存资源、占用过长的运行时间，而且即使拟合好曲面，曲面也会显得高低起伏较为粗糙不光滑，这与系统由点生成的三角形有关。

之前已经提到，构造建模的多源异构数据的管理、融合、应用现阶段都还存在较大的问题，所以还没有一种方法能够有效利用所有资料。但对于地下复杂构造智能建模来说，基础输入之一的构造认知已经是所有可用资料的综合体现，人类对构造的认知结果就是在学习综合了所有可用的资料和过往经验的基础上得到的。在这里充分利用了人类专家在抽象概括、总结方面的强项，通过人类将所有显式、隐式的数据和知识综合起来，而构造模型知识图谱就是构造认知的有效表达。所以，对于地下复杂构造智能建模来说，就避免了复杂的数据融合问题，建模的基础输入只有构造解释数据和构造模型知识图谱。

6.2 实际应用中构造建模流程

本节将主要介绍基于构造模型知识图谱的地下复杂构造智能建模流程，并附带介绍一些主流建模软件的建模流程，以方便读者进行对比。

6.2.1 地下复杂构造智能建模流程

在正式进行地下复杂构造智能建模前，首先需要进行一些重要准备工作：

（1）专家需要整理所有与当前研究工区有关的资料，除了各种野外测量数据外，还应包括大区域的构造背景资料和概念模型和模拟模型，如沉积相模型、沉积体叠置关系、泥岩分布特征、沉积体的大小、百分比以及属性直方图、空间连续性—横向半变谱（Semivariogram）等，并根据这些资料产生一套完整的构造认知，划定建模的范围、需要建模的构造。根据建模的目的，不一定需要完整表达区域内的所有构造，例如特别细小的断层和透镜体，或者间距很近但不相交的层位面可以有所取舍。最终明确期望得到的建模结果，作为建立模型知识图谱的基础和建模结果的评价标准。

（2）根据当前工区已有的资料情况和建模的目的，调整构造模型知识图谱本体库中的内容。删除本次建模中不需要的本体模块（例如某些属性模块，不是所有模型都需要表达全部属性），或增加本体内容进一步完善本体库。根据不同工区的实际情况稍微调整本体库内容，有助于提高知识图谱的构建效率，简化构建流程，为知识图谱数据层的构建做好准备。

（3）对建模的基础数据进行校准核查，特别是处理有冲突的构造解释数据。解释数据冲突比较突出的表现是在有多个解释方向时，剖面图交叉位置的层位解释线出现不能相交的情况，或发生与别的剖面图地层走向趋势不一致的现象。还可以对钻孔数据进行取舍，在构造复杂的区域（有多重逆断层、倒转褶皱、大角度不整合），钻孔数据会由于穿过地层变化过于杂乱而使生成的地层起伏变大。

完成资料收集和数据预处理后，就可以开始构建模型。正式开始智能建模时，其流程主要可以分为3个大的部分：建立知识图谱，将知识图谱中的信息转化为构造建模的直接约束条件，以及在知识图谱的约束下建立模型。在具体描述建模流程之前需要强调的是，虽然在前文中定义了3种构造模型的知识图谱（空间拓扑、构造接触和事件序列知识图谱），这3种知识图谱包含不同角度的知识，但这里将重点展示基于空间拓扑知识图谱的构造建模方法，其他两种知识图谱的应用将在本节的讨论部分进行解释。

图6-2-1显示了实际应用中的地下复杂构造智能建模方法的具体工作流程，主要包括如下步骤：

（1）模型语义提取：在开始建模前，知识图谱的模式层（即构造模型本体库）已经构建完成，所以在流程的第一部分，其目的是建立对应的知识图谱的数据层。模式层描述的有关构造模型的通用先验知识，而数据层描述的则是研究工区的实际情况（具体包含的构造要素、关系、属性等）。首先需要根据 3.2 节中的方法从输入的构造解释数据中自动提取模型中的语义实体和这些语义实体间的语义关系。提取过程实际是一个原型（ProtoType）匹配过程，提取的具体内容是由知识图谱的模式层决定的，原型也存储在模式层中。

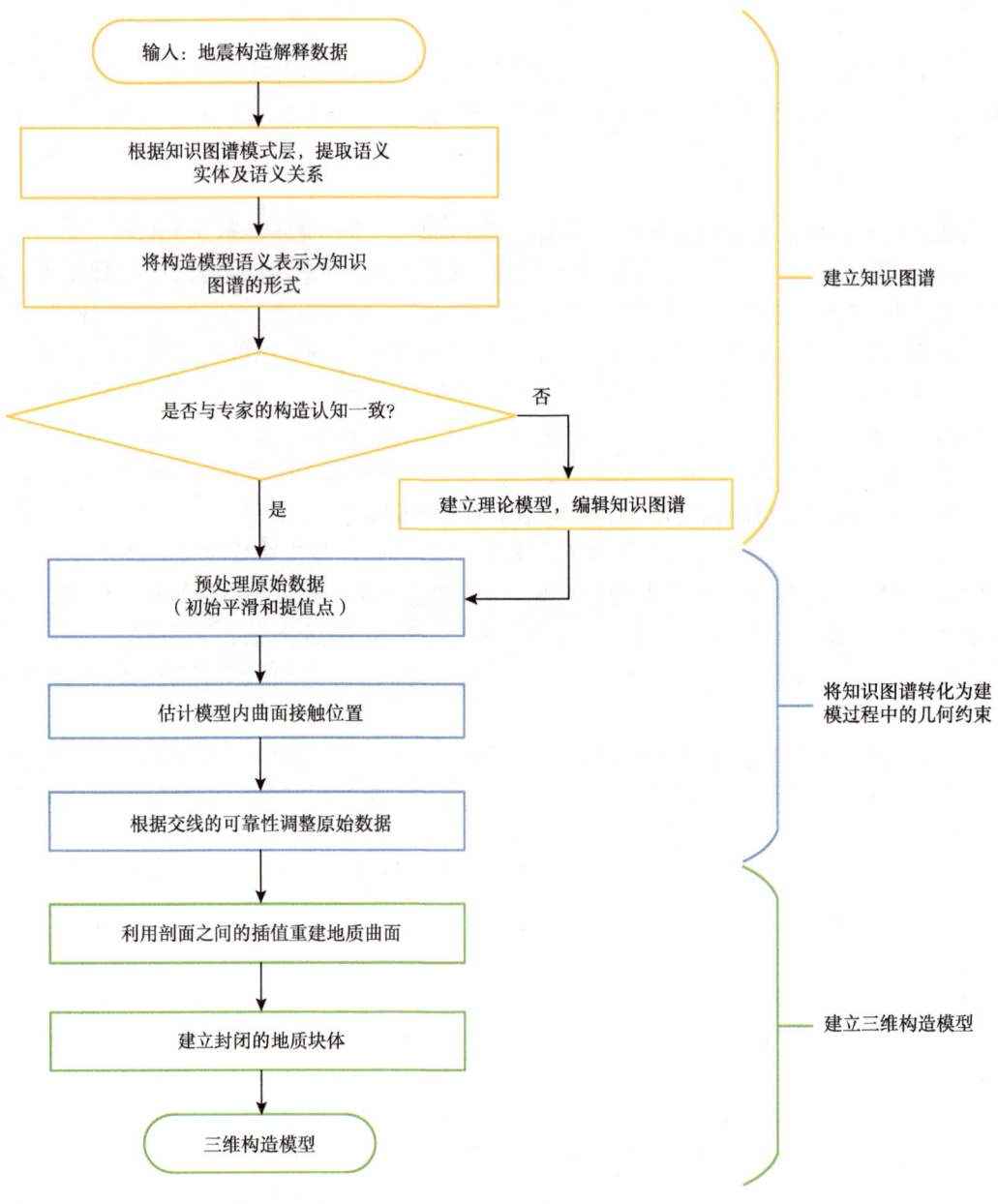

图 6-2-1　地下复杂构造智能建模流程图

（2）初步知识图谱构建：将自动提取的语义实体通过语义关系联结起来，按照 3.5 节中介绍的多层次异质网络的形式将其组织起来并可视化，就得到了的构造模型的初步知识图谱数据层，之后的步骤也都是使用数据层的信息。

（3）知识图谱编辑：如果自动提取的初步知识图谱与负责建模的地质专家对模型的构造认知不一致（即上文提到的"期望得到的建模结果"），则应对知识图谱进行手动编辑，这是将人类的认知引入构造建模过程的方式，最终得到完备的知识图谱。

在实际用中，由于构造解释数据的部分缺失、不准确等不确定性必然存在，由自动过程建立的初步知识图谱具有错误几乎是必然的情况。但是，知识图谱是构造模型高度抽象化的结果，用简单的节点和边代替了复杂的地质要素，且网络的布局与要素在模型中的实际位置无关，所以知识图谱不能与实际模型在可视化的图形上形成对应，这对于知识图谱的手动编辑是一个挑战（图 6-2-2），因此提出一种根据知识图谱建立简易的理论构造模型的方法，实现知识图谱中所包含的构造认知的直观显示。空间拓扑知识图谱中已经包含了所有几何对象的类型和空间关系，只需要设置标准的对象样式，例如将所有的地质界面实体都当作平面，所有的线实体都当作直线，就可以还原出一个没有几何形态细节的理论构造模型，并且理论模型与知识图谱是一一对应的，表达出的信息已经足够专家肉眼检查初步提取的知识图谱是否有错，从而确定要编辑的部分。

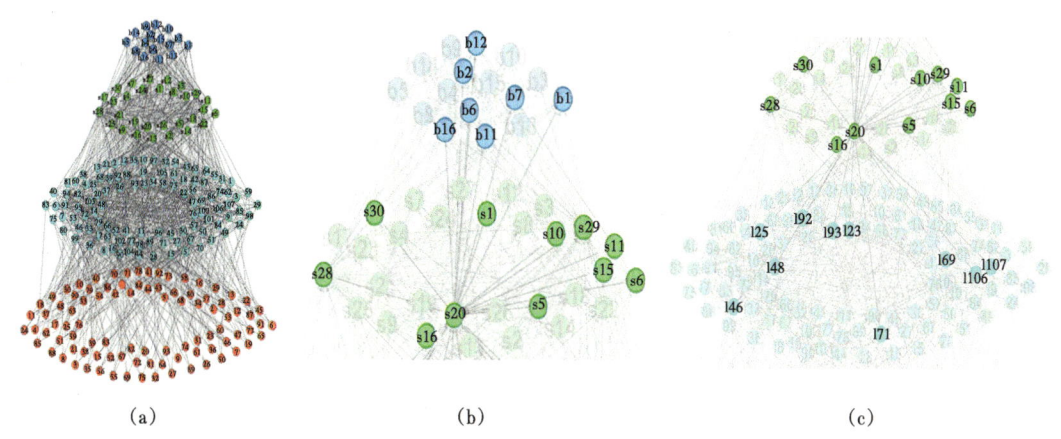

图 6-2-2　实际模型的知识图谱示例

（a）完整的知识图谱示例；（b）（c）知识图谱中的细节；就算通过知识图谱的可视化交互可以方便地观察其中的细节，也很难将网络中的节点和边与实际构造的空间分布联系起来

建立理论构造模型的步骤如下：

第一步，初始化一个正方体作为模型范围，确定工区边界，将每个工区边界长度设为单位 1[图 6-2-3（a）]；

第二步，根据地层沉积的顺序，依次将初始的水平层位面均匀嵌入工区内，不需要关心地层厚度［图 6-2-3（b）］；

第三步，确定断层面的布局类型，结合断层面和层位面的邻接关系，以及断层类型和断层面两边地质体的邻接关系，确定断层面布局的位置和走向，图 6-2-4 中定义了 10 种断层布局类型；

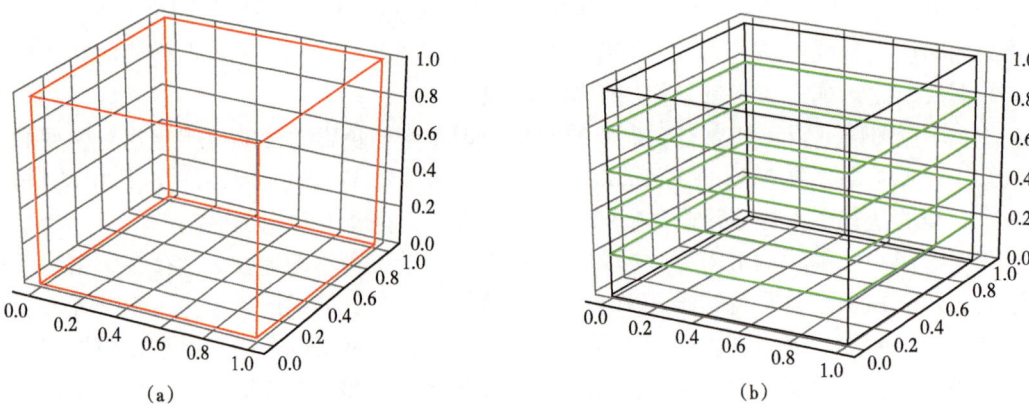

图 6-2-3 工区边界面与层位框架模型
(a)初始化的工区边界;(b)仅加入水平层位面的理论模型

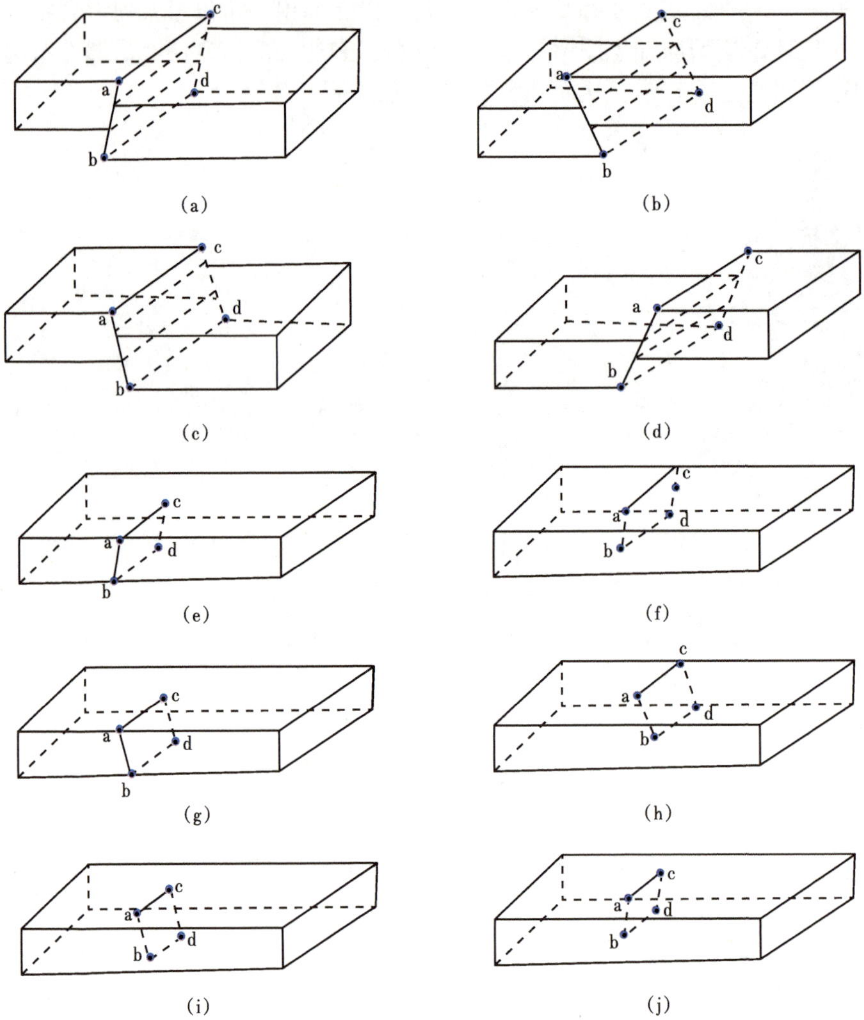

图 6-2-4 10种情况的断层对应的线框模型分布

第四步，按照既定布局规则插入断层面［图 6-2-5（a）］；

第五步，更新层位面部分点坐标，形成错动，但不需要按照实际的断距进行位移，只需要根据断层两侧块体的邻接关系确定位移的合理区间［图 6-2-5（b）］；

第六步，给地层对象填充颜色，方便观察。

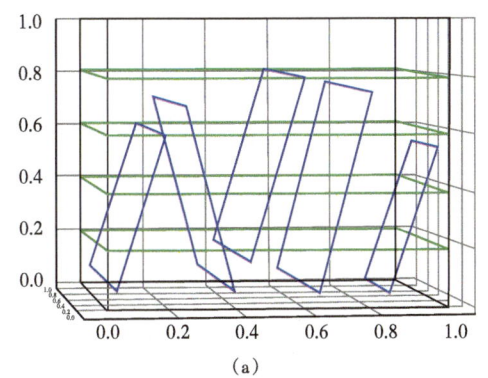 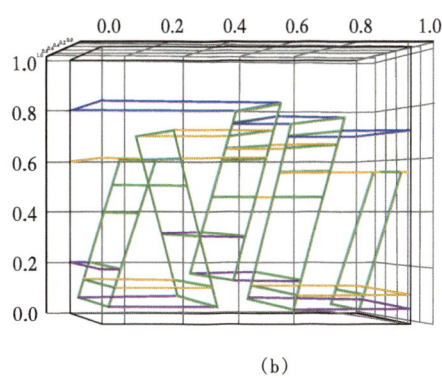

图 6-2-5 布局断层面
（a）分配断层面所在区域；（b）调整层位面，形成错动位移

总体来说，在确定构造元素及其拓扑关系之后，利用理论模型按照一定的规则对几何实体进行三维空间分布，首先给部分特定点坐标赋值，进而确定线空间位置，由线的拓扑关系确定面，再由面的拓扑关系确定块，同时块的拓扑关系影响点坐标的分布。当所有节点三维坐标确定之后，理论模型就可以直接可视化出来了。框架模型可以基本还原构造的空间分布，所以专家对照理论模型进行知识图谱编辑将会容易很多（图 6-2-6）。

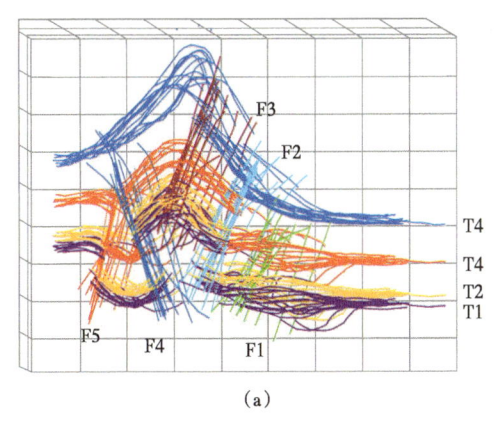 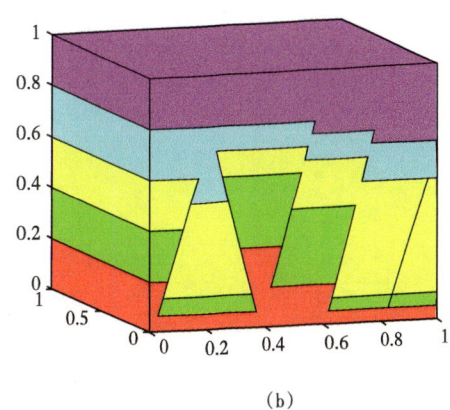

图 6-2-6 原始解释数据和理论模型对比
（a）原始解释数据；（b）理论模型示意图

（4）原始数据预处理：在建模流程的第二个主要部分中，需要将建立的知识图谱转换为可直接用于构造建模的几何约束条件。这里的约束指的就是构造模型的线框，确切来说，知识图谱对模型的影响就体现为在曲面重构前就确定了模型中所有要素的关系和边界，将曲面重构问题从外推插值（外推插值因为没有控制点，其结果经常不如人意）

转换为有边界的插值。具体做法就是要根据原始构造解释数据，在知识图谱的约束下估计地质曲面间的交线。在计算约束条件之前，首先对原始构造解释进行预处理，包括初始平滑和层位极值点的提取。平滑操作可以去掉构造解释数据中的噪声，将解释线从折线转化为平滑曲线（图6-2-7）。平滑是为了更好地提取极值点。极值点提取操作可以将层位解释线按照层位的起伏趋势分段，这样在估计层位面与断层面的交点时可以只使用最靠近断层且趋势单调的一小段层位数据（图6-2-8）。距离断层较远的层位数据与交线的估计是无关的，甚至是起负面影响的，所以只使用一小部分数据的做法可以最大限度地提高层位外推进行交线估计的准确性。平滑和极值提取的方法将在6.3节中具体介绍。

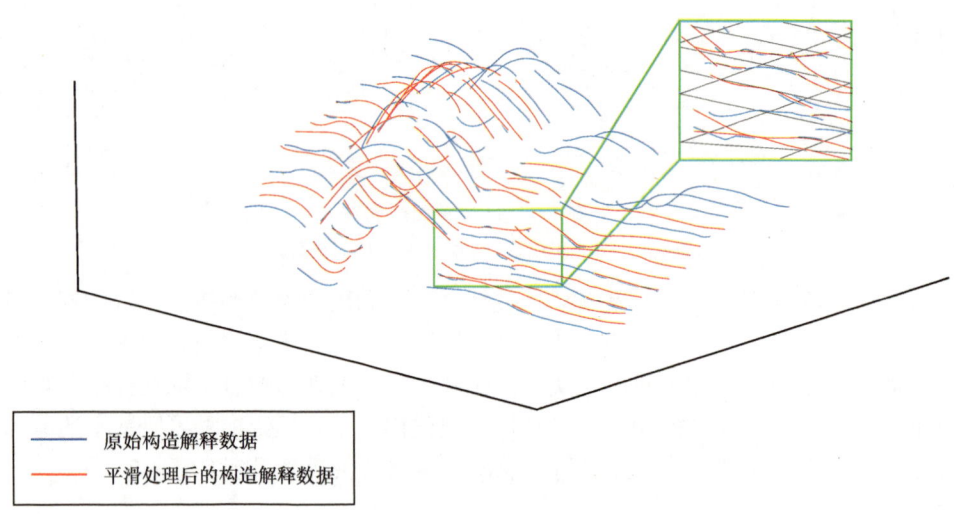

图6-2-7　对原始构造解释数据进行平滑处理

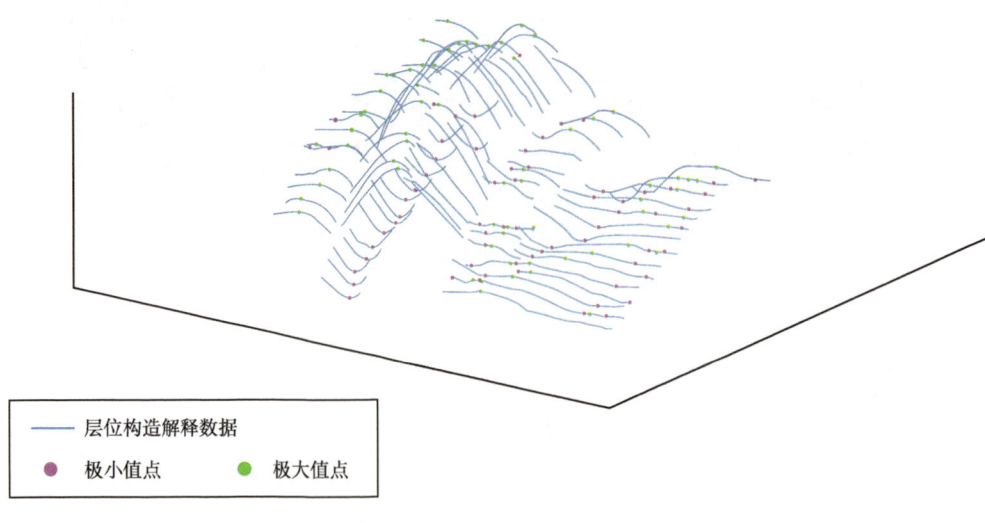

图6-2-8　层位面的极值点提取操作

（5）曲面接触位置估计：完成构造解释数据预处理后，基于空间拓扑知识图谱数据层，就可以利用预处理后的数据在各个解释剖面上依次估计地质曲面的交点，再将交点拟合为交线，理论上就得到了所有地质曲面的边界，也就是模型的线框。这一部分是整个地下复杂构造智能建模流程中的关键步骤，将在6.3节中介绍具体的交线计算方法。

（6）原始构造解释数据调整：在估计交线的过程中会计算根据原始解释数据估计得到的交线的可靠性，可靠性实际反映了原始解释数据的质量。可靠性是根据估计得到的交点/线是否符合构造特征的变化规律（例如断距的变化），其计算方法也将在6.3节中介绍。若交线的可靠性低，就说明原始构造解释数据误差较大，质量不高；若交线的可靠性高，就说明原始构造解释数据基本符合构造规律，可以认为其在地质上是合理的。因此，需要根据交线可靠性的指示对质量不高的原始构造解释数据进行自动调整。这样做一方面可以避免交线与原始数据之间趋势不一致的情况（交线的估计受构造规律约束，可能偏离原始数据的趋势），另一方面有助于提高之后重构曲面的质量。

（7）复杂地质曲面重构：这一步可以参考第5章中提出的复杂地质曲面重构方法，使用流程第二部分中获得的曲面交线（即曲面的边界）作为约束，将地质曲面分割为多个简单子面，并使用调整修改后的构造解释数据，采用一种地质曲面插值或拟合算法（根据实际情况选择，一般选用克里金插值法），重建所有子面。这些子面组合在一起就是地质构造面。到这一步为止，已经得到了地质构造框架模型。

（8）建立封闭地质体：与传统构造建模方法相比，由于在智能建模流程中先估计了曲面边界再重构曲面，相当于已经将结构面分割为了构成地质块体的子面，并且相交曲面的边界是一样的，曲面自然就是吻合的，所以在构建闭合地质体时不需要再分析曲面拓扑关系对其进行剪裁，直接将重构的曲面放在一起，并生成模型外边界（平面）就可以获得封闭的地质体，最终得到与知识图谱一致的三维构造模型。特别是对于地下复杂构造来说，这种方法明显减少了建模工作量，提高了建模效率。

6.2.2 主流软件建模流程

本小节选择两个主流的地质建模软件——Petrel（斯伦贝谢）和Gocad（帕拉代姆），简单介绍它们的构造建模流程，方便读者与本书提出的地下复杂构造智能建模流程进行对比。

Petrel的建模流程如图6-2-9所示。Petrel在生成曲面前需要做大量的调整工作，主要就是使用一种称为Pillar（支柱）的要素来调整曲面。Pillar的形式如图6-2-10所示。Pillar上的关键点可以拖动，以此来调整曲面的形态和曲面间的关系。关键点之间用直线连接，类似于构造解释中的地质曲面迹线。Petrel的建模流程中，先分别独立地生成断层面和没有断距的层位面，再通过拖动层位面上的控制点来生成断距，其中第（2）步和第（5）步是通过人机交互手动完成的。

Gocad的建模流程如图6-2-11所示。Gocad与Petrel的建模流程是比较相似的，都是先分别生成断层面和层位面，再对曲面进行关联，调整层位面上的控制点来生成断距。Gocad的流程中第（2）、第（4）和第（5）步都是通过人机交互手动完成的。

地下复杂构造智能建模

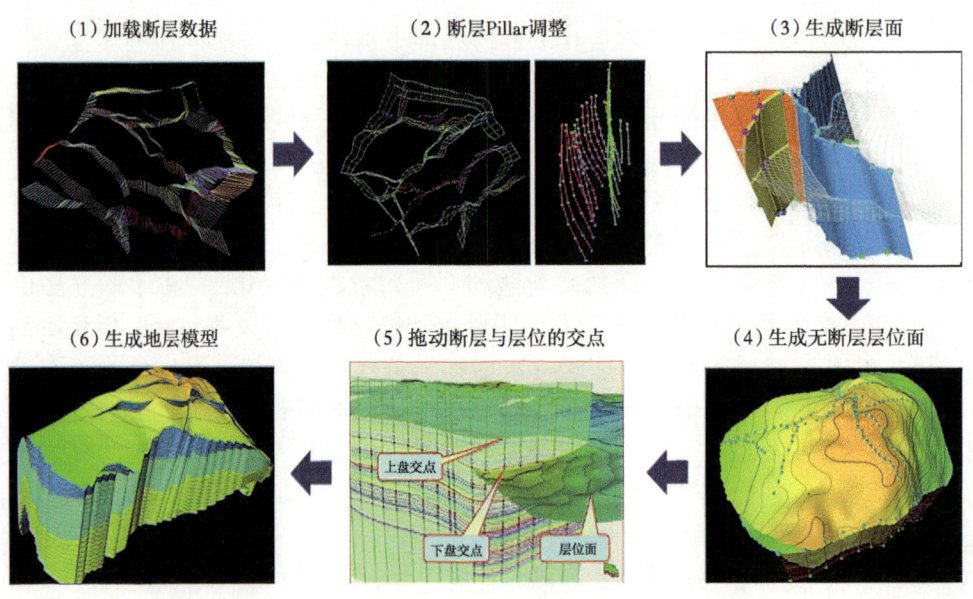

图 6-2-9　Petrel 软件中的构造建模流程

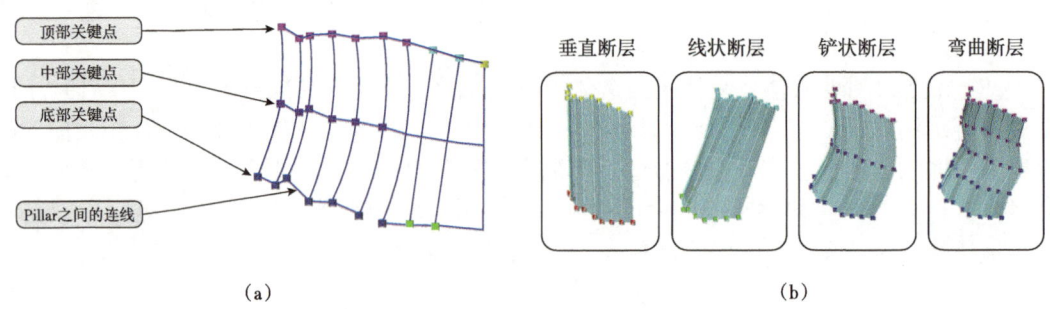

图 6-2-10　Petrel 软件中的 Pillar 要素
(a) Pillar 上的关键点；(b) Pillar 对曲面形态的控制作用

　　由上述可知，在 Gocad 和 Petrel 的流程中，曲面间的关系主要是通过手动编辑确定的，这一过程需要大量三维人机交互，并且由于需要编辑层位面上的断距，对人机交互的精度还有较高的要求。但仅通过一般的鼠标和显示器编辑三维数据是很困难的，很难真正选中想要移动的数据点并将其移动到真正的三维空间中的某一个位置上。这就造成现在构造建模所花费的时间普遍较长，一个简单模型一般需要花费数天时间，而复杂一点的生产模型甚至需要数周来完成。这个过程中很多时间就花费在了对模型的手动编辑和调整上。而地下复杂构造智能建模的质控步骤集中在知识图谱构建阶段，通过理论构造模型，可以方便地观察模型大致的现状并找到需要编辑的部分，再在图数据库中对知识图谱进行编辑。知识图谱已经决定了所有曲面的关系，形成了对模型完备的约束，并且在估计交线时已经得到了断距信息，知识图谱构建完备后理论上不需要再编辑模型。所以地下复杂构造智能建模相比传统构造建模的优势体现在：

190

6 地下复杂构造智能建模关键技术

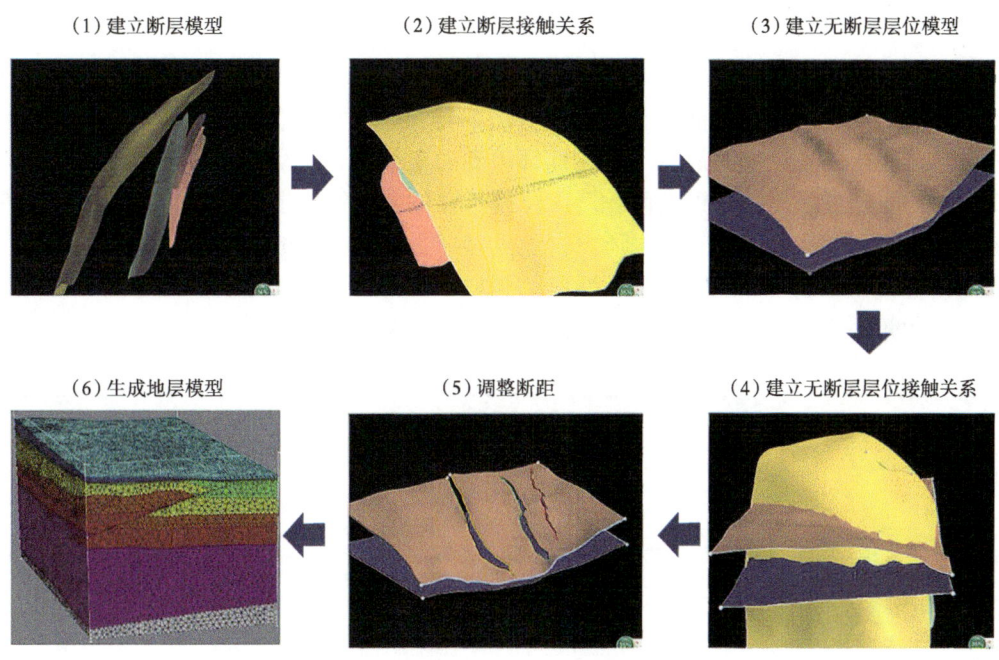

图 6-2-11　Gocad 软件中的构造建模流程

（1）高效率：地下复杂构造智能建模显著减少了质控需求，特别是对模型本身的手动质控。一方面，因为智能建模的输入信息更多（增加了对知识和认知的利用），构建的模型不确定性必然减小；另一方面，知识图谱对模型的构建过程进行了约束，比数据驱动的传统方法更可控。

（2）低难度：地下复杂构造智能建模的质控手段是编辑知识图谱，只需要操作数据，如果知识图谱是存储在图数据库中的，则数据库本身就提供了编辑工具，直接避免了传统方法编辑模型所需的三维交互。

（3）更合理：传统建模方法往往先独立地生成各个曲面，然后再指定它们之间的关系。但在实际情况中，地质构造的形成是相互关联、相互影响的。相比起来，地下复杂构造智能建模就先考虑了构造的关联再生成它们，更符合实际情况。

6.3　地质曲面接触位置估计

本节将介绍基于空间拓扑的地质曲面接触位置估计的具体方法。虽然知识图谱数据层已经确定了构造模型所包含的几何对象和它们的关系，但要想用知识图谱约束构造建模，还需要将其转化为建模的直接约束条件。一个复杂地质模型可以细分成多个相对简单的地质体，当实现了各简单地质体闭合构建时，整个三维地质模型也就形成了。地质体是由多个地质曲面所封闭而成的，而地质曲面又是由模型边界线、地层尖灭线、断层线等边界线组成的，因此可以说地质体也是由曲面的边界线作为轮廓支撑起来的[3,4]。所以确定了边界线，也就确定了地质体之间的接触关系和地质曲面的相交关系。

6.3.1 交线可靠性量化

建立构造模型的关键是确保曲面的所有交线都满足知识图谱约束。传统方法首先独立地重构各个曲面，然后根据曲面拓扑关系分析的结果基于曲面切割算法计算交线[5,6]。在这种不考虑曲面相互影响的情况下不能保证得到的交线符合约束，图 6-3-1 就展示了无约束重构曲面时几种常见的建模错误。造成这些错误的本质原因还是原始构造解释数据的不确定，但除了改进数据的质量外，还可以通过增加引导和约束的方式避免错误，这就是地下复杂构造智能建模要解决的问题。所以，在地下复杂构造智能建模流程中，通过在曲面重构前估计曲面交线来实现知识图谱对构造建模的约束。

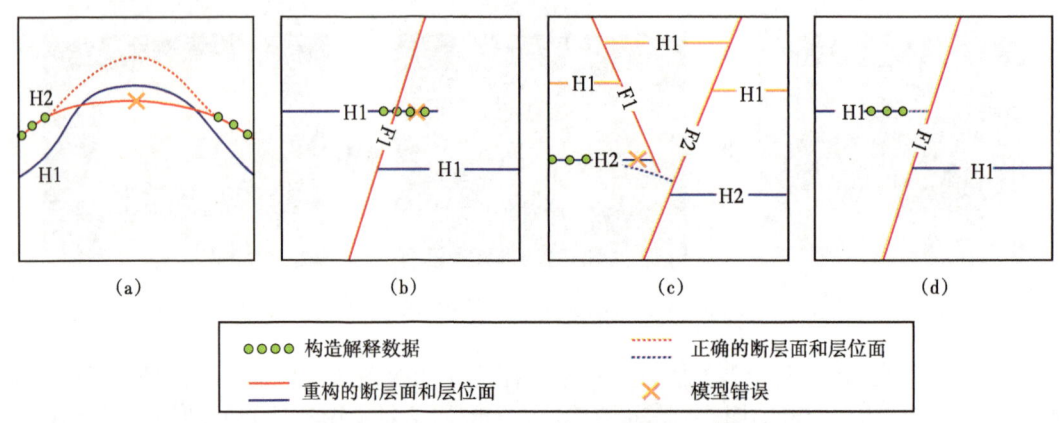

图 6-3-1　常见的建模错误情况
（a）层位面穿插；（b）层位面穿过断层；（c）层位面与断层在错误位置相交，导致地质体不能封闭；
（d）层位面与断层不相交，导致地质体不能封闭

估计交线的本质是一个优化问题，其约束条件是就是空间拓扑知识图谱中确定的曲面空间关系，而其优化目标之一就是交线尽可能与原始构造解释数据的趋势吻合。图 6-3-2 提供了一个简单的例子来说明知识图谱、如何影响曲面交线的估计。本书一直假设模型的框架是在地质专家的头脑中预先定义的，也就是专家的构造认知，同时也是专家对建模结果的期望。对于空间拓扑知识图谱的使用，其主要思想是几何对象之间的拓扑关系实际上定义了模型的框架，即确定了地质曲面交线的可能范围。在图 6-3-2 中，地质体 B2 与 B3 不相邻，因此曲面 S1 的边界必须在已有的交线 L1 和 L2 之间。但原始解释数据的质量通常参差不齐，图 6-3-3 展示了实际解释数据中不合理的情况。因此，不考虑原始数据的质量而直接计算的交线是不可靠的，可能不符合地质规律，需要首先提出交线的可靠性评估模型。交线的可靠性也作为交线估计的优化目标之一。

估计交线时，首先分别在各个解释剖面上估计曲面解释线的交点，得到交点后可以进一步计算出一系列构造特征：地层断距（d）、垂直断距（v）、水平断距（h）、断层倾角（ω）、断层两侧的层位倾角（α、β）。这些构造特征如图 6-3-4 所示。在实际情况中，构造特征在一系列有序剖面中的变化需要符合某一规律，这样的地质构造才是合理的，例如地层断距一定是在断层两端小中间大，如果存在偏离规律的构造特征，就说明这一剖面附近的交线可靠性较低，可靠性的数值通过构造特征值的离群度来度量。记构造特征 X 的观测

值为 $X=\{x_i\}$ ($i=1,2,\cdots,n$),有 n 个解释剖面,x_i 表示 X 在第 i 个剖面的观测值。将 X 拟合为模型 q,纵坐标为所有观测值,横坐标为剖面间的距离。q 的目标形式通过观察给出。

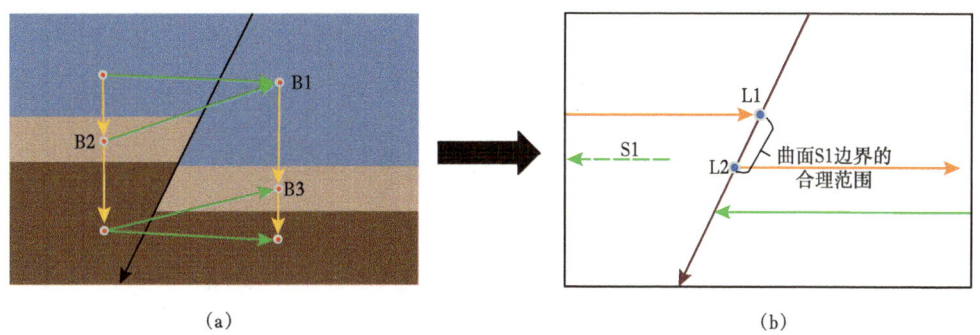

图 6-3-2 知识图谱在曲面交线估计中的作用
(a)地质体的邻接关系;(b)被约束的曲面交线范围

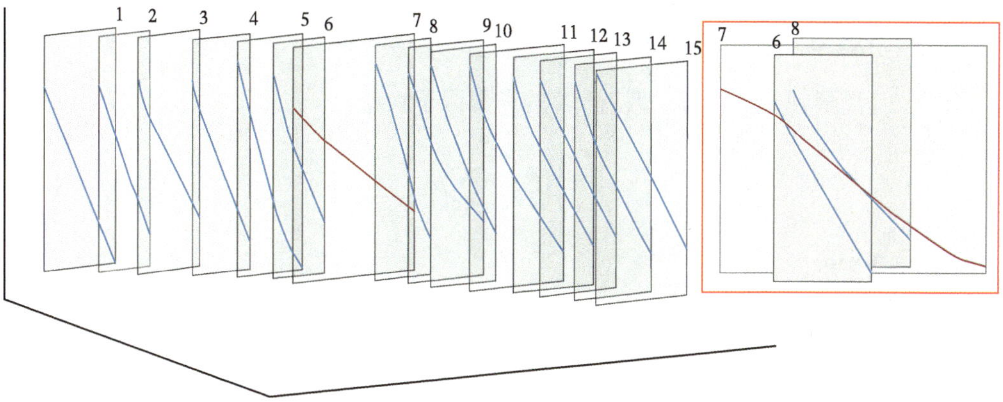

图 6-3-3 不符合地质规律的原始构造解释数据示例
(a)实际断层解释数据例子,第 7 剖面断层倾角发生突变;(b)实际层位面解释数据例子,第 13 剖面断距发生突变

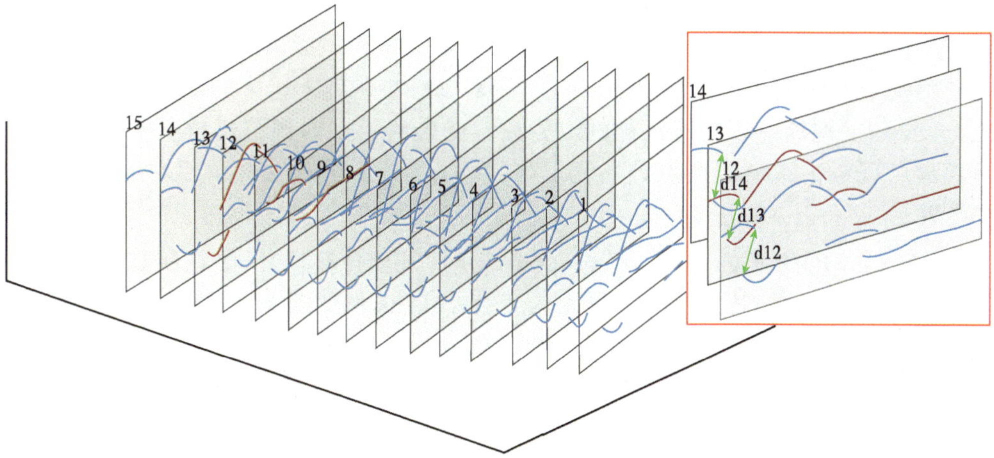

193

【定义 1】观测点 x_i 的离群因子 p_i，即观测点 x_i 到拟合模型的偏差距离：

$$p_i = \min(\|x_i - q_2\|) \quad (6\text{-}3\text{-}1)$$

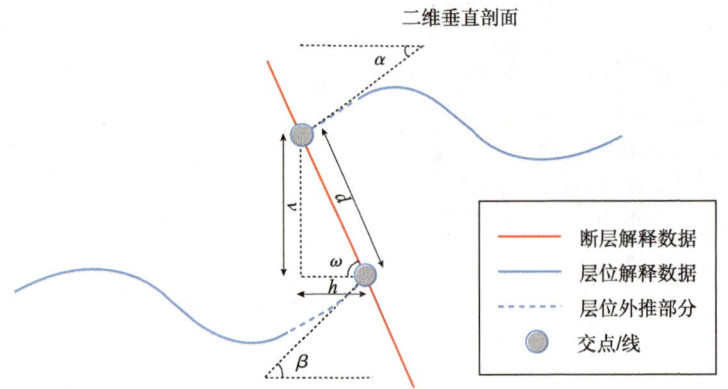

图 6-3-4 在二维剖面中显示的构造特征

【定义 2】离群判定值 AP，即特征 X 的离群因子均值：

$$AP = \frac{1}{n}\sum_{i=1}^{n} p_i \quad (6\text{-}3\text{-}2)$$

【定义 3】离群度 δ：

$$\delta = \frac{AP + (AP - \min(p_i))}{AP} + \varepsilon \quad (6\text{-}3\text{-}3)$$

式中，$\varepsilon \in R$ 为离群容忍度，$\varepsilon=0$ 时的 δ 称为理想离群度。ε 的定义见定义 5。

【定义 4】离群点：有 $p_i > \delta \times AP$ 的观测点 x_i。

【定义 5】观测点 x_i 的离群度 ε_i：ε 的取值以 0 为中心，以 l（$l\in\mathbb{Z}^+$，一般取 $l=1$）为步长向正负两个方向改变 ε 取值（$0\pm m\times l$），随着 ε 减小，越来越多的观测点会被判定为离群点。设 $\varepsilon=\varepsilon_{\min}$ 时所有观测点都被判定为离群点（$\varepsilon=\varepsilon_{\min}+l$ 时离群点数 $< n$），而 $\varepsilon=\varepsilon_{\max}$ 时没有离群点（$\varepsilon=\varepsilon_{\max}-l$ 时离群点数 >0）。观测点 x_i 首次被判定为离群点对应的 ε 值即为 x_i 的离群度 ε_i（$\varepsilon_{\min} < \varepsilon_i \leq \varepsilon_{\max}$）。

【定义 6】离群阈值 γ：当 $\max(x_i - \bar{X}) < \gamma$ 时，说明构造特征 X 在所有剖面上的变化都基本符合构造规律，特征 X 可以不计入交点可靠性（例如图 6-3-6 中，层位倾角差值数量级只有 10^{-3}）。γ 的取值由人为给定，且根据实际情况变化。

离群度 ε_i 就是交线在第 i 剖面附近关于特征 X 的可靠性度量，ε_i 越大说明第 i 剖面的交点关于特征 X 越不可靠。组合多种构造特征的离群度就可以得到交点的可靠性：

$$R_i = f_R\left(\varepsilon_{i_v}, \varepsilon_{i_h}, \varepsilon_{i_d}, \varepsilon_{i_\omega}, \varepsilon_{i_{|\alpha-\beta|}}\right)$$

模型 f_R 表示不同种类构造特征间的联系，可以通过机器学习统计得到参数，但在构造建模问题中样本一般较少，所以还可以由专家根据经验给出 f_R，可以是线性或非线性的。

6.3.2 曲面交线估计方法

有了对交线的评价标准后，接下来提出交线估计的步骤，并建立交线估计的多目标优化模型。

第一步，对原始解释数据进行平滑去噪处理，使用滑动窗口局部回归的方式，窗口长度可以自由调整，窗口越长，平滑程度越高。平滑处理的效果已经展示在 6.2.1 节中。

第二步，提取层位面上的极值点。进行极值点提取的原因已经在 6.2.1 节中说明，提取结果已经展示图 6-2-7 中。

第三步，根据极值点对层面数据进行分段，找到参与交线估计的有效层位数据。一般认为，离断层最近的极值点到断层的一段层位数据对交点估计的贡献最大，引入其他位置的层位数据反而会对交点的估计产生负面影响。如图 6-3-5 所示，只有小部分层位数据在交线估计中是有效的。

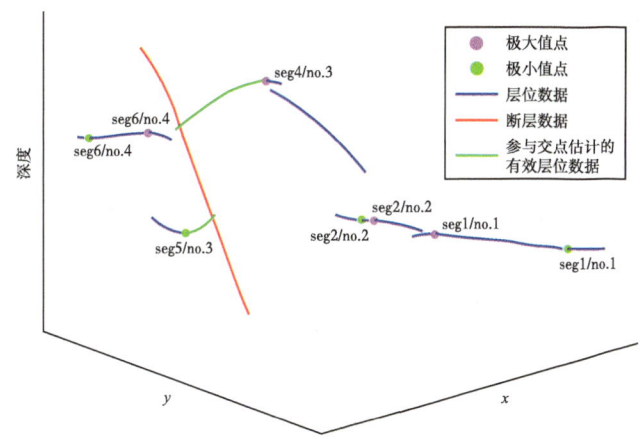

图 6-3-5 在交线估计中有效的层位数据示例

第四步，在解释剖面上估计曲面的交点。

设有 n 个解释剖面，第 i 个剖面上的交点记为 s_i。第 i 个剖面上的有效层位数据为 $H_i=\{p_{i_1}, p_{i_2}, \cdots, p_{i_\alpha}\}$，$p_{i_j}(j\in 1, 2, \cdots, \alpha)$ 为第 i 个剖面上层位解释数据中的离散点。对 H_i 进行拟合得到的曲线为 P_i，P_i 作为层位 H 在第 i 个剖面上的外推依据。断层数据为 $F_i=\{q_{i_1}, q_{i_2}, \cdots, q_{i_\beta}\}$，对 F_i 进行拟合得到的曲线为 Q_i，$q_{i_j}(j\in 1, 2, \cdots, \beta)$ 为第 i 个剖面上断层解释数据中的离散点。记模型边界为 B，$\bar{B}$ 表示模型内部。根据知识图谱得到当前层位 H 的相邻层位分别为 H' 和 H''，H' 和 H'' 与断层 F 在同一侧的交点分别为 s'_i 和 s''_i。前面已经提到了交点估计为一个优化问题，以下为优化目标和优化约束条件。

优化目标为：

（1）交点与层位面趋势的吻合度：

$$f_1 = \mathrm{dist}(s_i, P_i) = \min(\|s_i - k\|_2) \qquad （6-3-4）$$

式中，$f_{P_i}(k_x, k_y, k_z)=0$，(k_x, k_y, k_z) 是三维点 k 的坐标；f_{P_i} 是三维曲线 P_i 的表达式。

交点与层位面趋势的吻合度优化目标要求估计得到的交点与层位面的外推线间的距离（即点到曲线的距离）最小。

（2）交点可靠性：

$$f_2 = \max\left[\sum_i^n R\left(s_{i_{\text{up}}}, s_{i_{\text{down}}}\right)\right] = \max\left[\sum_i^n f_R\left(\varepsilon_{i_v}, \varepsilon_{i_h}, \varepsilon_{i_d}, \varepsilon_{i_\omega}, \varepsilon_{i_{|\alpha-\beta|}}\right)\right] \quad (6\text{-}3\text{-}5)$$

式中，$s_{i_{\text{up}}}$ 和 $s_{i_{\text{down}}}$ 分别表示第 i 个剖面断层上下盘的交点；R 为上文提到的交点可靠性。

交点可靠性优化目标要求所有剖面中估计得到的交点可靠性之和最大。

（3）上下盘交点趋势一致性：

$$f_3 = \max\left(\rho_{S_{\text{up}}, S_{\text{down}}}\right) = \max\left[\frac{\text{cov}\left(S_{\text{up}}, S_{\text{down}}\right)}{\sigma_{\text{up}}\sigma_{\text{down}}}\right] = \max\left\{\frac{E\left[\left(S_{\text{up}} - \mu_{\text{up}}\right)\left(S_{\text{down}} - \mu_{\text{down}}\right)\right]}{\sigma_{\text{up}}\sigma_{\text{down}}}\right\} \quad (6\text{-}3\text{-}6)$$

式中，$S_{\text{up}} = \{s_{i_{\text{up}}}\}$，$S_{\text{down}} = \{s_{i_{\text{down}}}\}$，分别为上下盘交点的序列；cov 表示协方差；$\mu$ 表示均值；σ 表示标准差；ρ 为上下盘交点序列的关联度。

由于上下盘交点的 x、y 坐标值在逻辑坐标下是相同的，则在实际计算时可以只使用交点坐标 z 值。上下盘交点趋势一致性优化目标要求所有剖面中估计得到的断层上下盘交点联动变化，其坐标 z 值序列关联度最大。

优化约束条件为：

（1）断层约束：$s_i \in F_i$ 或 $f_{Q_i}(s_{i_x}, s_{i_y}, s_{i_z}) = 0$，即交点必须在断层上（在断层迹线或迹线的外推曲线上）。

（2）模型边界约束：$s_i \in B \cup \overline{B}$，即交点必须在模型外边界包围的空间内部。

（3）断层上下盘约束：$\forall i s_{\text{up}_z}^i > s_{\text{down}_z}^i$ 或 $\forall i s_{\text{up}_z}^i < s_{\text{down}_z}^i$，即同一剖面内对应的上盘交点 z 值必须大于下盘交点 z 值。

（4）地层序列约束：$\forall i s'_{i_z} > s_{i_z} > s''_{i_z}$ 或 $\forall i s'_{i_z} < s_{i_z} < s''_{i_z}$，即同一剖面内相邻地层与同一断层的交线顺序必须与层位面顺序一致（层位在上，则交点也在上）。

第五步，将交点拟合为交线。

这里交线表示为 $k+1$（$2 \leq k \leq n+1$）阶 B 样条曲线的形式，k 可任意取值，$n+1$ 为交点个数（上盘或下盘），其表达式为：

$$B(u) = \sum_{i=0}^n s_i N_{i,k}(u) \quad (6\text{-}3\text{-}7)$$

$N_{i,k}(u)$ 为曲线的基函数，采用 Cox-deBoor 递推公式：

$$\begin{cases} N_{i,0}(u) = \begin{cases} 1, u_i \leq u \leq u_{i+1} \\ 0, \text{其他} \end{cases} \\ N_{i,k}(u) = \dfrac{(u-u_i)N_{i,k-1}(u)}{u_{i+k}-u_i} + \dfrac{(u_{i+k+1}-u)N_{i+1,k-1}(u)}{u_{i+k+1}-u_{i+1}}, u_k \leq u \leq u_{n+1} \end{cases} \quad (6\text{-}3\text{-}8)$$

节点（Knot）向量为 $U = \{u_0, u_1, \cdots, u_{n+k+1}\}$。采用 B 样条曲线可以保证拟合的曲线经过首尾交点，并且曲线较为平滑。虽然最终拟合得到的曲线不经过中间的交点（交点此时为 B 样条曲线为控制顶点），但实际验证偏离的距离较小，也没有出现偏离影响了模型拓扑的情况，是可以接受的。

完成以上步骤后，就得到了地质曲面间的交线。但为了方便读者理解，下面直观展示加入交线可靠性度量对交线估计的影响，来验证加入交线可靠性度量后得到的交点更符合地质规律。首先，在不考虑可靠性的情况下，直接用原始数据对图 6-3-3 中的层位面和断层的交点进行了估计，图 6-3-6 展示了不考虑可靠性的交点对应的构造特征的离群性，基本符合对原始数据的直接观察，即第 7 和第 13 误差较大。从图 6-3-7 中可以看到可靠性越低的剖面交点和交线相对不考虑可靠性的交点和交线偏离越多，修正量越大，说明可靠性是交线估计的有效约束，在考虑了可靠性时计算的交线更符合地质规律。

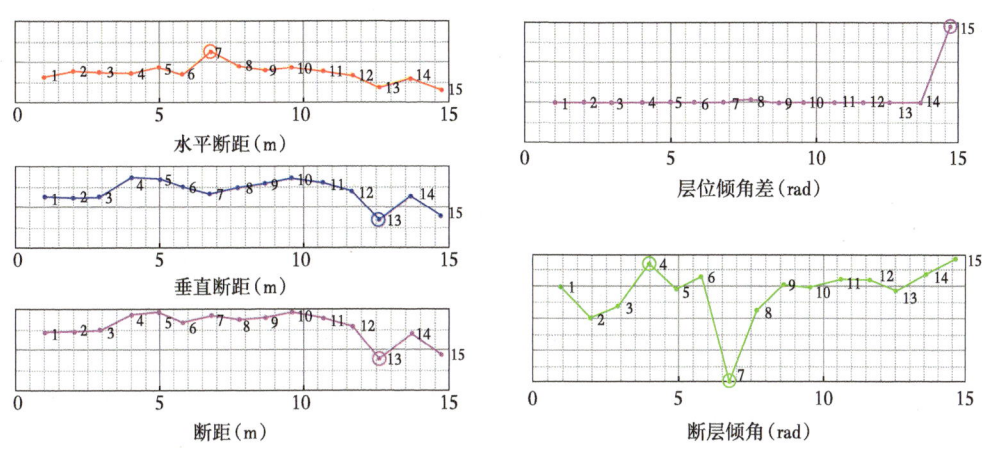

图 6-3-6　图 6-3-3 中的层位和断层在 $\varepsilon=0$ 时的构造特征离群情况

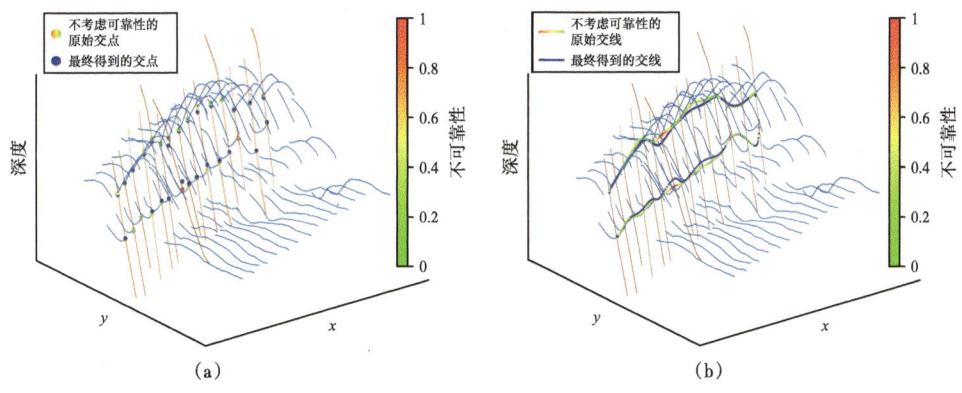

图 6-3-7　可靠性对交线估计的影响
色图表示直接估计的交点和交线的可靠性，可以看到可靠性越低的剖面附近的交点和交线相对不考虑可靠性的交点和交线偏离越多

6.3.3　原始构造解释数据调整

前文已经证明了在构造特征变化规律（即交点/线可靠性）的约束下得到的交线相比纯数据驱动得到的交线出现了偏移。而这种偏移的根本原因正是原始构造解释数据不符合地质规律。交线的偏移量也反映了原始数据质量，交线偏移越多，说明原始数据质量越

差。如果此时不对原始数据进行调整，那么在生成地质曲面时将会面临原始数据与曲面边界线冲突的问题，需要复杂的曲面重构方法来解决这个问题（虽然 B 样条曲面可以实现"只经过边界点，而不经过中间点"，但曲面内部数据质量有好有坏，曲面还是需要经过可靠性高的控制点），这无疑会增加整个构造建模的复杂性并降低效率。因此，本小节采用另一个思路：先修正有问题的原始数据，再生成曲面。原始数据的调整量是与交点的偏移量密切相关的，用一个交点偏移量在二维平面的扩散模型来确定原始数据的调整量，扩散模型的基本形式为：

$$\begin{cases} \dfrac{\partial u}{\partial t} = v_x \dfrac{\partial^2 u}{\partial x^2} + v_y \dfrac{\partial^2 u}{\partial y^2} \\ u(x,y,0) = f(x,y) \\ u(x_{\min},y,t) = g_{x\min}(y,t), u(x_{\max},y,t) = g_{x\max}(y,t) \\ u(x,y_{\min},t) = g_{y\min}(x,t), u(x,y_{\min},t) = g_{y\max}(x,t) \end{cases} \quad (6\text{-}3\text{-}9)$$

式中，u 表示偏移量；(x,y) 为二维坐标；v_x、v_y 为扩散系数，这里设 x 方向为交线在当前交点处的切线方向，y 方向为交线的法向在 xy 面上的投影方向；$f(x,y)$ 为初始条件，即当前交点的偏移量（z 值）；$g(x,t)$ 和 $g(y,t)$ 为边界条件，一般设偏移量在边界处为零。

$[x_{\min}\ x_{\max}] \times [y_{\min}\ y_{\max}]$ 为一个交点的偏移影响范围，$|x_{\max}-x_{\min}|$ 不超过 2 倍解释剖面间距。实际计算偏移量时，时间参数 t 为常数值。需要说明的是，之所以选择基于扩散的方法而不是更简单的插值方法，如拉普拉斯插值，是因为扩散模型还可以提供更直观的基于矢量的插值，而拉普拉斯插值是在网格上进行的，但原始构造解释数据在沿解释剖面方向密集在垂直于剖面方向稀疏，并不分布在网格上。时间参数 t 用于控制交点偏移对构造解释数据的影响权重（图 6-3-8）。t 值的选取应该根据专家的判断来决定。

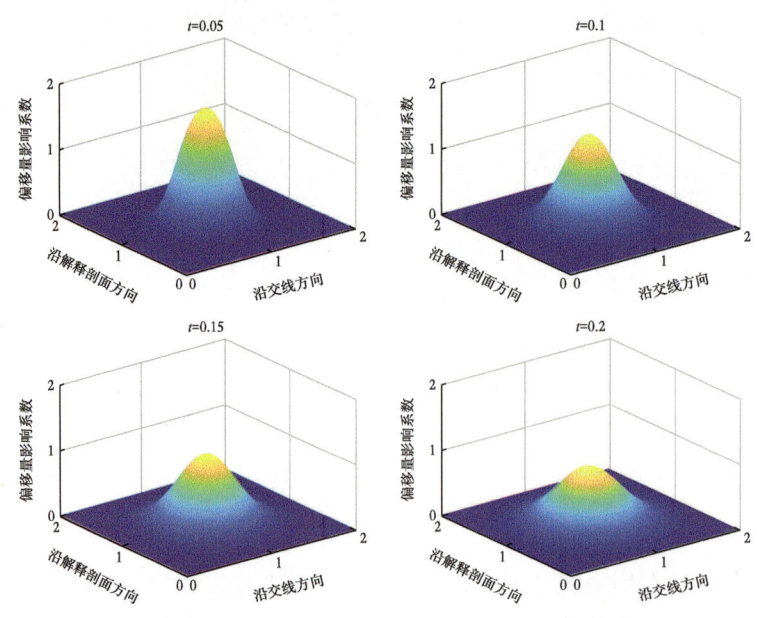

图 6-3-8　具有不同 t 值（0.15、0.3 和 0.6）的交点偏移扩散模型

图 6-3-9 中展示了调整后的原始构造数据与调整后解释数据对比,可以看出,同样是可靠性越低的部分调整后的盘偏移量越大,这与交点的调整情况是一致的,避免了解释数据与交点/线的趋势不一致。

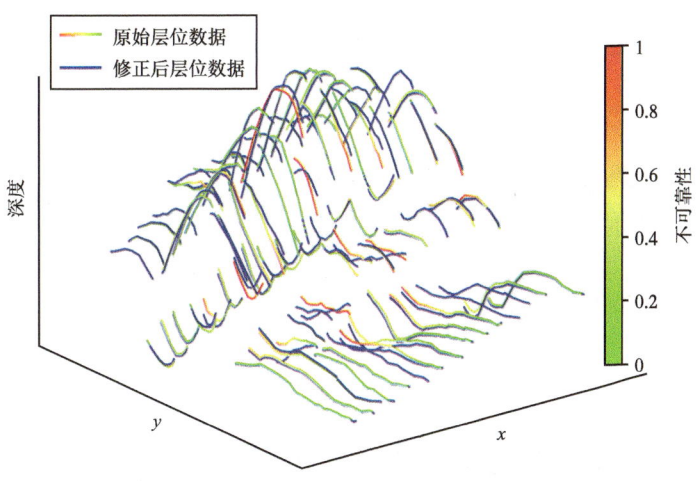

图 6-3-9 原构造解释数据的调整
蓝色线条表示考虑调整后的数据

6.4 地质曲面编辑

第 5 章详细阐述了地下复杂构造智能建模中的地质曲面重构方法,可以在很大程度上提高不确定性情况下的重构准确率,但依然无法保证在所有情景中得到的曲面都完全令人满意,所以还需要一套地质曲面的编辑方法。地质曲面建立之后,若某些地质曲面的形态依然不符合实际情况和构造认知,则还可以对其进行进一步的手动编辑。有很多编辑方式可以影响地质面的形态,如直接编辑地质曲面上的控制点、编辑剖面线、对于断面还可以编辑其边界等。一般情况下,当用户对三维模型不满意,需要修改模型时,首先应该检查基础数据是否有误;其次,检查由基础数据生成模型的约束条件;再次,考查地质模型的建模方法;最后才考虑直接修改模型的几何形态。由于地质数据获取困难、数据稀疏、地质条件复杂,无论三维模型的约束条件、建模方法如何智能,由原始数据生成的三维模型都可能不够完美,地质工程师总是需要人工修改所生成的三维模型,所以编辑功能应该是三维构造建模软件中必不可少的组成部分。本节将介绍几种曲面编辑方法,作为地下复杂构造智能建模方法在一些极端情况下无法完全解决问题的补充手段。

6.4.1 曲面控制点编辑

在曲面间隔较小时,缺乏构造形态特征控制的区域仍有可能出现地质曲面形态时空问题,但这类问题通常发生在曲面中心,范围较小且比较容易修正。图 6-4-1 中的层位面出现了相互穿插,这与实际不符,因此需要用户对其进行编辑。改变地质曲面形态最常用的方法就是直接编辑其上的离散点,包括在地质曲面上增加控制点、删除地质曲面上的控制点、沿地质曲面移动控制点、沿法向移动控制点等方法。在地质曲面形态变化较大的区域，可以增加控制点，以增强对地质曲面的细微控制；在地质曲面起伏不大的区域，可以删除不必要的控制点，减少计算量，并让曲面更平滑；也可以沿法向拖动控制点，以使地质曲面形态产生更大的起伏；还可以沿地质曲面面拖动离散点，使控制点分布更加合理，减少三角网中的畸形三角形。图 6-4-1 中，通过在曲面上增加控制点，并沿曲面法向移动一段距离，重新进行简单网格剖分与插值后形成的地层形态已经处在了合理的位置。

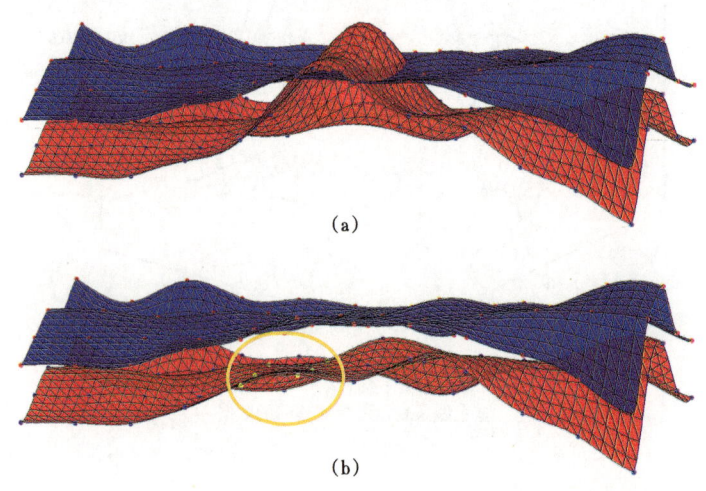

图 6-4-1　通过直接编辑控制点进行地质曲面编辑示意图
（a）相互穿插的错误地质曲面；（b）增加控制点后重新建立的正确曲面

6.4.2　剖面编辑

剖面中的曲面迹线并非三维地质曲面的真正组成部分，但在剖面上创建或编辑剖面线可以在很大程度上影响地层面和断层面的形态。编辑剖面线有可以分为编辑解释剖面线和编辑模型剖面线。

（1）解释剖面线编辑。编辑解释剖面线就是编辑原始数据，通常是在原始数据出现严重错误或大面积缺失的情况下，导致建模过程中专家的构造认知不完备，进一步得到错误的建模约束条件或约束条件缺失。这种情况依靠智能方法已经很难自动纠正，只能修改原始数据。用户应该根据建模结果首先分析定位有问题的曲面解释数据，接下来可以直接重新解释整个曲面，或增加、删除个别解释剖面。新增解释剖面的方向没有限制，可以与原解释剖面平行，也可以交叉，交叉时注意统一曲面的解释线也需要交叉封闭。对已经存在的解释剖面，可以选择重新解释整个剖面，或擦除部分解释结果后重新解释，部分解释需要注意在数据存储层面的索引顺序要与老数据连续。对解释剖面线的编辑虽然能在大范围内修正模型的严重错误，但一旦原始数据改变，考虑曲面间的相互影响以及地质块体需要封闭，就需要重新实行整个建模流程。这种方式的时间和人力开销都很大，需要在初次构造解释阶段就加强资料的校准核查、加强质量控制，尽量避免到模型建立后再修改原始数据。

（2）模型剖面线编辑。编辑模型剖面线就是模型建立后再对模型切割形成的剖面上的地质曲面迹线。剖面线分为地层线和断层线,从其中可以抽取重构后的地层面和断层面上的离散点集合。编辑剖面线实际上就是对折线进行编辑,可以增加、删除控制点,沿剖面移动控制点等。用户可以在工区顶面上创建、删除模型剖面,模型剖面可以沿任意方向。这里可以选择二维剖面和三维模型联动的编辑方式,可以快速观察剖面编辑对三维模型造成的直接影响。若相应的层位面、断层面形态仍不合意,可切换回剖面编辑状态继续进行编辑,直到满意为止。如图 6-4-2(a)所示,可选择模型的任意位置设置剖面,对应的剖面线如图 6-4-2(b)所示,可将剖面局部框选放大后编辑控制点,则模型形态也会相应地发生改变,如图 6-4-2(c)所示。

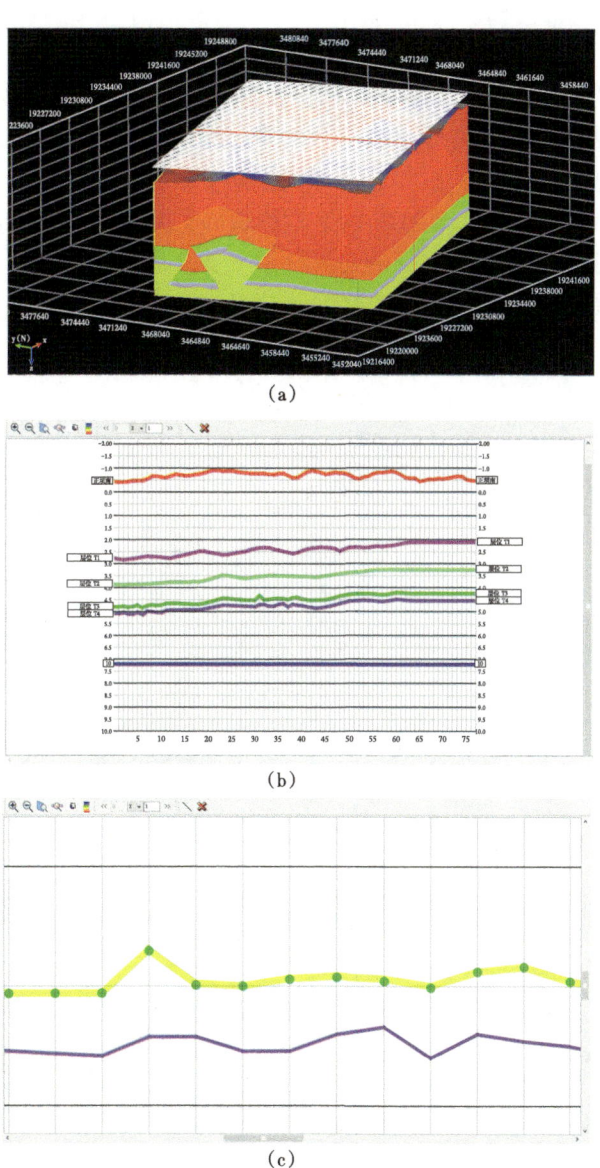

图 6-4-2 模型剖面线编辑示意图
(a)在模型中选择需要编辑的剖面;(b)对应的模型剖面线;(c)剖面线上的曲面控制点

（3）平、剖面联动编辑。通常来讲，三维构造建模软件除了需要提供对三维模型的编辑功能外，还需具备生成等值线图（平面图）、勘探线剖面图等功能。当地质数据更新时（例如新增钻孔数据），需要及时修改更新平、剖面图等基础图件。平、剖面三维联动编辑是指在计算机三维地质建模软件平台上，平面图、剖面图以及三维图上的编辑修改是三维联动的。平、剖面联动编辑能够实现的基本原因是平面图、剖面图都是对三维模型的降维表达，它们是同一个空间三维模型的不同表现形式。由中国测绘科学研究院地理信息工程国家测绘地理信息局重点实验室自主开发的一款面向地质勘探的地下三维建模软件工具"地质工程师三维助手"基本实现了构造模型平、剖面的联动编辑，具体方法见参考文献［7］。

6.4.3 断层面多边形编辑

初始形成的断层面多边形是层位面的上下盘与断层面相交产生的封边面片。若断层面多边形不符合要求（例如多边形边缘不够光滑，或原始解释数据误差导致层位面穿越），用户可以在断面上编辑多边形，沿断层解释线拖动上下盘交点，最终形成的断层面多边形为用户自定义切割后的网格曲面。在断面上编辑边界（折线）与在剖面上编辑剖面线类似。这种方法也可以用于调整完整断层面的边界。图6-4-3展示了调整前后的断层多边形，调整后的多边形显得更自然，也更符合断层变化规律。

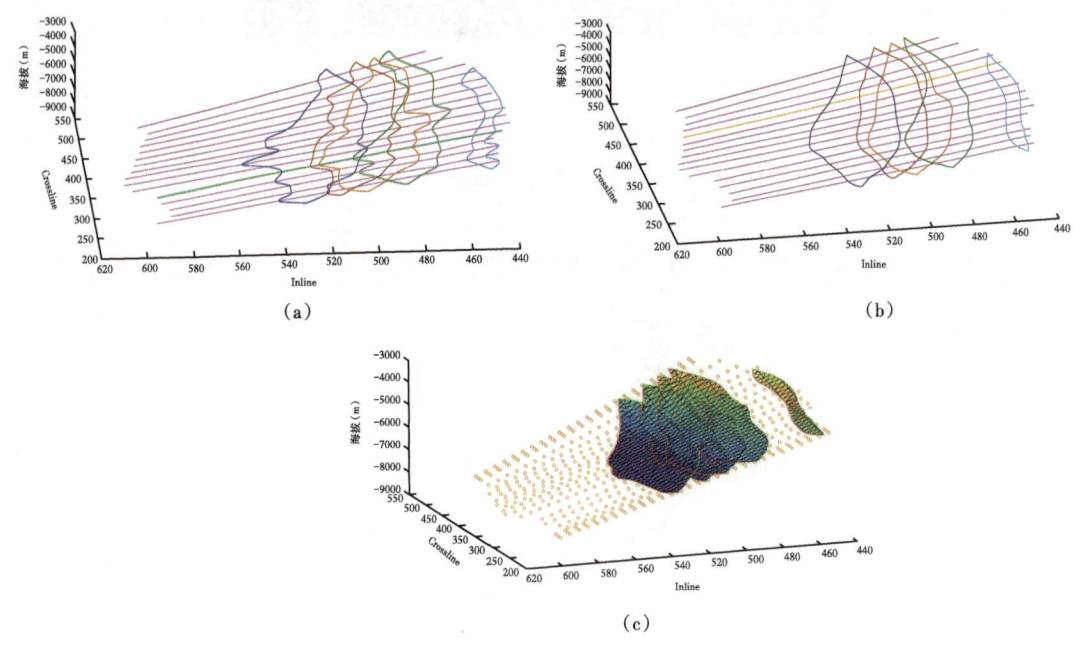

图 6-4-3　断层多边形调整示意图
（a）初始的断层多边形；（b）调整后的断层多边形；（c）根据调整后的断层多边形生成的断层面

6.4.4 地质曲面相交与切割处理

一个三维地质模型中存在着多个地层与断面，各个地质面之间都有可能相交。若某两个地质面相交，则可能需要处理它们之间的切割关系。地层与地层之间、断层与断层之间的相交与切割处理是不同的；至于地层与断层之间相交关系，涉及地层的撕裂问题。

若一个三维地质模型中存在两个以上的断面，则这些断面可能会互相交叉。用户通过在地层上勾勒断层线或在剖面上勾勒断层线都可以生成新的断面，但要控制这个断面与已经存在的其他断面的相对位置却比较困难。因此，系统提供了另外的手段，让用户指定断面与断面之间的相交形态。在一个三维地质模型中，根据断面之间相交的不同情形，可以将断面之间的相交关系分为 T 形和十字形两种类型。用户可以通过指定断面与断面之间的关系来定义它们的相交情形，如指定断面 A 与 B 为主辅关系，则隐含定义 A 与 B 相交时 B 被 A 切割；若指定 A 与 B 为辅辅关系，则隐含定义 A 与 B 十字相交；若定义 A 与 B 为"无关系"，则隐含定义 A 与 B 不能相交。若两个断面呈主辅关系，则需要解决断面的切割问题，应该可以让用户指定辅断面的哪一部分将被切除，断面切割仍然要解决交线处网格的匹配问题。图 6-4-4 显示了具有主辅关系的两个断面在用户指定关系切割前后的形态。

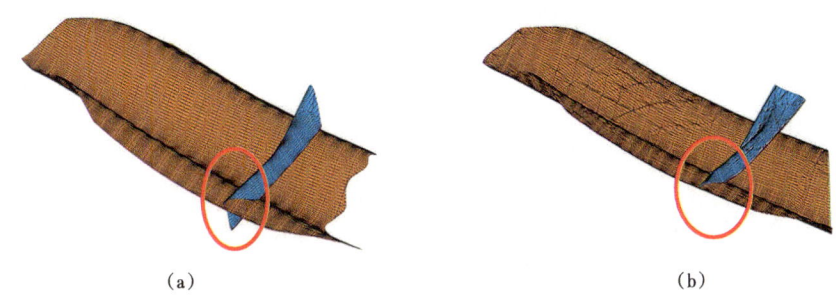

图 6-4-4　断面切割示意图
（a）断面相互切割前；（b）断面相互切割后

两个没有关系的断面，其边界可以单独处理。若两个断面存在主辅关系，则有可能还需要对辅断面的边界进行特殊处理，原则是：若其边界很接近主断面，则将其进行延展，使得其边界刚好贴在主断面上；若其原来边界与主断面相差很远，则认为用户指定主辅关系错误，不予承认，或需要用户对辅断面的边界进行编辑，使其边界尽可能接近主断面；若辅断面与主断面已经相交而又规定了主辅关系，则需要将辅断面的一部分切割掉，使得刚好贴在主断面上。

6.5　块体模型构建

前面的内容已经介绍了如何获取地质曲面的边界，以及如何在曲面形态特征和曲面边界特征的约束下重构曲面。本节将说明如何将曲面组合形成封闭的地质块体，最终完成模型构建。首先将介绍传统构造建模流程中比较复杂的块体生成方法，再展示地下复杂构造智能建模中非常简单的块体生成。

6.5.1　传统构造建模中的块体生成

在传统构造建模的流程中，断层面与层位面的重建结果是三维构造建模的第一步。地质曲面重建以后，需要进行曲面之间拓扑关系的分析，通过分析断层面与断层面、层位面与断层面、层位面与层位面之间的切割关系，建立描述三维构造框架模型的正确拓扑关系（交线、面片），为构建地层实体模型提供可靠的空间几何关系信息。而在计算地质曲面的空间关系的过程中，如图 6-5-1 所示，需要解决以下几个问题：（1）地质曲面间存在几何相交时，快速地求出交线；（2）地质曲面间几何不相交，但空间分析结果相交时，需要根据曲面间的约束与被约束关系，延伸被约束的曲面，然后计算交线；（3）曲面之间存在穿越时，先求出交线，再对穿越的曲面进行剪裁[8]。块体生成过程的难点在于保证地质曲面的一致性。这里一致性指曲面不仅要符合观察数据，还需要曲面间的关系正确，这些是整个模型的宏观拓扑和曲面网格的微观拓扑共同决定的（图 6-5-2）。

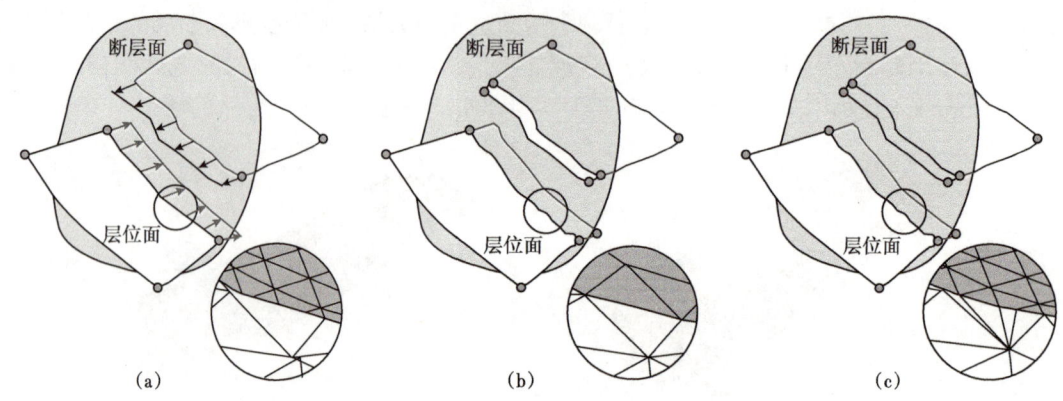

图 6-5-1　传统构造建模中需要进行的一些曲面剪裁和调整示意图[9]
（a）曲面的延伸相交；（b）曲面的穿越剪切；（c）曲面交线计算，需要保证几何一致性和拓扑一致性

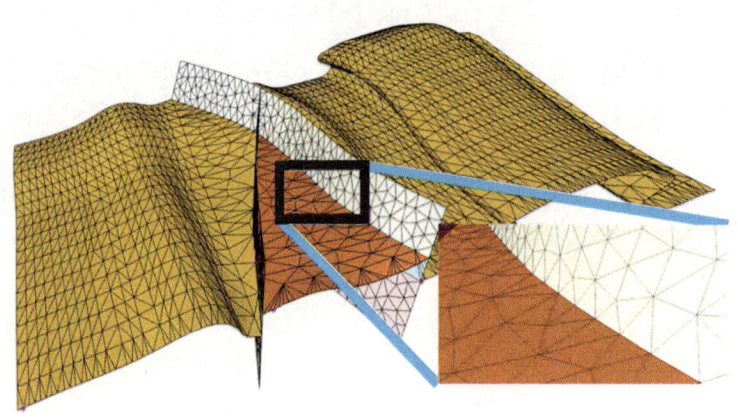

图 6-5-2　具有一致性的合格模型示意图[10]

首先是地质曲面的求交步骤，其最基本的工作是求出所有交点。为了有利于下一步的交点排序，需要在这一步处理好重复点的问题，同时需要记录必要的拓扑信息。采用的相交元素为边和三角形，这可以避免三角形与三角形相交出现的重复求交问题，而且不会带来其他负面影响。接下来是网格重构和优化，地质曲面求交后，在交线附近的三角形网格中加入了新的点，需要对这些三角形网格重新进行剖分，即网格重构（Remeshing）。最后根据地质曲面空间拓扑关系分析，可以得到地质模型中地质曲面的几何描述和空间相关关系，从而构成三维地层框架模型。在此过程中，若发现曲面不能组成合理的块体，则还需要对曲面进行大量的调整。这些调整需要大量人机交互，并且非常细致（因为要保持相交

曲面的网格拓扑一致，所以要格外注意网格的匹配），所以可以说在传统的构造建模流程中，工作的重点是在曲面重构完成后。

传统的曲面重构算法将曲面间拓扑关系隐含在曲面网格单元（如三角形）的拓扑关系中，这种方法的优点在于不需要单独构建曲面拓扑模型，在生成曲面的同时就得到了拓扑信息；缺点在于存储了大量冗余的拓扑信息（曲面内部的网格拓扑信息是无意义的），使得模型存储以及搜索算法都面临巨大压力。

6.5.2 地下复杂构造智能建模中的块体生成

本质上，封闭块体的构建是对地质界面（如断裂面、层位面、不整合面等）进行拓扑关系构建，最终根据拓扑封闭性搜索出封闭块体的过程[4]。三维构造模型中，地质界面间的拓扑关系被隐含在几何结构之中，因此构建线框架拓扑模型的过程实际上是对几何结构进行全局拓扑分析的过程。地层面上广泛分布的断层线、地层相交线与曲面的边界（外边界、内边界）共同作用，可将地质曲面划分成若干个相邻的区域，这些区域即为面片。

而在地下复杂构造智能建模中，由于已经在曲面重构前确定了模型中曲面间的拓扑关系并且获得了所有曲面的交线边界，相当于已经完成了构建线框架拓扑模型的过程。曲面间的交线将曲面分割为多个面片，并且由于相交的面片使用的是同样的边界，已经满足了几何一致性和拓扑一致性的要求，所以在线框的约束下重构的曲面自然就可以拼合为封闭的块体。地下复杂构造智能建模的工作重点在知识图谱的构建和曲面接触位置的估计阶段，曲面重构后就已经完成了建模的绝大部分步骤，剩下的只需要生成模型的外边界，也就是工区的边界面（平面）。

但在封闭地质曲面形成块体前，由于智能建模中这一步骤可以是自动的，所以还需要先明确一个有效的封闭地质块体的基本约束条件。一个基本前提是，地质界面和地质体都必须被抽象成流形对象，流形对象与非流形对象的示意如图 6-5-3 中的虚线和细实线所示。流形是指连接在一起的区域。数学上，它是指一组点，且每个点都有其邻域。而模型中"悬空"面的边界上的点则没有邻域，所以悬空面或线不是流形。设一个模型的地质曲面集为 $\mathbb{S}$，每个地质曲面为集合中的元素 $S \in \mathbb{S}$，∂S 记为曲面 S 的边界，$\beta(\partial S)$ 为 ∂S 的一个子集。若 $\exists ! S \in \mathbb{S}, \beta(\partial S) \subset S$，即 $\beta(\partial S)$ 不是两个曲面的共同边界，则 $\beta(\partial S)$ 称为自由边界。

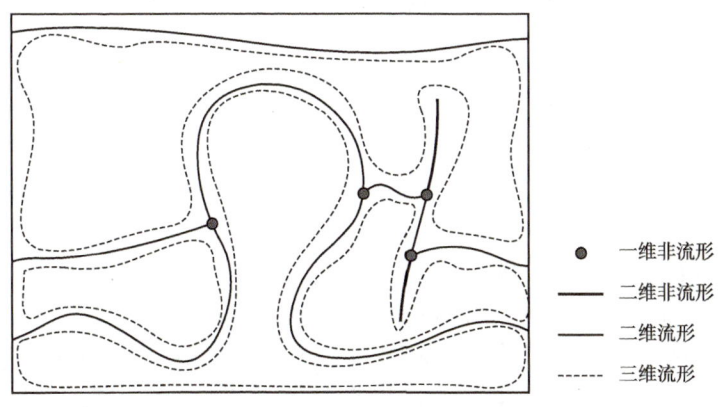

图 6-5-3 构造模型中流形对象与非流形对象示意图[11]

（1）只有断层可以有自由边界。其他类型曲面的边界都应属于至少两个曲面（包括工区边界面）：$\forall S \in \mathbb{S}, \beta(\partial S) \subset S$ 且 $\beta(\partial S)$ 是自由边界 $\Rightarrow S$ 是断层面。

（2）任意两个层位面边界不能交叉。

这两点约束条件就可避免出现如图 6-5-4 所示的由曲面封闭造成的不合理的地质块体。

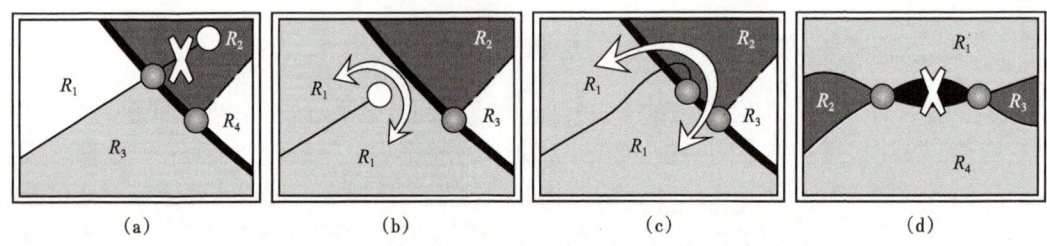

图 6-5-4　由于曲面封闭错误造成的无效地质块体示意图[2]

$R_1 \sim R_4$ 表示不同的地质体

通过构造模型的知识图谱，可以很容易地找出一个块体是由哪些面（子面）组成的，其框架是由哪些线要素构成的，知识图谱在整个建模过程中对块体的组成进行了跟踪。如图 6-5-5 所示，通过对知识图谱的可视化，可以看到曲面 s6、s11、s21 和 s22 围成了块体 b8。

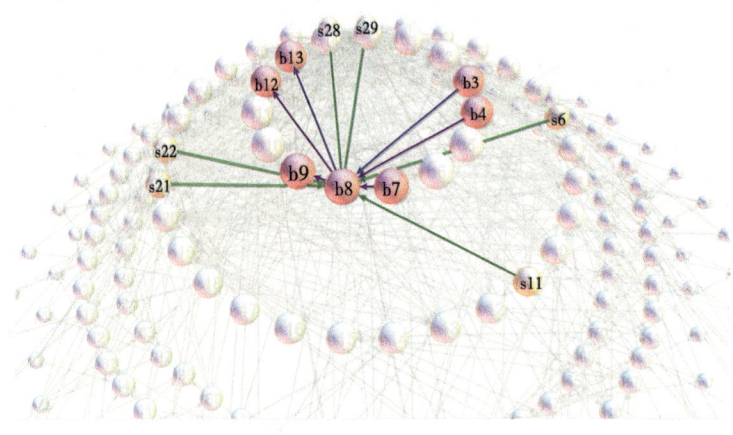

图 6-5-5　构造模型知识图谱能够很清楚地显示块体由哪些曲面围成的

找到块体的组成曲面后，下一步就是要生成块体中的模型边界。如图 6-5-6（a）所示，首先在各个曲面上找到位于模型边界的离散点，再根据曲面拓扑将边界点顺序连接形成首尾相接的边界多边形。需要注意的是，边界多边形中的边需要与曲面三角网保持拓扑一致，即所有边界离散点都必须严格按顺序连接。连接顺序也可以从知识图谱中得到。因为知识图谱也记录了面—线和线—点关系。如图 6-5-6（b）所示，生成边界多边形后就可以直接对多边形进行三角剖分，三角网的顶点就是边界多边形离散点。由于模型边界面都是垂直 xy 面的平面，所以三角剖分得到畸形的三角形也可以接受。至此，构造建造建模全部完成。

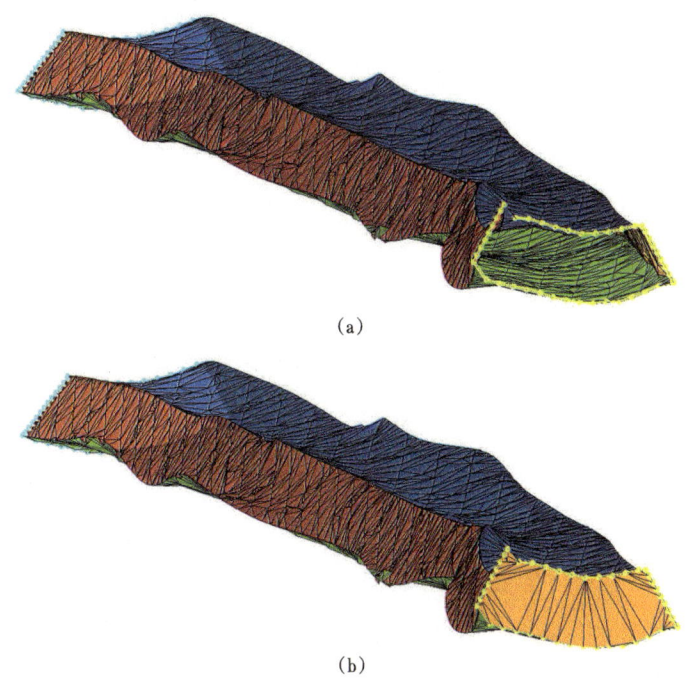

图 6-5-6 地质块体的边界面生成
（a）边界面上的离散点；（b）块体边界面

参 考 文 献

[1] 冉祥金. 区域三维地质建模方法与建模系统研究[D]. 长春：吉林大学.
[2] 叶思源，吴树仁，何淑军. 三维地质建模的数据融合与误差分析[J]. 桂林理工大学学报，2010，30（3）：6.
[3] Perrin M, Zhu B, Rainaud J F, et al. Knowledge-driven applications for geological modeling[J]. Journal of Petroleum Science and Engineering, 2005, 47（1-2）: 89-104.
[4] Xu N, Tian H. Wire frame: a reliable approach to build sealed engineering geological models[J]. Computers & geosciences, 2009, 35（8）: 1582-1591.
[5] Fortune S. Polyhedral modelling with exact arithmetic[C]//Proceedings of the third ACM symposium on Solid modeling and applications, 1995: 225-234.
[6] Halbwachs Y, Courrioux G, Renaud X, et al. Topological and geometric characterization of fault networks using 3-dimensional generalized maps[J]. Mathematical geology, 1996, 28（5）: 625-656.
[7] 陈春梅，李青元，董前林. 地质曲面"三维联动编辑"的一种实现方法[J]. 煤田地质与勘探，2017，45（2）：27-31.
[8] 魏嘉，唐杰，岳承祺，等. 三维地质构造建模技术研究[J]. 石油物探，2008，47（4）：319-327.
[9] Caumon G, Lepage F, Sword C H, et al. Building and editing a sealed geological model[J]. Mathematical Geology, 2004, 36（4）: 405-424.
[10] 李兆亮，潘懋，韩大匡，等. 三维构造建模技术[J]. 地球科学（中国地质大学学报），2016.
[11] 杨洋，潘懋，吴耕宇，等. 三维地质结构模型中闭合地质块体的构建[J]. 计算机辅助设计与图形学学报，2015（10）：1929-1935.